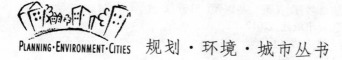

规划·环境·城市丛书

规划实践技能训练教程
Skills for Planning Practice

［英］特德·基钦　著

叶齐茂　倪晓晖　译

中国建筑工业出版社

著作权合同登记图字：01-2010-4802 号

图书在版编目（CIP）数据

规划实践技能训练教程/（英）基钦著；叶齐茂，倪晓晖译.
北京：中国建筑工业出版社，2012.7
（规划·环境·城市丛书）
ISBN 978 - 7 - 112 - 14364 - 1

Ⅰ.①规⋯　Ⅱ.①基⋯②叶⋯③倪⋯　Ⅲ.①城市规划 - 教材
Ⅳ.①TU984

中国版本图书馆 CIP 数据核字（2012）第 109603 号

Skills for Planning Practice / Ted Kitchen

Copyright © 2007 Ted Kitchen

Translation Copyright © 2012 China Architecture & Building Press

First published in English by Palgrave Macmillan, a division of Macmillan
Publishers Limited under the title Skills for Planning Practice by Ted
Kitchen. This edition has been translated and published under licence
from Palgrave Macmillan. The authors have asserted their right to be
identified as the authors of this Work.

本书由英国 Palgrave Macmillan 出版社授权翻译出版

责任编辑：姚丹宁
责任设计：陈　旭
责任校对：王誉欣　陈晶晶

规划·环境·城市丛书

规划实践技能训练教程

[英]　特德·基钦　著

叶齐茂　倪晓晖　译

＊

中国建筑工业出版社出版、发行（北京西郊百万庄）
各地新华书店、建筑书店经销
北 京 嘉 泰 利 德 公 司 制 版
北京中科印刷有限公司印刷

＊

开本：880×1230 毫米　1/32　印张：9　字数：247 千字
2012 年 9 月第一版　　2012 年 9 月第一次印刷
定价：**33.00** 元
ISBN 978 - 7 - 112 - 14364 - 1
　　（22428）

目录

图框一览

前言

这是一本充满我个人特征的著作。我之所以有资格来写一本有关规划实践技能训练的书，从根本上讲是基于这样一个事实，从现在算起，我到大学工作已经十多年了，而在此之前，我很幸运地一直长期工作在规划第一线，经历了本书所说的规划实践生涯。我的规划实践生涯开始于1968年，结束于1995年，在此期间，我在格拉斯哥大学读了三年博士（1969～1972年）。在那段规划实践生涯中，我的工作级别逐步上升，我先后在卢顿郡自治市议会、苏格兰发展部、南泰恩赛德都市自治市议会和曼彻斯特市议会工作过。从1979～1995年，我一直在曼彻斯特市议会工作，最后6年，我担任了市政府规划服务部门的领导，我在本书中所谈的就是最后这几年的经历。

我的这些经历既反映在本书的结构上，也反映在本书研究规划实践技能训练的方式上。在我认识到从一个非常理论化的出发点有可能达到本书的目的之后，我采用了我认为对有关规划实践技能训练争议最能有所贡献的方式来展开本书的写作，例如，洛（1991）曾经提出，政治理论为理解规划实践提供了一个适当的基础。这种方式对随后在本书中展开的材料来讲有两个特殊意义。首先，我常常拿我自己的实践经验为例来推而广之地说明我正在讨论的事情。那些想要以比较具体的方式了解规划实践技能训练的读者，能够从有关我在曼彻斯特的工作经验的一本书中得到（基钦，1997）。当然，在本书中，我在提出大部分观点时都使用了相对简化的例子，避免过于详细。第二，我在本书中基本使用了第一人称的方式，我常常劝我的学生也以这种方式来写作，甚至希望他们更为频繁地这样做。这样做的理由很简单，当我在利用我自己的经验或通过自己的经验去表达一个个人观点时，我要这个观点清晰明白。

我相信，如果我们打算改善规划体制的绩效，与规划的利益攸关者站在一起，讨论规划实践技能训练是绝对必要的（例如，英国政府目前正希望这样做）。所以，我期待我的这本书能够对此有所贡献。终有一天，规划制度会与在它中间工作的那些人们一样优秀，而在这个体制中工作的不只是规划师，当然，规划师在规划过程中发挥着重要作用，控制着规划决策。我希望这本书能够推动其他的规划实际工作者也来谈谈他们的经验，让他们的那些经验也能丰富我们对规划实践训练的理解。相对而言，现在这样做的规划实际工作者还是很少，而学者们从理论上对规划实践训练的贡献要更多一些。在我看来，这似乎是一个方向性的错误。规划实践技能训练是一个非常重要的主题，不能留给规划理论家一方面去做，规划实际工作者应该扪心自问，他们为什么不能为此增砖添瓦，反而批判那些从理论角度来讨论这个问题的学者们。无论是从规划实践的角度，还是从规划理论的角度，对于规划实践技能训练的讨论都是有价值的，只要这本书能够推动几个规划实际工作者也来利用他们的经验参与到规划实践技能训练的讨论中来，我就心满意足了（即使他们不同意本书所提出的观点）。特别是，只要这本书能够有助于推进规划实践者认识到，提高规划实践技能训练需要规划实践者和规划学院的有效合作，而不是学术界一家的事情，正如我在本书的结论中所提出的那样，那我就一定会踌躇满志了。

我在撰写这本书时所遇到挑战之一是，我的实践经验毕竟是在英国发生的，而我希望这本书对于英国之外的各式各样的规划实践都能有参考价值。之所以说这是一种挑战，一是因为相对于我个人的直接经验，我没有在这本书中谈多少世界范围的规划实践特征；另外一个理由是，过分简单地假定，无论何处的规划实践，在本质上都是相同的，所以，一种规划实践经验究竟来自哪里就不会真正成为一个问题。例如，在世界范围内，体制和程序，以及所处的社会管理文化背景，形形色色，层出不穷。所以，我努力去做的是，不要仅仅只是谈论英国的规划实践，而是拿我的那些具体的实践经验作为例子，以此揭示出我认为具有一般意义的现象。当然，实践不能与影响它的那些因素所构成的背景脱离，所以，为了让这些例子产生出意义，有必要提供有关历史、体制、程序、规范和期望方面的背景材料。尽管我试图解释我所知道的有关英语术语使用上的一些问题，我还是有可能使用那些并不一定也出现在别的语种中的英语术语。英国的读者对此类术语应当是驾轻就熟的，当然，他们不一定同意我对这些术语的看法和解释。我期待非英国规划实践背景的读者，思考我所描述的现象如何与他们的具体情况相联系，我所描述的一般问题在他们自己的实际情况中如何得到具体的反映。特别是我在七个规划实践技能训练章节的最后都提出了一些用来做自我评估的问题，我已经尽我所能把这些问题抽象化，希望对读者有所帮助。从我与英国之外的规划师进行接触的经验来看，很容易把他们地方的情况与我所说的问题联系起来，反之一样，即使地方情况有差异（通常有这种可能性），我自己就能这样做。我希望本书中英国的实际例子也能以这种方式得到应用。

特德·基钦

致谢

这本书写了很长时间，其间中断了若干次。帕尔格雷夫出版公司（S·肯尼迪）和"规划、环境和城市"系列丛书的编辑（Y·赖丁）曾经非常怀疑这本书是否真能出版，首先，我必须感谢 S·肯尼迪和 Y·赖丁持续的信赖和对本书撰写的支持，以及在若干次间断期间对手稿所提出的宝贵意见。我希望最终作品能够让他们感觉到所有努力是值得的。

第二，许多人以各式各样的方式对这本书做出了贡献。正如那些用传统纸笔的方式来写作的人一样，我需要人们的帮助，把手稿打印出来。这项工作主要由谢菲尔德哈勒姆大学发展和社会系执行支持团队 F·巴克和 A·沃尔森承担，A·沃尔森最近成为了这个执行支持团队的领导，他们使用了大量业余时间来做这项工作。特别是 A·沃尔森在本书交稿的最后阶段做了很重要的工作，把修改过的部分添加进去，统一大量的框图，特别是把这些手稿整理得像一本书。我真诚地感谢他们，我希望他们感觉到所做的一切都是值得的。我还要感谢 K·波维和 M·海蒂在编辑阶段的工作，他们毫无疑问地大大改善了本书的质量。

当我以长期的规划工作实践为基础来写这本书的时候，我还必须写下大量与我多年一道工作的朋友们（规划师和其他一些职业的人们），我相信许多人可能会在本书所说的故事中找到他们自己。我只是希望他们能够认可我所写的有一定的道理，在强调以积极的方式对待规划方面，他们能够发现他们自己的贡献。当然，我的意见并非都是积极的，如果任何人在具有批判性的内容中发现了他们自己，我至少能够给予他们一个安慰，因为那些教训都是非常重要的，即使事情发生时我们常常看不到这一点。当然，一个规划实际工作者总是要与大量的人们一道工作，如果所有的职业生涯都是积极的，我必须说，协调主要来自与之一道工作的另一方。所以，我如果怠慢了任何一个对此书有过贡献的规划界同仁，请接受我发自内心的歉意。

在学术界，我十分幸运地度过了过去的十年，特别是我在谢菲尔德哈勒姆大学有了一群给予我巨大支持的同事们，所有的相互交流对我写作本书都产生了影响。同样，这类交流还来自我的学生们的反馈，他们的反馈影响了本书的内容。长期以来，我还从其他交流中获得了很大的收益，特别是P·赫利、D·施奈德和D·惠特尼。我特别荣幸地能够称他们为朋友和同事，我特别珍视他们如何看待我在本书中所写的内容。他们对本书的影响远远超出了他们的想象。

如果本书中出现任何错误、失误和瑕疵，责任都在我。

特德·基钦

作者和出版社要对使用以下受到著作权保护的材料的各方表示感谢：提供图框3.1的大曼彻斯特地方政府协会；提供图框3.3的审计委员会；提供图框4.2、6.5、9.2、9.4和9.5的英国皇家城镇规划学会；提供图框6.6的加拿大规划协会；提供图框6.7的美国规划协会；提供图框7.4的谢菲尔德第一合作；提供图框5.5和8.2的地方政府协会。图框5.4、5.6和9.8的英国皇家版权材料经女皇办公室批准，许可证号：CO1W0000276.

出版社已经尽力与所有著作权所有者进行了联系，如果还有任何疏忽，出版社将尽可能早地做出必要安排。

第一章

绪　　论

引言

　　什么是规划，我们从这个非常简单的问题开始这一章，因为规划是什么的问题已经确定了我完成本书任务的方式。然后，我会详细说明规划和规划制度的性质和目的，规划制度的性质和目的都是源于规划。接下来，我将介绍规划的七种核心技能或训练，它们构成本书最重要的部分。当然，需要认识到，在我们的职业生涯中使用这些技能会受到许多因素的影响。在这一章中，我先特别说明这些影响因素中的两个：推动规划制度和程序变化的力量；政府支持规划制度的性质和内容。从我个人的经验出发，我感觉到使用这些技能的确会受到许多因素影响，这一现象似乎是大部分规划制度长期以来面对的基本现象。英国的经验可能有些特殊，但是，从本质上讲，使用这些技能会受到许多因素的影响已经成为普遍现象。以下诸节所要说明的一个观点是，规划师个人无法控制的广泛的背景会非常深刻地影响到规划系统的运转，这样，也影响到每一个规划师的工作。最后，我会介绍本书剩余部分的结构。

定位

　　为人们创造更好的环境是城市和区域规划的目的。这本书就是关于规划师完成这个任务时所需要使用的技能。

一些基本方式

　　我认为，从根本上讲，规划是为公共利益而做的事情。所以，规划需要由负责公共利益的那些组织来承担，它们寻求为公共利益服务，在地方层次，规划实际上是民选地方政府的一只臂膀。规划作为民选地方政府一只臂膀的模式不一定是实现这些公共利益目的的唯一模式，也不是每一个地方都可能同样采用的制度和工作方式。当然，规划作为民选地方政府的一只臂膀是我们在西方民主国家能够看到的最一般的模式（最近这些年来，英国产生了这种模式的若干变种，特别是在城市更新方面）。毫无疑问，我们会提到地方政府制度方面的缺陷，但是，对于我来讲，作为民选地方政府一只臂膀的模式是规划这类性质工作的适当模式。当然，在规划的空间规模超出一个地方政府行政辖区的范围时，会发生争议，因为在亚区域或区域规模上的民主制度不一定适合规划工作的需要。实际上，许多规划都是在亚区域或区域规模基础上得以实施的，许多规划师都是受雇于这项工作的。

也有从事规划工作的私人企业，它们的重心是客户的需要和利益，客户偿付他们的劳动。最近这些年，英国的私人规划企业正在发展，不仅仅是满足私人客户的需要，也常常为公共部门的机构提供有关规划的独立观点。考虑到我已经提到过的有关规划的公共活动性质，当私人规划部门的发展已经与公共规划部门的利益发生冲突时，例如，公共规划部门正在把它们能令人产生兴趣的工作交给私人部门去完成，从而降低了公共规划部门本身所具有的品质。这样，在吸引工作人员方面或者在帮助创造有趣的工作状态方面，有关私人规划企业的适当规模和性质的确是一个问题。我相信，最近这几年，这种情况的确在英国发生了。事实上，布鲁克斯（20002，p. 17，18）提出，美国规划学院有这样一些证据，许多学规划的学生希望到私人规划企业去工作，他们认为在具有非常明显政治性的公共机构工作比起在私人规划企业工作要更令人失望。我自己这些年来与英国学习规划的学生接触的经验并非完全与此相似，当然，学生们都有这样一种看法，私人部门的收入比公共部门要优厚。许多规划师的确没有在地方层次的公共规划机构工作，然而，我想地方层次的公共规划机构是规划的基础。这样，当我谈论规划实践时，我所说的主要是地方层次公共规划部门的工作。

规划制度的一般性质和目的

我们究竟为什么有规划制度？无论规划制度在形式上有多么不同，在世界范围内，它们为什么存在？现在广泛认可的一般答案是，19世纪和20世纪的城市发展是政府应当努力去管理的事物，而不是把城市发展交给地方市场去经营。提出这种看法的理由通常是，从对城市发展的管理中可以看到集体的收益，如基础设施的供应，以稀缺资源的方式使用土地，需要保证用于公众利益的土地可以得到供应，如开放空间，需要有表现城镇未来的地方价值和精神。所有这些命题都可以归纳成为公共利益，这些公共利益既有在供应一定设施和服务意义上的直接利益，除非按照市场的条件，否则市场不会有效率或有效果地提供这类设施和服务；还有许多人类活动对公共利益产生影响的间接利益。规划程序能够努力保障这类公共利益不受侵犯。进一步讲，公共利益诸方面是相互作用的，例如，我们城镇中心所发生的事会实际影响到我们的交通系统，反之亦然。所以，规划涉及城市系统关键因素之间相互作用（当规划乡村时，规划涉及乡村系统关键因素之间的相互作用；当我们注意区域规划时，城市系统和乡村系统之间的相互作用同样存在，如此等等），如果以这样一种方式去观察这些因素，规划就是一个综合过程，将给以孤立方式去看待的因素增加新的价值。为了做到这一点，规划需要整体的思考，必须全方位地去观察城市，既研究城市的功能，也研究城市的支配力量。1994年英国环境部的一篇文章在介绍规划的"特征"时做了如下描述：

　　城市的活力比其他部分的合计要大许多。当然，为了方便，我们分别谈论交通、住宅、就业或休闲，只有当我们从整体上观察城市，全方位地思考城市，才能做出具有成功希望的规划。

如果我们认为城市只关政府、议会和规划委员会的事，我们就不能看到城市的活力。相反，我们必须把城市看成整个社区的公共产品，有为数众多的社会力量对城市产生影响，有不同的个人和社团对其提供支持。通过从整体上看待城市，认识到我们对城市都负有一份责任，就能进一步改善城市的质量。（环境部，1994a，p. 24）

这种对规划制度的描绘把规划制度看成三种相互推动力量的产物：

（1）城市发展需要保障公共的利益；

（2）城市发展需要协调，能够通过研究我们城市系统关键因素之间的相互作用来实现；

（3）城市需要从整体上去看待。

相应的，我们至少应当在四组关键命题的背景下来看待这三个需求，这些命题深刻地影响着一个社会对其规划制度中这些因素的权重：

- 我们的城市（参见，例如芒福德，1966；布里格斯，1982；霍尔，1996）和最近管理城市发展的规划方式（参见，例如切利，1988；西斯和西尔弗，1996），它们的发展历史是一种非常富于变化的历史，显而易见，随之而来的结果是规划必须面对大量差异极大的情况。城市之间的差异至少应该与它们的相似一样重要（马尔库塞和冯·肯彭，2000）。

- 在决定城镇规划采用的方式上，地方因素明显发挥着重要作用。所以，以上描述的集体的效益在不同的地方会有所差异，同时，集体的效益是推动规划的一种力量。我们可以拿两个极端的例子来说明这个观点。高密度的香港总是从利用稀缺的土地资源去看效率和效益，所以，较之于土地充分的美国而言，有效率和有效益地利用土地资源是推动规划工作更为重要的力量。在美国，低密度的城市发展蔓延明显没有受到整个国家土地资源稀缺意识的限制，这在美国是一个普遍现象（布施，1996）。

- 城镇规划实际能够完成的工作是有争议的，这类争议围绕这样两个命题展开：因为有了规划机构而可以实现的收益；或者规划机构实际的操作结果并没有获得的收益。关于第一个命题，我要说的是，很难在那些已经长期存在规划制度的社会里去衡量因为有了规划机构而可以实现的收益，尤其是涉及这个领域的文献并不多（当然，可以参见霍尔，1996；霍尔等，1973）。第二个命题的确可能是规划行动结束时会发生的事情，一些收益没有如规划机构之愿的出现在实际操作结果中。一直以来，这都是一个需要研究的问题，过去40年间，出现了一些引起争议和具有影响的作品（参见，例如，雅各布斯，1964；古德曼，1972；赫伯特和史密斯，1989；舍韦尔，1993）。由此而产生的一般问题之一，是无论在什么空间尺度上，规划将成为国家机构一个部分的制度化。以上已经概括的规划在本质上是社会管理过程的一个部分，但是，这种与整体管理过程合并在一起的行动使得规划处于困难之中，这种困难直接来源于规划的身份地位，也来自于这样一个事实——规划决策常常既有赢者也有输者。这种情况源于国家的政治控制，我们在第七章中会比较详细地讨论这一点。

- 努力确定在任何一个特定规划情况下的"公共利益"是困难的，事实上，也是难以实现的，当然，这并不意味着我们就不再提及公共利益（泰勒，1994，pp. 87 - 115）。实际上，在管理过程中，公共决策者最终决定什么是公共利益，公共决策者依法行使决定什么是公共利益的法权，有时，是在经过适当的协商之后，决定什么是公共利益。这种看法能够进一步增加以上所说的实现规划行动结果的实际困难。

这些命题使我们得出这样的结论，规划的成果并非总是与规划的愿望相一致，然而，这并不意味着已经从根本上动摇了我们需要有一个规划制度的信念。长期以来，规划实践并非总是很有效的，在一些具体的规划中，还出现了操作上的问题。这就要求我们去改善规划实践，而不是放弃规划本身。尽管我们可以说，英国政府的《规划绿皮书》（DTLR，2001）对规划编制发展过程中所遇到问题的诊断和 36 年前的诊断（规划顾问委员会，1965）如出一辙。这个《规划绿皮书》（DTLR，2001）还是对此论点做了经典的说明，推荐意见依然是试图改善规划而非抛弃规划。事实上，当今世界大多数地区的规划（特别是城镇规划）都是作为政府的必要功能而建立起来的。有关"是否需要规划"曾经是 20 世纪初争论的前沿（格迪斯［1915］，1968），现在则更多的将讨论集中在如何能够更好地实现规划这类问题上。

规划制度多种多样，但是典型的规划制度有四个共同特征：

- 编制多种类型的规划，这些规划建立起管理变化及其发展过程的规则、政策或指南。
- 常常使用排除性质的方法控制或管理开发过程，即只有那些通过一定标准要求的开发可以进入这些管理过程。这类例子包括：在英国，能够用于开发的土地在性质或规模上都被划分到"允许开发"的类别中；或者在美国，大部分能够开发的土地都与已经存在的分区法令一致。
- 有些规划制度要求做公共咨询，或者要求公众参与到规划制定或管理开发的过程中来。这些要求的内容以法律的形式确定下来，实际上，有些要求没有得到满足，有些要求被实现了，而有些要求则被超越了，差别巨大，所以我们难以对其做出判断性概括。当然，从总体上来讲，过去 30 年以来在西方世界公众的参与程度正在增长，人们不再认为不同层次的政府就能够最好地了解实际情况，而要求有更多的机会参与到会对他们产生影响的决策中来。规划制度以各种各样的方式在不同程度上对这些社会变化做出反应。如果说我个人从 20 世纪 60 年代末到 90 年代中期在英国地方政府的工作实践还具有代表性的话，那么实际情况是，从几乎完全没有任何一种公共参与的英国地方政府工作发展到今天，英国地方政府努力采用各种各样的方式来实现公众参与的目标，这是很值得注意的。毫无疑问，公众参与是否成功，在程度上参差不齐。美国在公众参与问题上走得更远，只有当那些非常分散的政府行政管理机构能够证明已经在地方居民中达到了某种程度的共识，否则他们不能做出规划决策；所以，考虑社区利益和寻求社区对规划行动的支持是规划实践的基础（泰伊茨，1996）。

- 规划集中关注形体环境，它使用公共和私人资金，通过强调建筑环境和自然环境中的形体因素为主要政策手段（发展规划、开发管理程序），改善建筑环境和自然环境。实际上，规划政策的目标是经济的、社会的或基于社区的，如果在形成规划政策时采用整体的观念，那么支撑这些政策就需要尽可能广泛的基础。当然，这些政策的表达通常采用比较广泛的形体形式语言，将涉及土地使用或建筑，检验它们是否能够推进适当的开发形式，反对不适当的开发形式。20 世纪 90 年代初新出现的城市可持续发展侧重点（布洛尔斯，1993；霍顿和翰特，1994），可能进一步强化了这种形体环境的立场，因为自然和人工环境都是一些可持续发展定义的核心，这些有关可持续发展的定义都是从发展的生态一端做出来的。1992 年，联合国在里约热内卢举行了环境与发展大会，在很大程度上推动了这种对城市可持续发展的关注。当然，这种流行的观点认为，可持续性是环境、经济、政治、社会和社区所关心事物的相互作用，所以，它倾向赋予规划制度更为广泛的定义，因此，进一步导致英国扩宽了规划的操作性定义，转而关注空间规划（ODPM，2005a）。"英国政府关于规划政策的说明"描述了这种空间规划的方式和原先采用的形体、土地使用规划方式之间的差异：

> 空间规划超出了传统的土地使用规划，它把有关土地开发和使用的政策与其他影响场地性质和它们发挥作用的政策和项目综合协调起来。空间规划将包括能够影响土地使用的政策，例如，通过对土地需求或开发需求的影响，去影响土地使用。当然，土地使用政策不能单独发挥作用，或者不能主要依靠是否颁发规划许可证，土地使用政策需要通过其他的方式来执行。（Ibid.，para. 30）

这样，空间规划应该：

（1）为未来发展建立一个清晰的远景，建立起实现这个远景的清晰目标和实施战略；

（2）考虑那个地区社区的需要、问题以及社区居民的反应，把这些需要、问题和反应与土地使用和开发联系起来；

（3）寻求把广泛的活动与开发和更新综合起来。（Ibid.，para. 32）

我在2001年的一项研究中清楚地说明了英国成功地实现了以上第三个需要。这项研究揭示出，传统方式的开发规划难以给城市更新提供任何种类的政策，相反，它总是跟在城市更新发展之后（基钦，2001）。

这里描述的规划制度，通常在规划师和那些寻求影响规划决定的规划服务对象之间产生四种相互作用的机会：

（1）制订开发计划的程序；

（2）控制开发的程序，通过决定这项开发所允许的使用范围来达到控制开发的目的；

（3）公众协商程序，协商广泛的规划活动，包括改善项目的实施；

（4）对抗过程，一些人正在利用他们的权利，通过法律或准法律程序对规划制度做出的决定提出挑战。

我将在第三章中详细说明上述四种情况，当然，特别需要注意规划制度本身固有的灵活程度问题。规划制度本身固有的灵活程度会从根本上影响规划制度的运行。简单地讲，规划制度是一个几乎不允许灵活性的制度。至少在理论上，这个制度在究竟做出什么决定方面具有相当的确定性，它要求在发展规划中精确表达政策，要求在这些规划的决定过程中保留这些规划的基本精神而又不给发生例外留下空间，允许足够的空间去应对那些已经违反了规划要求却通过法律制度的挑战。另一方面，规划制度是一个允许不确定性存在的制度，它允许规划实践者具有相当的灵活性，去创造性地做出规划决定，接受使用一般政策表达的发展规划，在这个广泛的框架内给战术性的策略留下相当的回旋余地，限制规划行动受到法律挑战的机会。纵观世界，我们能够找到一些对灵活性和确定性之间的协调采取不同看法的规划制度。一些北美和欧洲的规划制度采用了前一种模式，例如，强调确定性和有限的灵活性；相反，英国比较接近第二种模式，具有相对低水平的确定性和相对高水平的灵活性。当然，事实上，规划制度上的灵活程度和确定程度的确是相互对立的，对此所做的理论说明一定充满争议（布施，1996）。在现实中，这些模式可能不一定截然对立，而有可能在一个相当的幅度内相互重叠。在一种规划制度下，有效的操作不仅要求要很好地从数量和性质上理解一个规划制度的灵活性，而且还要很好地理解如何最好地把握住实际可行的灵活性。

规划实践技能训练

我对规划实践技能训练的看法基本上是来自以上我对规划任务性质所说的那些意见。从规划的任务出发，我把规划实践技能训练分成了七种：

- 技术性技能—— 因为规划师是要把一些特殊的东西拿到桌面上来，所以，我选择了用"技术性的"这个术语来描述这类技能。实际上，规划师不同于其他任何一类涉及发展的专业人士。如果没有这样的特殊性，人们就会问"是否真的需要规划师"这类问题了。

- 规划制度和程序技能——无论规划实践在哪里发生，它都必然处于一个政府行政管理制度之中，或不可避免的包括了要面对政府行政管理的程序。规划师需要能够理解如何在这个背景下去工作，不仅仅是为了他们自己的工作效率，还包括确保他们能够对客户提供这方面的咨询，所以，这个技能涉及理解规划程序方面的问题。

- 场地技能——规划师需要思考规划发生的性质、特征和模式，思考如何能够让形体上的变化给人们的生活带来积极的效果。正如以上所说，规划是为了"创造让人们生活得更好的条件"，所以，场所技能特别涉及规划定义的第一部分以及客户服务技能。

- 客户服务技能——规划师需要非常认真地思考他们在为谁提供服务，如何最好地满足这些终端受益者的需要（包括这项规划行动的客户，或无论是否知道这项规划但将会受到影响的人群），这与规划师在哪个领域里工作无关。

- 素质训练——规划师需要思考，在与客户面对面或通过其他方式进行交流的时候，该以怎样的形象面对客户。

- 组织、管理和政治背景训练——规划过程不可避免地是在有组织的关系中进行的，在这个关系中，资源、项目和程序之类的问题都是重要的。在这个关系中的决策过程包括重要的政治因素，所以，这个过程采取了由被选举出来的代表做决策的形式（即使用大写"P"的政治），或采取更一般意义上的形式，如讨论"谁将得到什么"、"在什么时候"、"怎样得到"以及"为什么"（即使用小写"p"的政治）。

- 概括能力和综合能力训练——我们是从整体上来看待这些需要的，都是出于一个目的而非一系列的独立部分。为了在整体上综合考虑所有相关事物，能够理解和坚持"全局"，对规划师来讲是至关重要的。

我之所以选择这样一种特别的方式去完成我对本书提出的任务，一是出于我个人的经验，二是基于大量与我一道工作过的卓有建树的规划师的特点。在规划文献中，我们还看不到一个统一去描述规划实践技能训练的方式（我将在第九章中详细讨论这一点），所以，我的这个框架并非来自哪一种学派。以这种方式把规划实践技能训练划分成为七种，的确可以囊括规划实践的方方面面，但是，这样做存在一个特别的弱点，我希望提醒读者在阅读全书时留意这一点。这个框架以分析的方式孤立地说明每一种技能或训练，实际上，几乎在任何情况下，我们都不会鼓励单独使用这些技能或训练中的任何一个。有效率的规划师都是综合地使用这些技能和训练的，他们根据实际情况，因地制宜地确定使用什么样的技能来应对他们所面临的局势。我希望所有的规划师都能掌握全部七种技能训练，实际上，每个规划师都会对这些技能训练有自己的想法。有些人可能已经娴熟地掌握某些技能或训练，因此，这些技能训练对于他们来讲有些多余，他们会有选择地加强其他方面的技能训练。有些人所掌握的技能训练可能比其他人更为全面一些，所以我们认为他们是全才。希望我们的规划队伍中能够包括一些技能训练比较全面的人，这样，尽量使一个规划队伍所拥有的技能具有综合性，以便应对出现的各种问题。当然，规划师几乎总是使用所有这些技能训练，使用一种技能或训练会推动另一种技能或训练的提高，他们正是以这样一种方式提高自己的能力，而不是孤立地使用一种技能或训练。只是为了便于讨论，我才在书中把这些技能训练分开，所以，千万不要误认为规划师的这些技能或训练是大海里相互分离的孤岛。按照我的经验，成功的规划师之所以成功是因为他们具备了完善的技能或训练，根据他们面对的情况，灵活地使用这些技能或训练。

规划师必须敏感地觉察到他们编制规划的背景所发生的变化。在我们分别讨论这些技能训练之前，记住这一点十分重要。所以，我在随后几节里讨论一下这个问题。

职业生涯中自身规划事业的发展

除开需要按照实际情况使用规划技能训练外，本书还讨论了许多其他一些技能训练的应用，这些技能训练将伴随个人事业发展的全过程。在成长速度和成长范围上，不同的人虽然有所区别，但是，特别是规划队伍中的年轻人，一般的职业发展模式包括从技术性技能训练、客户服务技能训练、制度和过程技能训练、场所技能训练，最后到达更具有管理性和战略性的技能训练。正如我在本书中将要提到的那样，以这种方式发展自己的职业技能不要失去了对这个职业发展过程"究竟为了什么"的把握，要更多地关注规划的效率，而不是实际试图实现的成果，特别是这样一种态度可能影响到你所对其负责的那些人的动机。在这种情况下，脱颖而出的技能是组织、管理和政治背景训练，特别是概况和综合技能的训练。这并不意味着其他规划实践技能训练变得不重要或者说进入高级管理职位的人不涉及青年规划师的工作，而是说在整个职业生涯中，规划角色改变，职业技能的混合性质也将改变。

这是一种典型的发展规划职业的变化：从一个地方到另一个地方，改变角色意味着接受挑战。当然，在规划师的职业生涯中，还有另外一种他们必须适应的变化，这就是背景变化的挑战。有时，当我们回头看人们的职业生涯而不是看他们当下的情况时，这一点很容易看到，这种变化对职业生涯的影响带有根本性。在我自己规划职业期间经历的重大变化能够最好地说明，职业规划生涯中可能发生的背景变化的性质和范围。

改变规划操作背景的推动力量

要想把我在英国做规划工作期间所有推动变革的力量都囊括起来可不是一件容易的任务。把这个任务放到一个大背景中，从1947 年《城乡规划法》到 2004 年的《规划和强制购买法》的 57年可能是人类历史上变革最为集中的一个时期。当然，我们还是把这个尺度放置到我们可以控制的范围内，以下这些段落仅仅找出了这个巨变年代中的四个因素，它们直接或间接地具有规划实践的意义。这四个因素是，交流方式的革命；政府和居民之间的关系的性质发生了变化；我们改变了对经济力量影响我们城镇的认识；英国城市社会变化的特征。

我们都目睹了一场交流方式的革命，信息技术的使用和潜力均在增长，许多人甚至认为信息技术还处在初创时期（例如，格雷厄姆和马芬，1996）。正是 1947 年，曼彻斯特大学正在开发世界上第一台成功的计算机，而英国议会正在审议《城乡规划法》（1947）。那个时候，有谁会预测到，英格兰的所有地方规划行政管理部门到 2005 年年底都会让公众能够通过计算机网络接近他们的法定日常规划工作，彻底改变过去那种以书写方式完成的规划工作（DTLR，2001，para. 5. 14；《土地使用咨询和工作效率》，2002）。（法定的日常规划工作包括，编制规划，处理开发许可申请即英国众所周知的开发管理，而在其他国家，开发许可申请可能在描述上有所不同。法定的日常规划工作还承担着其他与环境相关的功能。在全世界许多国家，这一组活动都属于规划服务的范畴。）

我们也目睹了政府和居民之间的关系在性质上所发生的巨大变化，政府和居民之间的关系也是一个处在持续发展过程中的事物。1945~1951 年的工党政府改革所引入的许多措施的核心，是国家"最了解"人们的日常生活，能够依靠国家扩大公共产品的供应。例如，蒂明斯（1996）把 1945~1951 年这个时期标志为"乐观主义的时代"。我是 20 世纪 60 年代进入规划领域的，那时英国大部分城市正在致力于大规模清理贫民窟和新住宅建设，而这些行动没有进行任何有效的公共咨询，大部分的市民在这个过程中受到相当大的影响，他们似乎准备接受这些行动，认为政府的这些行动最符合他们的利益。仅仅 40 年以后，许多市民不准备再简单地站在一边，感谢国家或地方政府为他们所做的任何事情，相反，期待和要求他们的愿望能够在决策中得到全面的考虑。决策曾经是国家的特权。许多人希望完全参与到决策过程中去，并影响决策结果。英国的规划制度没有在这些方面有效地与居民联系起来，仅仅向他们做些咨询，英国政府的《规划绿皮书》（DTLR，2001，para，2.3）把这个看成是英国规划制度错误的核心。虽然这个《规划绿皮书》并没有给"联系"和"协商"的区别做出一个完整的解释，但是，以下引文已经提出了这个问题：

> 一个适当的规划制度关系到我们生活质量的全局。环境的质量能够极大地影响居民。居民们深深地关切新的开发，关切新的开发会怎样改变他们生活和工作的周边环境。这就是为什么我们需要一个在规划居民社区和地方经济的未来时能够与居民进行全方位联系的规划制度。（Ibid.，para，1.3）

> 这种规划制度要想成功，需要得到许多不同群体的信任。这些群体几乎包括了 50 万直接的客户，他们每年提出各式各样的规划许可申请，要求一个快速、可以预期的和有效的服务。规划和规划许可申请会影响到家庭和个人，也会影响到广泛的社区，他们关切地区未来的发展计划。社区的所有部分——个人、组织和商务——都必须能够发出他们的声音。（Ibid.，para，1.5）

这些对市民在规划决策中角色的认识体现了一个巨大的变化，不到 50 年的时间里，市民的影响从零发展到主人的地步。当然，这也揭示出规划过程所面对的巨大挑战，把规划过程乔装打扮成为一个技术过程，的确会使规划工作容易许多，因为它可以避免公众参与所带来的挑战。

第二次世界大战后以来，我们对经济力量在推动城镇发展方面影响的认识也发生了巨大的变化，当然，人们还有可能会提出，这种理解落后于经济力量自身的发展。从本质上看，在1947年《城乡规划法》下运行的规划体制中，规划基本上可以控制住土地使用活动，规划正在寻求控制产业发展中出现的关键问题，例如，我们需要找到充分的土地去容纳这些产业活动，而这些产业活动可以提供我们需要的工作岗位（参见基布尔，1964，pp. 187 – 190）。许多地方规划部门在他们的发展规划中按照这种假定布置土地，然而直到今天，依然还有许多这类土地空闲着，我们从苦涩的经历中了解到，这可能是保证经济发展的必要条件，但是，它当然不是经济发展的充分条件。我们有100个理由这样做，但是，我们越来越认识到的最重要的原因之一，是当代经济发展常常是在全球或其他任何一个层次上而不是地方层次上的（海特，1997；马尔库塞，2000）。所以，从规划目的出发，那些曾经在本质上被看成规划过程可以试图控制住的内部变量，现在却越来越被看成是规划过程中必须尽可能恰当地与之相联系的外部变量。

自20世纪40年代末以来，英国的城市社会也似乎从非常实质性的方面改变了它的特征，而且，这种变化过程还在进行中。罗杰和鲍威尔把这些变化概括为"社会的变化和分散"，包括城市人口减少、工作改变、收入差距、民族变化和种族关系、家庭规模和特征的变化、家庭和社会的破裂、教育变化、犯罪和反社会行为以及社会排斥（罗杰和鲍威尔，2000，pp. 22 – 52）。这些变化中的每一种变化都对英国规划制度构成挑战，暴露出英国城市政策的问题。20世纪40年代雄心勃勃的规划十分镇定地考虑到了从我们大城市里"溢出"的大规模人口，在他们所处地区的边界内为他们创造一个可以接受的生活标准，而没有太明确认识到那些

"溢出"的人们可能是被迫的，放到今天，"溢出"是一个带有蔑视的说法。例如，1944 年阿伯克隆比的大伦敦规划仅仅设想了 100 万人的分散化，或者说 100 万人从中心大团中分散出来（阿伯克隆比，1945，p. 5）；尼古拉斯的 1945 年曼彻斯特市规划提出，需要思考城市边界内的有效人口容量，这个规划认为曼彻斯特市的人口容量为 47.5 万人，当时的实际人口大约在 70.5 万人，这就意味着要减少大约三分之一的人口（尼古拉斯，1945，p. 167）。然而，50 年后的今天，按照《2000 城市政策白皮书》，今天的城市政策是，需要通过重新使用"棕地"来增加城镇人口，而不是通过开发大城市边缘地区或远离大城市的"绿色场地"来增加城镇人口（DETR，2000）。

　　世界上许多国家也发生了同样的情况。这些力量对英国规划的影响也许在细节上有它特殊的方式，但是，英国的情况并非举世无双，或者说这些力量对英国规划的影响并非英国本身固有的现象。仅就这四个变化的例子而言，其中包括的影响力的规模就足以使我们认识到 21 世纪早期的规划实践一定与 1947 年《城乡规划法》公布时期的规划实践有着天壤之别。同时，公共部门的规划师（即在一个空间尺度的政府提供的框架内承担规划任务的那些规划师，或者那些基本上以公共事务名义工作的规划师）并没有感觉到他们所使用的基本工具有多么大的变化。从本质上讲，规划师还在编制多种类型的政策文件，依然寻求通过规划许可决定的方式控制开发，当然那些规模极小的开发不在控制之列；仍然利用多种多样的机制去实施各种类型的改善项目。这些都是 1947 年《城乡规划法》制度下的关键因素，它们仍然是 2004 年的《规划和强制购买法》制度下的关键因素。但是，这个时期的确对许多事情做过调整。在这个时期，人们对规划本身的性质做了无尽的思考，发表了大量的相关文献，例如，我们现在有了一个大规模的规划理论"产业"，而在 1947 年《城乡规划法》的时代，一切都是从实际目的出发，没有什么规划理论存在。当然，规划理论的出现是否是那个时期规划实践的伴生现象还可以再讨论

（参见布鲁克斯，2002）。这种情况也许让我们发现了规划实践在变化大潮中所面临的两个问题：规划的基本手段没有得到充分的发展；规划理论中所蕴含的思想火花没有如愿地在规划实践中形成燎原之火（参见霍尔，1996，他在第十章中讨论了规划实践和规划理论的关系）。

在 40 年间，或者说在我的职业生涯中，对于实际规划过程的发展而言，所有这些变化的后果，是这些外部变化已经深刻地影响了一些核心规划概念。我要再次重申，我选择了四个概念来说明我的观点（基钦，2002；2004，pp. 108 – 115，我在那里深入讨论了这个问题）：

- 确定性概念——规划体制应当能够告诉所有对开发产生兴趣的各方在任何地点上将会发生什么，这种观点的基础是对土地的法定利益（切里，1996，pp. 124 – 126）。
- 速度概念——规划体制应该能够在规定的时间内承担起它的功能，所以，不会搁置必要的开发，使参与者了解到整个规划过程如何进行（我在第七章中将详述这个观点）。
- 公众参与概念——公众的看法应该支配规划决定（我们总是假定，尽可能达成共识），这个观点将贯穿全书，特别是在第五章中。
- 可持续发展概念——这是一个相对近期出现的观点，规划的任务是保证所有的开发都可以承受全球变暖（参见霍尔等，1993；詹克斯等，1996；沃伯顿，1998；萨特斯韦特，1999；莱亚德等，2001；CAG 咨询和牛津布鲁克斯大学，2004；乡村事务局等，2005）。

图框 1.1 展示了从 1966 ~ 2004 年期间，这些关键规划概念在英国发生了什么变化，这个时期或多或少与我自己的规划职业生涯时期一致。

图框 1.1　规划的关键概念——变化的挑战

概念	1966 年	2004 年	评论
确定性	发展规划要通过提供尽可能具体的方式去定性	发展规划要通过清晰的战略原则和必要的专项提供确定性	这里的真正问题，是"确定性"意味着什么？我们是指战略上的确定性还是场地上的确定性？战略性的确定性涉及大方向。对规划来讲，在没有违反时间限制条件下，提供前者比后者可能要容易许多
速度	法定的时间表对编制发展规划和开发管理做出具体安排。记录下来的实际情况，是地方政府要十分艰辛地工作才能满足这个时间表的要求，特别是在编制发展规划方面	提高速度的挑战已经使规划制度做出了若干次调整，许多原因，特别是公众参与的持续增长，使规划速度下降。2004 年的规划和强制购买法试图解决这个问题	规划所拥有的资源不可怀疑地影响规划的绩效。但是，公众的期望值不断攀升，有效果和有效率的制度不一定能够有效和快速地满足公众参与的需要
公众参与	这个概念几乎没有在日常法定规划活动中出现，非常偶然地出现在了编制发展规划的活动中	英国中央政府的《规划绿皮书》（2001）提出，英国的规划制度在公众参与方面已经超出了"协商"，而要在规划决定中全面考虑公众意见	中央政府的愿望，是通过网络提供规划服务，让规划制度能够有效地推行公众参与。需要注意的是，多样化的社会会产生多样化的观点，更大程度的公众参与不一定意味着能够达到更高水平的共识
可持续发展	尽管人们会说，一些规划概念中已经包括了可持续发展的意义，但是，在现代意义上讲，是没有这个概念的	规划制度的基本目的就是实现可持续发展	规划是否真有手段去处理可持续发展的问题，例如让公众放弃高强度地使用私家车，对此还有许多问题可以提出来探讨

　　我试图通过这些例子说明的观点，是职业规划师在他们的职业生涯中可能会经历大规模的背景变化。图框 1.1 说明了与四个关键的规划概念相关的变化，这个时期与我自己从事规划职业的时期是一致的，我希望与读者分享我在这场变化中形成的观点。也

就是说，对未来的任何看法都需要围绕正在加速变化的可能性展开（库帕和莱亚德，2003）。换句话说，现在正在进入规划职业的后生们同样会在他们的规划职业生涯中经历与我一样巨大的背景变化。规划师需要主动应对这种变化，能够让他们的思维适应变化的世界。这就是为什么我在本书的其他部分把规划师说成是反应型的实践者，为什么持续不断的职业学习过程对于规划师如此重要。

政府对规划的支持

在思考规划师工作背景如何变化问题时，我要讨论的最后一个因素是政府对规划的支持也在变化。我觉得世界上大部分地方的职业规划师可能都会深深地受到这个因素的影响。规划制度存在的基础是广袤的，但是，规划制度的内容和习惯的方式以及怎样发挥其功能，都将依赖于在多种空间尺度上能够得到政府多大的支持。例如，在英国，20世纪80年代，即撒切尔的时代，规划似乎被划到有问题的而不是解决社会问题的一种手段中（索恩利，1991）。那个时期，我是一个高级助理城市规划师，后来是曼彻斯特市的规划师，按照我的经历，因为中央政府大规模减少了对市政府工作的财政支持，规划服务的预算也就逐年减少（基钦，1997，pp. 13-16），中央政府缺少对地方政府规划功能的支持还导致一些地方议会政治领导人没有给予地方规划服务以适当的支持。这种情况当然使得规划工作比在有利环境下要困难一些。另外，市中心一些部分的规划权也不再属于市议会，而是交给了新建立起来的开发公司，它们直接对中央政府负责，而不是对地方政府负责（Ibid., pp. 136-142；迪斯等，1999，pp. 206-230）。这无疑是英国地方政府规划服务的一个艰难时期，我在曼彻斯特的经历并非一个个案。2001~2005年期间，工党政府对规划部门给予了巨大的支持，在多种方面推进规划的"现代化"（环境、交通和区域部，1998a；DTLR，2001；ODPM，2002）。考虑到规划部门资金捉襟见肘的状况，中央政府给规划部门注入了资金，使规划的绩效得到了改善，集中解决如何通过广泛的"文化变革"使规划更为成功（ODPM，2002，2003e；麦克卡什，2004；基钦，2004）。这种"文化变革"现象可能是英国独有的，但是，这种"文化变革"背后的却是世界范围大部分行政管理部门面临的共同挑战，我们的规划组织如何才能在成功地履行他们的责任和义务的同时得到所有利益各方的承认？

所以，从我的经历看，这个例子所要说明的是政府对规划的支持总是强弱相间的，政府对规划支持的强弱能够造成规划工作上的差别，特别是规划服务的资源状况会影响到规划工作。通过这里以及前面提到的背景变化，我试图说明规划师必须适应他们没有能力控制的那些变化，必须集中关注规划工作的核心技能或训练。虽然本书内容集中在规划工作的技能训练方面，但是，我们千万不要忘记，规划师必须适应他们没有能力控制的那些变化。

本书的结构

随后的七章内容将依次介绍七种规划实践技能训练，讨论它们是什么和如何在实践中使用。第二章至第八章所包括的规划实践技能训练如下：

第二章——技术性技能

第三章——规划制度和程序技能

第四章——场地技能

第五章——客户服务技能

第六章——个人素质训练

第七章——组织结构、管理体制和政治背景训练

第八章——概括能力和综合能力训练

这个次序的逻辑是，前四个技能对于职位相对较低的规划师都是需要的，第五个训练涉及个人的素质，无论对谁都是不可或缺的，最后两个训练对于处于高级职位或管理职位的规划师尤其

重要。

在这些章节中，我毫不犹豫地拿出我个人的经验作为例子来说明每一种技能或训练在实践中的应用，这样，我的经验就成了源头，而无需从学术或实践的文献中去寻找源头。当文字中出现第一人称时，不言而喻地是来自我的经验。我的这些实践经验除了是我的个人经历之外，可能并没有什么特别，但是，由于我在许多描述的情形中发现了自己的相同经历，于是便毫不犹豫地描述了我的经验。本书特别集中关注那些积极的实践，这些实践强调了规划的潜力，我非常同意 L. 桑德尔科克的观点：

> "组织希望"是规划师的基本任务之一，进行这场战斗的武器之一就是使用成功的实践经验，很好地叙述这些实践经验，使其具有意义，能够给其他人的行动以精神启迪。（桑德尔科克，2003，p. 18）

按照这个思路，别人可以去判断我是否成功地说明了我的例子。但是，我选择这些例子的动机在于试图说明什么是可能的，说明规划和规划师怎样能够增加其价值。

在这七章的末尾，我编制了若干自我评估的问题。提出这些问题的目的是为了让读者在他们自己的特殊情况中，找到能够发现的各式各样的问题，然后提出应该探索的问题，在此基础上，研究每一章中提出的具体资料。显而易见，许多地方案例与我在这些章节中提供的案例在细节上会有不同，然而，这个探索过程能够让读者了解本书中讨论的一般问题如何体现在他们自己的特殊情况中。

第九章是围绕变化的规划技能或训练而展开的讨论，包括看待这些问题的四个不同角度：作者的角度；职业团体的角度（英国皇家城镇规划协会）；城市更新的角度；多重职业交叉方式下城市管理的角度。那一章提出的基本命题是，从这些不同角度出发，人们对规划实践技能训练还没有形成一个统一的观点，但是，从不同角度上提到的技能或训练均能在本书提出的七种规划实践技能训练中找到。

　　第十章是一个结论。它试图把前边分别讨论的技能结合起来，重新回到这样一种观点——本书讨论的规划实践技能训练都不能孤立地去使用，而是作为规划师全部技能或训练的一个部分。它使用了"规划师是反应型的实践者"这个概念（舍恩，1998）作为一个载体，讨论规划师如何能够不断地提高自己的技能或训练，职业生涯中技能或训练发展的作用，以及规划教育系统应该在这个过程中所发挥的作用。

　　从本质上讲，我们能感觉到，今天成功的规划实践所要求的基本技能或训练可能不会与过去半个世纪以来所要求的技能或训练有天壤之别，但是，它们之间的平衡会有些变化。半个世纪以来，规划实践似乎越来越困难，所以，为了应对这些挑战，对职业规划师技能或训练的要求也越来越高。在客户服务技能的讨论中，我们能比较清晰地看到这一点。规划实际上是"为人的"，因此客户服务技能总是必不可少的，当然，最近这些年来，客户服务技能实际上意味着直接面对客户，而不只是对待客户的行为举止问题。这个看法从一定意义上来自我们对大城市的贫民窟进行拆迁的经历（20世纪50年代中期和70年代中期），规划在许多方面都没有通过对它的测试，因为替代的开发远远没有达到预期的效果，英国规划依然还在奋力从撒切尔时代的萎靡中重新崛起。这些事件使英国地方政府的许多规划师感到异常烦恼，几乎整个程序都失败了。除此之外，最近这些年日益发展的私营规划企业可能也是原因之一。当然，我是抱着乐观主义的态度来写这本书的，目前的政府似乎相信规划是重要的，要求找到帮助规划成功的方式。这对于英国规划是一次难得的机会，当然，只有规划的技能或训练得到更新，规划的实践者有效地使用这些技能或训练，机会的大门才会敞开。英国试图通过这些经验给规划注入能量，给其他地方提供参考。如果这本书果真能够做到这一点，我将感到无比的欣慰。

第二章

技术性技能

引言

> 如果一位官员希望他的上司和政治批判人士认可他那些
> 涉及大量问题的决定具有权威性，那么明显他采用的最可行
> 的策略就是坚持那些涉及大量问题的决定是技术性的——即
> 坚持他是按照常规方式宣布这项公共政策，他只是对这项公
> 共政策做技术性的解释。对于一个获得专业证书在意义上具
> 有专家身份的人——这里定义为技术合理的人——我们只能
> 按照他的能力（如果他是诚实的）来判断他，完全不能按照
> 他的人品或个性来判断他。假定给任何数目的专家一个同样
> 的目标，那么，他们应该提出没有什么实质性差异的推荐意
> 见。（阿尔特舒勒，1965，pp. 334 – 335）

在我开始展开一系列有关规划实践技能训练的章节之前，特
别是将要在这一章讨论技术性的技能之前，我先引用了这样一段
咬文嚼字的文字，似乎有些匪夷所思。另一方面，阿尔特舒勒的
论点中没有说规划实践完全没有技术性的成分。他的命题是规划
实践的技术性成分与其他一些规划师工作环境的因素一并存在。
只有在规划师以声称其决定是技术性的方式来获得权力，而这个
声称背后明显存在其他的判断因素（如政治领域里正常存在的意
识形态因素或者偏见）时，规划实践的技术性成分才会发生问题。
我同意这个分析，所以这本书的命题是，规划实践的技术性技能
与其他六种技能一起塑造一个有效的规划实践者，这些技能相互
促进，综合地决定规划师的能力。这样，技术性技能只是规划实
践技能训练的一部分，我们千万不要夸大技术性技能的作用，不
要把本不是技术性的事情说成是技术性的（少数专家掌握的专业

知识)。

在这个基础上，这一章主要集中讨论技术性技能。在我看来，这些技术性技能对于完成规划任务、编制发展规划、控制开发、改善地区或环境状况等都是必不可少的。另外，由于许多规划任务得益于使用专家，所以我将用零售规划领域的一个例子来说明规划的技术因素如何与决策的其他因素相联系。这里用来说明规划实践中技术层面的例子大部分来自我自己的实践经验。这类例子还提出了规划制度和程序的问题，所以，在第三章中，我再从规划制度和程序的层面来对这些规划因素加以说明。最后，我留下一些自我评估的问题，帮助读者自己去探索这一章提出的一些问题。

当然，这一章所描述的技术性因素没有一个是孤立存在的，在现实的规划实践中，使用技术性技能一定伴随着使用本书提出的其他技能，因为规划所面对的问题都需要尽可能从整体上去把握。社会上的问题都以多个层面表现出来，也许并不与规划的技术性技能的定义相关。正是规划的技术性技能赋予规划师在解决问题过程中的特殊责任。当然，通过他们的技能，规划师使规划的技术性层面与其他层面一样为人所知，这一点是重要的，因为其他人希望规划师能够把技术性技能也拿到台面上来，所以规划师将有义务保证做到这一点。

制定发展规划的程序

图框 2.1 以简单的线性方式描绘了编制发展规划的十个步骤。虽然的确可以用许多不同的方式来描绘编制发展规划的步骤，但是，多数规划师从实际经验的角度都会认可这种描述。从许多方面看，一些对编制发展规划步骤的理论描述大同小异（例如，参见布鲁顿和尼克罗森，1987，p. 69，图 2.5）。我们使用如此简单的方式是为了帮助读者理解大部分规划活动的基本步骤，实际上，我们不能忘记规划活动还受到一些约束。由于这些约束的产生有其空间规模的原因，所以，以下我们从比较深层次的空间规模问题出发，讨论其中的六个约束（内容、已经存在的规划工作、规划过程的延续性质、放弃一些实际情况表明可以放弃的阶段、公共协商的问题、空间规模问题）。

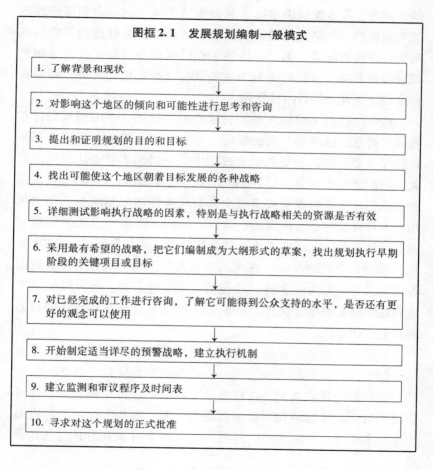

图框2.1 发展规划编制一般模式

1. 了解背景和现状

2. 对影响这个地区的倾向和可能性进行思考和咨询

3. 提出和证明规划的目的和目标

4. 找出可能使这个地区朝着目标发展的各种战略

5. 详细测试影响执行战略的因素，特别是与执行战略相关的资源是否有效

6. 采用最有希望的战略，把它们编制成为大纲形式的草案，找出规划执行早期阶段的关键项目或目标

7. 对已经完成的工作进行咨询，了解它可能得到公众支持的水平，是否还有更好的观念可以使用

8. 开始制定适当详尽的预警战略，建立执行机制

9. 建立监测和审议程序及时间表

10. 寻求对这个规划的正式批准

几乎所有规划编制过程都是在某种背景下发生的，背景对规划编制的影响不仅仅起始于这个过程的开端，而且常常贯穿整个规划制定过程。图框2.1可能给我们造成规划编制过程是孤立的印象，实际上，规划编制过程几乎从来都不是孤立的。如果规划编

制过程最终能够形成一个可以操作的规划，整个规划过程都不应该脱离它试图影响的现实世界。

编制规划不一定总要按照图框2.1描述的那样亦步亦趋地走完每一步，如已经存在的规划工作。大部分规划都不是从白纸开始的，例如，许多规划决定源于对影响这个地区的倾向和可能性的思考和咨询，如第二阶段，可能出于政治压力去处理地方的特殊问题。这就意味着，第三阶段的工作已经部分完成了，因为制定规划的理由（寻求扭转不利的发展倾向或捕捉机会优势）将很大程度地决定规划的目的和目标。

这个过程是（或应该是）持续性的，例如，在编制规划过程发展到第九阶段之前，已经设定了监控和审议机制，我们应当承认这样一个事实，在规划制定过程中，一切都不会静止下来。对此命题的理论争议颇多，不过我的考虑是（基钦，1996），在实践中，承担高强度的以及或多或少具有延续性的规划编制活动的机构，其自身能力是有限度的，所以，它们可能在"正式的"规划编制活动之间插上"非正式"的规划活动。这种制度通过2004年的《规划和强制购买法》在英国正式确定下来。现在英国的规划不仅仅只是一个单项文件，还包括一个文件档案，可以持续不断地向这个档案中增加文件，这种方式可以看成是在使用法定规划观念的一种尝试。

实际情况决定了有充分的理由调整规划编制过程中的一些阶段。例如，第一阶段应该包括一些新鲜的调查资料，以便更新我们对现状和背景的认识，有些基础资料只要保持不断更新，便可以成为第九阶段监测和审议所需要的资料。这样，在第九阶段做出重大决策时，所使用的资料实际上在整个过程开始时就已经获得了。

在规划编制过程中，很难准确地预先确定安排各种类型的公共协商和公众参与的阶段，因为公共协商和公众参与可以出现在任何一个阶段或所有的阶段上。图框2.1建议的公共协商应该是第二阶段的成分，而听取公众意见则是第七阶段的核心。我在本书

的第五章中会提出，在任何情况下，最有效的协商咨询是规划师
和特定客户之间维持关系的一个部分，这就意味着高质量的对话
比起在规划制定过程中确定下来的特殊类型的协商要重要得多。
在实践中，各种类型的公共协商和公众参与的安排可能是按照当
地惯常的方式来决定的，同时考虑到整个规划制定过程需要花费
的时间。规划师可能考虑如何最好地把公共协商的意见落实到规
划制定过程中去，同时也在考虑如何在决策中最好地把日益增长
的公共需要包括进来，这是两件不同的事情，不要混淆在一起。
正如我在第一章中提出的那样，自从斯克芬顿委员会第一次提出
把公众参与规划作为一种程序确定下来以后（斯克芬顿，1969），
公众期待的巨大增长是规划实践面临的最大变化之一，我的职业
生涯始终都处在这场变化之中。有人从这个角度提出，公共协商
应当看成是持续性公众讨论过程的一个部分（赫利，1997），制定
多种公共协商的方式是编制规划面临的挑战，当然，目标是让这
个过程迅速而有效地得以实现。

　　规划活动能够在若干个空间尺度上进行，所以，应该按照空
间尺度对公共协商过程做出调整。例如，编制城市某一特定地区
的更新规划可能要改变这个再开发场地的平面形式，但是，把这
个规划作为整个城市规划的一个部分可能不恰当，因为它所涉及
的再开发细节和时间尺度都与整个城市的规划不一致。所以，这
个再开发规划可能要与整个城市的规划分开，作为一个单独的专
项规划来编制，当然以整个城市的目标和政策作为基础。实际上，
这是一个十分常见的规划问题，一个单项规划可以针对实际问题
进行编制，从理论上讲，不同的情况会有不同的需要。结果常常
是规划中"套着"规划的过程。图框2.2提供了这种情况的一个
例子，这是曼彻斯特市20世纪90年代编制"统一发展规划"时
的一个案例。

　　图框2.2说明的规划"套着"规划的模式反映了一种非常典
型的规划问题，即一个规划能够适合于所有需要几乎是不可能的。
涉及现实问题，不同地方的特征和需求，因为不同的空间尺度需要

图框 2.2　规划"套着"规划：曼彻斯特的案例

作为曼彻斯特市 1989~1995 年期间制定的"统一发展规划"过程的一部分，考虑到这个城市的三个部分可能会相对较快的发生大规模变化，但是，在编制"统一发展规划"的政策和建议时，没有精确预测其形式。这三个地区是：

1. 赫姆，曼彻斯特城市中心以南，主要资金用来建立一个新的机构，监管这个地区的更新改造。这个地区以 20 世纪 60 年代和 70 年代中期建设起来的高层住宅建筑为特征，当时人们认为这个地区的城市建设是不成功的。
2. 伊斯特兰，曼彻斯特城市中心以东，计划在那里建设申办 2000 年奥运会所需要的主要公用设施，当时，申办结果是未知数（但是，那里很快成为建设 2002 年英联邦运动会主场馆的地方，成为曼彻斯特东部地区城市改造的核心）。
3. 蒙沙，曼彻斯特城市中心以北，这个地区的高层住宅建筑类似赫姆地区，但是已经被拆除，拆除后的场地闲置，所以再开发的潜力巨大，然而没有确定再开发的资金来源。

曼彻斯特市"统一发展规划"把这三个地区确定为"主要城市更新地区"，提供了一个宽泛的启动政策，通过建立独立的合作过程，对每个地区进行必要的详细研究。

另外，决定把六个现存的地方规划合并到曼彻斯特市"统一发展规划"中，因为这些规划被认为与这三个地区的需要相关。这六个现存的地方规划都有它们自己的风格和历史。这六个规划是：

- 城市中心地方规划；
- 环线地方规划，包括曼彻斯特机场；
- 绿带地方规划；
- 梅尔塞地方规划；
- 米德洛克峡谷地方规划；
- 矿山地方规划，这个规划与整个大曼彻斯特地区相关，实际上，矿山发展对曼彻斯特市的影响很小，因为在曼彻斯特市域边界内并没有采矿活动。

通过采用曼彻斯特市整体"统一发展规划"的风格，决定把这三个地区作为主要城市更新地区，随后编制较为详尽的规划，保留现存的六个地方规划，进而把这些规划合并起来，不可否认合并起来的规划是复杂的，但是，这正是"曼彻斯特市统一发展规划"制定时期的规划所面临的挑战。

采用不同的方式（例如，广泛的战略政策适合于整个城市的尺度，而城市更新地区的个别场地再开发需要详细规划），这都是常见的现象，它们并不因为规划制度不同而不同，所以，我们需要了解这些因素之间的关系，特别是它们相互作用的方式。也就是说，实现不同的目的，需要不同类型的规划，无论在什么法定的框架内，这一点都需要通过最好的实际方式来加以管理。图框2.2总结了20世纪90年代曼彻斯特市的规划案例，案例中涉及的法定框架不同于2004年实施的《规划和强制购买法》，这个案例可以让我们看到《规划和强制购买法》有关"档案"方式的条款（承认若干个不同的规划文件一起合并构成发展规划）是否能够让规划"套着"规划的任务更容易进行。

　　涉及这个问题的其他困难之一是，地方政府体制和编制规划所覆盖地区之间存在某种关系。从本质上讲，编制的规划都是关于地方政府行政管辖区域的；当地方政府行政辖区发生变更，需要编制规划的地区也随之而变（有必要时，有可能编制比行政辖区小的地区规划），而原先的规划可能不能适当地反映现在的行政辖区，例如，因为1986年撤销了英格兰的都市县议会的行政编制，而用统一发展规划（战略规划与地方规划因素的结合）替代了原先的都市县战略规划，供现在的完全功能的都市区议会使用。正如我们认为战略规划概念并非很适合于作为整个城市地区的一种战略性框架一样，当用统一发展规划替代了都市县战略规划之后，我们发现统一发展规划并没有很有效地承担起责任。无论是都市县战略规划还是统一发展规划，都是从地方政府体制的角度产生出来的规划，而不是从最适合于编制规划的角度编制出来的，当然，在两种情况下，总要编制规划，并且要尽可能好地编制出规划。有关什么是编制规划适当地区的争议不绝于耳，我怀疑这可能是一个存在大量观点却没有一个正确答案的问题。我们可以这样看，现行的地方政府体制是决定发展规划覆盖地区的基础，尤其是它能够把民主的负责任的方式带到规划过程中。然而，在曼彻斯特工作时，我发现，在编制规划的过程中，很难让参与者超出城市边界范围思考广泛的问题。显然，在一些情况下（例如，当我们思考上下班出行这类问题时），局限在行政辖区范围的思考是不适当的，过分约束了规划的基础。

　　在结束空间尺度这个问题之前，我们还需要提出另外一个观点。人们常常认为，战略规划的概念是与空间尺度相关的，一个战略规划所覆盖的区域越大，最终规划越具有战略性。覆盖广大地区的规划为了避免细节而几乎都是定性的战略，从我的经验看，那种认为地方规划不需要有战略性思考的观点是不正确的（基钦，1996）。无论在什么样的空间尺度上，所有的规划都需要有战略性的成分。我找到了11个命题来构成编制规划战略成分的核心，无论在什么空间尺度编制规划，都有可能与之相关。我在图框2.3中列举了这些命题。这类似于弗雷德和杰斯平（1969）的观点，"战略选择"的问题在所有层次上都存在，但是，它们并非总是被看成"战略选择"，所以没有得到很好地处理。我在第八章还要讨论这个问题。

图框 2.3   编制规划的关键战略成分

1. 必须对你所关注的多个方向和如何达到目的等问题有一个清晰的认识。
2. 做到这一点，因地而异，所以应当以历史、精神、实际情况和那里的人作为基础。
3. 需要清楚地认识到"规划"活动如何与所有其他影响到人和场所关系的过程相联系。
4. 关注规划过程和针对不同客户的规划本身带来的不同种类的信息。
5. 不要过于相信时髦的观念，除非这些观念的确适合于你所面临的情况。
6. 基本原则可能需要保持一段时间，当然，它需要经常得到审议，然而，行动细节总是要有所改变的。
7. 对于所有可能性而言，规划过程都是由机会导向而非问题导向的，当然，我们使用前者来帮助解决后者。
8. 规划过程可能包括长期的战略，其方向比起需要进行的具体行动要清楚许多；所以，不要以你不了解的今天为基础形成对明天的偏见。
9. 规划过程需要得到社区广泛的支持，以及那些需要采取具体行动以实现其期待结果的人们尽可能具体的支持。
10. 采用多种形式表达政策基础，而发展规划将只有一种形式。
11. 一个最重要的测试是它是否是因地制宜的。

这些命题应用于规划编制过程，而不考虑规划编制的空间尺度。

资料来源：这个图框来自本人在图德 - 琼斯编辑的著作中的那个章节，1996，pp. 125 - 126。

有关城镇规划的经典教科书通常把重点放在制定规划的技术

上（例如蔡平，1970），然而最近这些年以来，制定规划的技术领域却在某种程度上被忽略了。发展规划的重点已经有了从强调内容（住宅和地方政府部，1970）向比较强调过程（环境部，1972a；ODPM，2004a，2004b）的方向转变的倾向，但是，直到今天英国的发展规划仍然沿用着长期建立起来的政府建议的传统。事实上，发展规划的性质在现在的表现是针对政府的政策支配着这种建议的技术成分，这样，政府期待规划坚持政府政策，关注政府政策的程序性问题。

当然，中央政府认为规划制度压倒一切的目的是实现可持续发展，所以，最近这些年以来，英格兰的规划编制过程新增了可持续性评估的概念（ODP，2005a）。在我写作本书的时候，人们还在讨论必须对"区域空间发展战略"和"地方发展框架"做可持续性评估（ODPM，2005b），他们关心这样一个有意义的问题，看成技术性评估的可持续性评估在什么程度上有别于看成公众讨论基础上产生的可持续性评估。当然，这种与评估工作相关的争论比起现在人们所关切的战略环境评价和可持续性评估要久远得多（参见林奇菲尔德，1996，pp. 193－200；乡村管理署等，2005）。现在，有一种日益增加的倾向，那就是"技术性"的评估可以交由公众讨论，实际上，在规划过程的公众询问阶段，公众能够挑战这种"技术性"的评估。2004年和2005年期间，我参加了谢菲尔德有关把可持续性评估作为编制新发展规划一个部分的审议工作，谢菲尔德市采用这种方式是为了通过"交通信号灯"方法研究草拟的规划政策。"交通信号灯"方法是指使用绿色信号灯表示积极的，红色信号灯表示消极的，黄色信号灯表示居于两者之间或不可避免的受限制状态。这是一种针对可持续性评估的一般方法，因为它使评估者能够非常迅速地做出判断，所以非常有效。但是，在实践中，很少有草拟的规划政策能够毫不含糊地被划定到红色或绿色的类别中去，所以很难使用。尽管如此，还是有可能了解到其他利益攸关者在什么地方如何对这些评估提出异议。可持续性评估的发展和编制支撑可持续性评估的指南都将对技术性规划工作与更广泛的社区和政治工作之间的协调做出检验。我猜测真正认为可持续性评估是技术性的人相对有限（所以，没有公开接受大部分人的挑战），对可持续性评估的分析将会在地方争议中看出来。

这里没有足够的空间去展开制定规划的所有技术细节，但是，讨论与图框 2.1 中 10 个阶段相关的一些观点对于了解制定规划的技术性层面还是有益的。

（1）背景和现状。这里的关键技术问题是，究竟要使一个规划工作团队对他们的规划起点在多大程度上具有适当的认识水平，需要做进一步的研究。因为我们的认识总是相对的，所以，追求尽可能完善的认识总是诱惑着我们。当我们开始一项新的规划工作，这项新工作必将产生与此相关一系列问题，考察我们是否对此有所认识，这对于规划过程的初始阶段应该是有必要的。然而，情况常常不是这样，需要进一步研究的主题并不清晰，只有在规划过程有了一定程度的展开之后，进一步研究才会与随后进行的其他阶段一起展开。所以，只要有可能，最好的开端就是已有的认识，同时保证在那些缺少了解当地情况的交流机制的地方，建立起一个良好的交流机制，使之成为规划过程的一个部分。这样，通过交流所获得的认识可以不断地补充到规划过程中，从而克服规划初始阶段认识的局限性。我可以拿我担任"谢菲尔德第一环境合作组织"主席期间的经验作为一个例子来说明这个问题。对于"谢菲尔德第一环境合作组织"来讲，必须在成立之后尽可能快地制定出一个战略，然而，它立刻面临一个非常困难的问题——如果我们打算编制一个改善谢菲尔德环境的战略，我们一定非常清楚从哪里入手，但我们对谢菲尔德的环境现状有什么样的认识呢，对此有三个问题。首先，没有这类综合性的研究，实际上，可以使用的证据都是零散的，不具有综合性。第二，从实质上改变这种认识状况需要开支，"谢菲尔德第一环境合作组织"并没有预算来支撑这个研究活动。第三个困难是，编制一个可靠的"环境状况"报告需要时间，而编制改善谢菲尔德环境的战略刻不容缓，没有足够的时间这样做。于是，决定依靠这个合作组织成员的认识，以及对草拟战略的咨询反馈，在工作中逐步提高合作组织对谢菲尔德环境状况的认识。这是一个完全实用主义的决策，尽管有些草率，但它毕竟有可能推进这项工作，而不至于立即停摆。

（2）倾向和可能性。可以通过多种方法预测和分析可能影响一个地区的倾向和可能性（布拉肯，1981；菲尔德和马克乔治，1992），更一般地讲，许多学科从不同角度提供了对影响未来的倾向的看法（例如，库帕和雷亚德，2003）。另外还有多种咨询方法可以使用，我们把它们归于非正式的观点。当然，所有这些方法的基本点是，它们都有假设的框架，数据适用于这些假设。人们渐渐认为，这些预测并非是中性的活动，它们有政治和政策性的约束框架，而这些政治和政策的框架实际上与预测者的价值相联系。菲尔德和马克乔治（1992，p.197）提出：

> 当我们使用规划模型时，很少获得正确的答案。所以，一般来讲，在预测时最好能够确定多个值，测试这些值对改变有疑问模型假定的敏感性。这样做意味着预先做出了一组假定，仅有一定程度的客观性。不幸的是，预测方法的纯技术方面很难摆脱政治和政策的干扰。

这段话表明，这类技术能够在某种程度上说明一组假定的后果（有些结果显示出来了，毫无疑问，还有一些结果没有揭示出来），但是，我们心存疑虑的选择都是社会、经济和政治层面的，而非技术层面的。最近出现在道路交通增长预测方式上的变化就是一个有关预测和分析的经典例子，即从自圆其说预言式的政策指南到显示如果不对政策和行为做适当调整则可能发生的后果（这场争论可以在"英国皇家环境污染委员会"的报告中看到，1995，第6章）。

（3）目的和目标。从根本上讲，目的和目标涉及政治选择。当然，的确有非常重要的技术性工作需要做，即把政治选择转变成为可能的目的和目标，用可以衡量发展过程的方式来表达这些源于政治选择的目标。

（4）广泛的战略成套方案。当我们试图找寻达到多方面目标的方法时，要以尽可能开阔的视野去思考成套的政策。在规划早期阶段这样做的危险之一是，在还没有完全考虑到各种可能性的情况下，思维可能很快集中到了可以找到适当的成组政策的领域，而实践中的其他方案可能处于相对次要的地位。例如，30年以前，我曾经从这些角度对伦敦第三机场委员会的工作做过批判（基钦，1972），这个委员会当时做过英国最大的投资－效益分析来帮助政府对公共政策做出选择；最终形成推荐意见的过程相当粗放，对四个供选择的方案进行比较可以发现，其中三个实际上相当类似。

（5）测试有希望的战略成套方案。在这个阶段有一件需要做的技术工作是，评估有希望的战略成组方案的可能结果，但是，需要注意的是，评估技术并非政策或价值中立的，预计到这一点十分重要，有关规划评估技术的文献相当多，当然，林奇菲尔德（1996）曾经对这些工作做了总结。在任何一个评估过程中，有三个问题可能十分突出：

①目标——这个成套方案如何能成功地满足预定的目标？

②资源——就资金和人力资源而言，我们能否执行一个成组方案？

③环境——这个成组方案对环境的影响是什么？什么样的环境质量将在这个成组方案执行中得以实现？

最近这些年以来，随着世界范围对环境问题的关注，环境评估已经受到了更多的重视（巴尔特马斯，1994；萨特斯韦特，1999）。因此也推动了环境影响评估技术的进步，包括作为整体的发展规划会受到这类评估的何种约束（伍德，1992）。现在对于新的发展规划，英国都要求做环境影响评估。正如以上所说，在我写作本书的时候，对区域尺度和地方尺度的规划都要求从整体角度做可持续性评估。随着这个过程的发展，相关的文献也应运而生。例如，吉尔平（1995）从国际视角、格拉松等（1994）重点从英国情况出发，对技术、方法和案例进行了研究。然而，他们的研究发现在英国地方政府规划实践活动中引入这些新的方式还相当不平衡，显然，与此相关的问题之一可能是环境影响评估如何才能又快又有效地推进规划工作。当然，有关美学方向的问题几乎没有得到发展，规划师在这个领域的训练和欣赏能力已经成为人们批判的主题（波尔泰斯，1996，第5章）。

（6）概括建议和项目。在制定政策和建议的过程中，考虑执行一个成组战略方案初期的项目是十分重要的。之所以这样考虑是基于两个相关的观点。首先，大部分的规划本身包括了一系列专项行动，公众在这个基础上，以专项行动来衡量规划，而不是以一般政策来衡量规划。这样，早期执行的关键项目在保证规划产生的影响方面是十分重要的。规划师常常把这些项目的实施叫做"立竿见影"。第二，把所有重点都放到那些要在长期过程中才能完成的事情上，这样的规划可能面临到头来几乎什么也没做的风险，因为当一个规划拟定之后，它便开始了一个稳定衰退过程。

（7）咨询协商。我们已经在这一章里对此做过一些讨论，我们还将在第五章中继续对它做一个详细的讨论。然而，比起对咨询协商过程错误的批判而言，有关如何实施一个成功的咨询协商的资料要少得多，如规划协商的方法、结构和技巧等（希尔，1994；格雷德，1996，pp. 271 – 280）。达克（2000）总结了规划实践中咨询协商所面临的关键挑战，规划系统应该努力去实现的一般原则并不复杂（ODPM，2004c），但是，那些以非常积极的态度去推进公共咨询协商的规划师所面临的挑战也确实存在（基钦，2004）。

（8）计划详细水平和建立执行方法。判断一个规划的详细水平是否适当是一件困难的工作。规划详细到一个水平十分有益，但是，一旦超出这个详细水平，效率反倒减少，细节也很快失去光彩。究竟需要详细到什么水平是一个意识问题，一般的原则是，除非有理由做的详尽一些，否则删除细节。在这个阶段，小心翼翼地思考执行问题的要点，不要包括那些仅仅具有愿望性的规划政策和建议，这一点很重要，这样如何执行一项政策就成为对政策适当性的有效检验。

（9）监控和审议程序及时间表。不计其数的规划都以"监控和审议"作为规划的最后一部分，常常给人一个未经周密思考的印象。我们在这一章中已经讨论过的规划制定过程是一个持续性的过程，如果这样，监控和审议就是这种持续过程的基本成分。因此，我认为对正在执行中的规划做出年度报告常常是监控和审议过程的一个有效模式。监控和审议以有规律的方式提供了一个关注点，对调整规划是否有必要进行思考，只要调整规划是有希望的，就不要拒绝调整规划的可能性。监控和审议还提供了对那些确定目标的最新进展情况和最新观点的了解，把最新进展情况和对这些行动的最新观点拿到审议中去。如果为了避免不同时间产生的各式各样的问题堆积起来，审议过程是必要的。从而使我们从整体上把握规划更容易一些。在英格兰，监控和审议已经被写入《规划和强制购买法》（2004），成为一个法定的要求，区域规划部门和地方规划部门都要向中央政府提交一份年度监控报告，给中央政府提供的年度监控和审议报告可能比起地方上所需要的要简单得多，中央政府得到这些材料之后究竟打算做什么还不是很清楚，当然，中央政府的确在这条路上迈出了一大步。

（10）正式批准。在任何一个社会里，发展规划的正式批准都有一套规则作为指导。对此的主要技术工作通常是保证遵循所有正确的程序，减少将来在法庭上面临问题的可能性。

开发管理过程和实现地区或环境改善的过程

在第三章中，我们打算比较详细地介绍开发管理问题（在英国，开发管理即是履行许可或不许可开发的程序），制度和程序性技能影响着开发管理。这一章仅介绍开发管理的一些技术性内容，这里我们还要介绍一些实现地区或环境改善的过程。开发管理和实现地区或环境改善是不同的过程，常常在程序上处于不同的阶段，但是，它们的技术内容非常相似，所以，我们把这两个问题合在一起介绍。把它们合在一起介绍的另外一个理由是，作为一种程序的开发管理常常给人一种消极的印象，在一定意义上讲是可以理解的，因为地方规划行政管理部门并不是大部分开发项目的发起者，通常是对他人的开发计划做出反应。但是，这并不妨碍我们看到开发管理的真正色彩，我认为开发管理的真正色彩是地方规划行政管理部门执行发展规划的一种基本手段（布施，1996，pp. 3 - 5）。实现一个地区环境改善的过程（小尺度或大尺度的地区）是规划师实施他们发展规划的另一种手段。这样，开发管理和实现地区环境改善都是把发展规划变为现实的关键措施，把它们合在一起旨在强调它们的积极作用。

这是一个巨大的领域，我们不可能完全囊括它，所以我提出了四个与环境相联系的有代表性的问题。当然，应当注意开发管理问题不仅仅是环境问题，通常还包括开发与环境的协调问题，例如，地方经济发展。发展规划的政策应当是做出开发管理判断的基础。我们要考察的四个问题是：

（1）设计协商；

（2）实现残疾人可以通行；

（3）通过环境设计防止犯罪；

（4）概要性地准备实现地区或环境的改善。

设计协商

在开发管理中，影响开发管理过程长短的因素之一是，允许或鼓励对开发项目设计品质进行协商的程度。这是有一套"游戏规则"的。从一般意义上讲，世界不同地区允许或鼓励对开发项目设计品质进行协商的程度是不一样的。在不同的国家，规划师通过规划制度获得赋予他们的权利，他们使用这种权利来进行协商，希望改善设计，这似乎并不是不可能；例如，沃克福德（1990，pp. 90，91）讨论了美国在开发管理中的设计思考，权利可能不同，愿望却是相似的。

这的确是一个充满荆棘的领域。毫无疑问，个人的品位或风格与设计过程的一些因素有关。许多人怀疑，这样一来使用开发管理权利是否合适。从历史上讲，这种意义上的规划管理程序之所以产生，是为了避免让英国中央政府的意见居于支配地位，尽管当时正值保守党执政（保守党比起以后的工党可能更倾向于这样做）。环境部的《规划政策指南》对这个问题做了如下说明：

> 规划行政管理部门应当拒绝有明显错误的设计，这些设计在尺度或特征上与周边建筑环境不协调。但是，美学的判断在某种程度上具有主观性，规划行政管理部门不应当因为相信他们的设计是完美的，而简单地把他们的品位强加到要求规划许可的申请人身上。除非开发证明这种设计具有敏感特征，否则规划行政管理部门不应当寻求控制建筑的详细设计。

这个附录对如何思考关键设计部分提出了一些指导性的意见，在决定规划申请时，应该考虑：

（1）计划开发项目的立面状态；

（2）计划开发项目与它直接相邻的建筑环境的关系；

（3）计划开发项目的布局与周边地区特征的关系；

（4）建筑之间和围绕建筑的空间立面及其处理，包括硬和软的景观和建筑形式；

（5）对环境敏感地区（如国家公园、具有自然美的地区、保护区）和保护性建筑周边地区，还要考虑开发项目的重量。

这个附录还总结了应当如何看待发展规划或相关的设计指南的态度：

> 发展规划和特殊地区或场地的指南应当是给申请人提供的有关规划行政管理部门设计愿望的明确指示。这类设计指南应当避免过度的描述和过于详尽，把意见集中到尺度、密度、高度、整体、布局、景观和通行等一般问题上。这类设

计指南应当把重点放在鼓励好的设计，而不是把重点放在抑制实验、强调原始状况或最初状况。实际上，一个异样的设计和它对景观或城镇景观的贡献可以使之有理由违背地方规划行政管理部门的设计指南。

一方面，英国政府这个谨慎的意见确定了开发管理过程具有法定的设计功能，但是，另一方面也明确地提出，开发管理过程具有法定的设计功能是检查开发项目的设计是否满足的一般原则，而不是对设计细节进行专业性辩论。可以这样讲，英国政府的这个意见鼓励剔除真正不适当的设计，当然，在倡导高品质的设计方面，它的作用并不明显。开发管理过程所具有的设计功能对规划师一直都是一个重要的问题，因为建筑环境的形体特征，特别是在建筑环境中新开发项目的形体特征，都是公众能够用来判断现行规划活动质量的东西（麦克卡锡等，1995，第二章），即使从以上所述能够看到这种功能，实际上对规划的权利还是存在明确的限制。与布里斯托尔市中心办公楼开发相关，庞特（1990）已经对此做过纵向的研究，然而，我们实际上还不是很了解设计管理的长期效果怎样。

1994年英国环境大臣J·格默提出了品质目标的问题，这个提议引出了这样一个问题——对开发管理过程影响设计的功能加以限制是否降低了在城市地区实现较高品质开发的重要性。J．格默在这个文件（环境部，1994a，p.2）的引言中提出了需要改善城市开发品质的意见：

> 品质影响我们所有人。建筑是唯一一种不能回避这个问题的艺术形式。我们大部分的时光都花在建筑里或建筑周围，所以，建筑对我们的生活有着巨大的影响，需要认真思考。
>
> 良好的城市设计可以提高社区意识，相反，没有特点的灰色和格格不入的周边建筑环境会使人感到孤独。消沉的建筑环境摧毁了当地引以为骄傲的美好事物，吸引犯罪，遏制投资的热情，让人们感到失去了力量。特色促进特色，好的

设计吸引生活和投资，强烈的社区意识可以阻止犯罪。

　　我们需要更多地注意城市的细节；指示标志、街道设施、地方服务标准，或对建筑间的公共空间充满寓意的设计。所有这些都会影响到我们对整个建筑环境的感受，如果我们改善建筑、街道及其相关的公共空间，就一定能够改善我们大家的生活品质。

　　如果没有什么意外，以上这些建议意味着我们需要重新审议有关设计的意见，让设计具有更大的主动性，1997 年 2 月大选前夕公布的《一般防止污染指南》（PPG1）（环境部，1997，13－20 和附录 A）已经朝这个方向变化。罗杰勋爵领导的"城市工作组"在一份报告中进一步推动了城市设计的发展。这份报告提出，良好的城市设计对城市复苏相当关键。在随后的许多年里，我们能够看到大量围绕城市设计提出的意见（DTLR 和 CABE，2000，2001），事实上，它们反映出对城市设计作用的比较积极的看法。在我写作本书期间，中央政府有关城市设计在规划过程中地位的意见大大推进了城市设计工作的展开（ODPM，2005a pp. 14，15）。这个意见不仅仅倡导了良好设计的价值，也提出城市设计所涉及的远远超出了美学的范畴。特别是它提出良好的设计应该：

　　（1）是从人们需要工作和关键服务的角度，提出人与场所之间的联系；

　　（2）是对城市形式和自然环境及其建筑环境的现状所做的综合；

　　（3）是确保成功、安全和包容的村庄、城镇和城市规划过程的不可分离的部分；

　　（4）创造每一个人都能获得和受益的对全社会成员有效的各式各样的机会；

　　（5）考虑到对自然环境直接和间接的影响。

　　产生这些意见的关键是英国"官方"对开发管理的设计协商功能的态度已经发生了变化，最近这些年来，这种变化呈现出更为积极的立场，大大降低了无为而治。当然，对设计的基本观点并没有消除殆尽，残余的这种观点认为，应由设计师和客户而不是从事开发管理工作的规划师来对设计承担第一位的责任，规划师给设计师和客户的产品打个收条便已尽责了。有关规划管理过程在干预设计方式和开发设计细节方面法定角色的争议不一定会在世界各地重演，但是，对于大多数有规划管辖制度的国家来讲，这种争议中所涉及的因素可能还会成为热议的主题。从以上讨论中至少可以看到以下五点：

（1）承担开发管理工作的规划师已经有足够的信念和技能去与开发商和他们雇佣的专业设计人员做有关设计的讨论。这就意味着对开发管理过程法律角色的理解是设计协商、澄清设计目标，以及从这个角度出发而提出的各类问题。例如，一种开发计划是否能够"适应于"周边环境，或者就设计术语讲，这种计划项目是否会鹤立鸡群。规划师还需要仔细思考可能值得进行设计协商的背景，究竟可以实现什么和可能要花去的时间，因为规划师可能需要花去他们本可以用来处理其他事务的时间。规划师也需要知道，他们在什么时候需要更专业的人士给予帮助，例如，当一个开发项目涉及保护性建筑时，设计协商可能相当复杂。

（2）英国的中央政府和大部分地方规划行政管理部门都鼓励开发项目申请人在正式提交规划申请前，与规划部门先期进行一些讨论。这是一个很好的机会向开发项目申请人转达在任何情况中可能出现什么样的设计政策问题，如何在有关一项设计政策的命题确定下来之前就在设计中考虑到这些问题。这种申请正式提交前的讨论是开发管理过程的一个部分，的确给开发商和开发机构提供了一个争取主动的机会，因为有了对未来申请的广泛讨论，就有可能使这个申请获得成功，而避免在申请正式提交后受到规定的时间限制。地方政府规划行政管理部门最关键的问题是需要个开发管理人员有时间和空间去完成这种类型的工作。

（3）英国地方规划行政管理部门正在通过编制和发布设计指南的方式处理设计政策问题，把适当的设计方式与他们的发展规划捆绑在一起。这样做的目的是公开宣布地方政府试图通过设计在相关地区实现什么，解释为什么采用这样的政策出发点，进而鼓励开发商和一般公众思考这类问题，特别是从整体上思考这个地区，而不是仅仅只关注开发场地的周边地区。

（4）根据我的经验，公众（和政治）对新设计建议的反应是，他们常常能够接受熟悉的东西，而对那些新的或不熟悉的东西心存反感。这样，在一些情况下，新的开发计划不可避免地遭到地方利益攸关者的拒绝。道理很简单，因为一件事是新的而去反对它，或者按照对它的描述和理解，认为它不适当或缺少什么品质而去反对它，两种反对之间的确存在差异。所以，规划师必须尽力去了解这些反对意见的基础实际上是什么。

（5）在那些保护地区和与保护性建筑相关的地区，特别需要小心翼翼地保证开发维护了那里可以辨别的特殊类型的风格品质。在英国，保护区和保护性建筑的数目日趋增加，人们日益对城市建筑环境的历史和遗产感兴趣；世界上许多国家都有类似的法规或实践。这一点也有可能在公众对保护区或保护性建筑的兴趣方面得到反应，在我的经验中，更多的情况是保护区之外的开发和来自多种组织机构的反应。保护是一个专门领域（拉克汉姆，1996；特别是第二章），规划师常常会得到专家的帮助来处理这类问题的细节。在必须有效地使用专家的意见方面，所有规划师都需要做到对历史或建筑特征的良好感觉，这些特征是整个规划过程旨在保留和提高的东西。

设计协商不可能用"如何去做"这类文字来说明。我想，有关这项重要规划工作的原则和问题已经说得足够多了，我们需要避免的是，超出公共政策的合法性而把规划师个人的鉴赏或偏见加到规划设计协商中去。许多规划师都发现设计协商是开发管理中令人兴趣盎然和最有价值的部分，因为他们可以直接看到他们的思想在城镇环境改善方面的结果。另一方面，规划过程的客户能够把这项工作看成一个随心所欲的带有个人观点的事情，而不是把它看成以公共利益的名义而开展的合法行动；在这个领域里成功的规划师必须清晰地看到这两件事之间的差异。就环境改善而言，所有这些在积累效果是可以看到的，当然，一般公众原则上不太可能看出这类效果，因为他们仅仅知道个别开发方案的最终结果，而不能了解到环境改善的多个阶段性成果。

实现残疾人的无障碍通行

不久以前，人们还认为规划（至少在英国）完全没有或几乎没有考虑残疾人的通行需求。这样做的后果之一是，那些延续了历史性缺陷的规划申请还是得到了批准，许多人可以通行于公共建筑、娱乐设施、商店、办公室和许许多多类型的建筑，在城市和城镇的街头随意穿行。但是，我们之中有 10% 以上的人具有明显的残疾，给这些残疾人提供便利以满足他们的需要也会使社会上的其他群体受益，如老年人和推着童车或手推车的父母。现在，期待规划师在开发管理过程中检查一个开发项目申请中是否包括了可以让残疾人通行的设计。这一点通常可以由发展规划政策提出来，要求所有的开发计划满足一定的标准（ODPM，2003a）。

《建筑法规》也对此有所帮助，自 1985 年以来，《建筑法规》已经要求开发商所有的新建筑必须满足一些通行的基本标准。另外，有些地方规划行政管理部门公布了自己的意见，通过适当的行动实现通达性。这样，在一个相对短的时间里，规划就走完了这条长长的道路，当然，还存在许多未决的问题。

英国规划为什么长期不关注这个问题的理由之一也许是，规划队伍里没有多少残疾人，所以没有如何避免让残疾人遭受痛苦的建筑环境的第一手经验。一手经验的确是一个比什么都有力的证据，没有这类经验很容易让人们忽视这类问题。在 20 世纪 80 年代下半叶，这个问题的重要性在曼彻斯特显现出来，当时决定城市规划部任命一名负责通行的官员，最理想的人选应当是一名残疾人。在此之后，直到 20 世纪 90 年代中期，这个岗位共有两名工作人员，一名是盲人，另一名是基本依靠电动车行走的残疾人。

他们对通行困难的第一手经验至少在三方面是无价的：当他们要求开发商对提交的方案做出修改时，知道正在提出来的是什么；工作人员对残疾人通行问题的态度因为同事的现身说法而更为严肃；帮助训练那些没有残疾人亲身经验的工作人员应当如何评估已经接受的规划项目。有些通行问题非常简单，下斜路缘或倾斜的坡道都能使横跨道路或进入建筑物相对容易许多。当然，有些通行问题的确比较复杂，如电梯等。在建筑或空间的设计阶段综合考虑到这些因素，要想解决这类问题通常并不复杂，而当工程项目完成之后，要求改变设计方案，这类问题就变得困难得多了。有些研究证据表明，许多规划申请依然缺少这方面的考虑（霍尔，2001），这就意味着规划师要非常频繁地去纠正设计上的缺陷，这类变更会对整个设计产生重要的影响。

当然，在理想世界里，规划师不需要扮演这样一种校核角色，因为所有的开发计划都全面考虑到了残疾人的需要。归根到底，任何一个人，包括开发商和设计师，都能够发现他们会处于临时或永久性残废的状态，这样来确保满足残疾人的通行需要，同时也帮助任何一个正在承受通行困难的人。毫无疑问，因为建筑师设计的方案依然不是完全可以通行的，所以，设计教育本身需要解决这个问题。就开发商的意识而言，还存在一个需要解决的问题，也许是忽略了，或是希望减少投资，也或者出于其他的理由，开发商所提交的设计方案并非是完全可以通行的，甚至那些需要偿付费用的设施也不能让残疾人完全通行。现在我们还不能说开发产业界和设计专业的人士都完全了解这个问题。所以，通过开发管理过程来坚持让残疾人有适当通行的设施，通过公开发表能够与他们的发展规划相联系的涉及这类问题的政策指南，在制定通行政策中与残疾人代表做咨询等方面，规划师还大有可为。不仅如此，在公共场所的建设中考虑到残疾人的需要方面，在处理环境改善计划和项目中，规划师还要发挥其关键作用。伊姆里（1996）对城市里的残疾人所面临的问题做了比较全面的研究，提出了在英国和世界范围内如何改善残疾人生活状况的建议。

从更一般意义上讲，残疾人的通行问题仅仅是规划在制度上寻求解决多样性和公平问题的一个例子。我们也许可以公平地讲，有些规划师相当轻视这些问题（也许他们不了解在这种背景下个人需要的尺度），因为他们的目标是以相等的方式对待每一个人，这样可以避免歧视或让某些人处于劣势，他们认为这样就是公平。里夫斯（2005）提出，这种方式使规划在对社会多样性的反应和推进实现机会平等中，无法发挥它的全部潜力。所以，应当主动而不是被动地接触这些问题。她认为，多样性和平等的规划具有如下意义：

（1）考虑到有大量不同需要的群体的规划；

（2）采用以权力为基础的方式，倡导所有群体能够获得和使用权利的方式，以此作为自己责任的规划；

（3）不是简单把人们当作进行协商咨询的被动目标群体，而是致力于让人们平等参与的规划；

（4）如同对待环境和经济可持续性那样，严肃对待社会可持续发展的规划。

使用这些原则毫无疑问地会影响到规划师承担的技术工作，这些原则也与第六章有关与客户一道工作的命题相关。

通过环境设计防止犯罪

最近这些年以来，通过环境设计预防犯罪（CPTED）已经在北美成为重要的发展领域（福勒，1992，pp. 90–98），而这一思想可以追溯到J·雅各布（1964）和O·纽曼的著作（1973）。这几年，英国也对此产生了广泛的兴趣，特别是A·科尔曼（1990）的著作促进了这种兴趣的扩散，当然，在此之前也并非没有这种呼声（波依纳尔，1983）。在美国和英国，以及世界上许多其他国家，都可以看到有关犯罪问题的观念转变，过去一直认为犯罪是警察和法院的事情，现在人们认为，对犯罪行为形成威慑和更容易察觉出犯罪活动需要更多机构的参与，使用更多种类的方式

（基钦，2002，第一章）。建筑环境能够在限制犯罪机会方面发挥作用，这一点已经成为扩宽开发管理方式的一个部分。现在英格兰和威尔士的所有与建筑事务联系的警官（ALO）或行使类似职责的官员会给开发商提供这方面的意见，他们常常对规划申请提供咨询意见。通过采用多种形式的环境设计来预防犯罪，表现出它对开发管理提出的要求，进而与规划过程的关系可能具有日益增长的意义。

与建筑事务联系的警官（ALO）在开发管理过程中的岗位是在英国环境部 5/94 号通告中确定下来的（环境部，1994b），这个通告通知规划师与建筑事务联系的警官建立起有规律的咨询关系，对规划申请事务进行咨询，使他们有可能在审批规划许可时加入预防犯罪的内容。对于许多规划师来讲，这是一件新事物，因为警官（特别是警官所带来的视角）并非规划师通常交往的专业群体。把预防犯罪与规划制度联系起来的下一步是《犯罪和骚乱法》（1998）第七款第一次规定的地方规划行政管理部门负有法定责任，在他们的工作中考虑预防犯罪和骚乱。2000 年的《城市政策白皮书》承诺，预防犯罪简称为规划的一个重要目标，同意对英国环境部 5/94 号通告做出审议，因为它已经不再适应这些新出现的目标（DETR，2000，p. 120）。"规划政策声明一"宣布了这些承诺。在这个声明中，把公众对一个地方的安全感看作是规划应当寻求实现的关键特征，以帮助建立可持续发展的社区（ODPM，2005a，第五自然段），随后还公布了内容详尽的良好实践指南，以替代 5/94 号通告的一般性意见（ODPM 和内务部，2004）。这样，大约在 10 年间，预防犯罪从一种规划很少涉及的事务转变成为政府的一种期待，通过规划来创造安全的场所。所以，这是我们在第一章中讨论过规划师在他们的职业生涯中必须适应大规模的和外部推动的变革，而预防犯罪恰恰就是这种观点的另一个例证。

当然，这个过程并非一帆风顺，因为这些规定毫无疑问地存在着一些矛盾。最简单地讲，有的学派会提出，简化方案是比较好的安全措施，避难路径最短化以及那些"强化目标物"的一系列其他措施。而另外一个学派会反对这种方式，认为对预防犯罪的这种解决办法等于让城市氛围成为了一种天然的威慑物。通过相对高密度的生活，强调自然的监控和鼓励社会相互作用来实现的社区生活，的确可以对犯罪行为产生天然的威慑力，由于高水平的社会活动贯穿全天，从而使街道和公共场地更为安全（基钦，2002）。简化方案与城市设计相联系，一些城市设计的观点与"新城市主义"的设计哲学联系相对比较紧密。新城市主义对这个简化政策提出了一些挑战，如布局的穿透性以及这类布局鼓励或不鼓励某些种类的人活动（基钦，2005）。简化方式和新城市主义的城市设计方式有一些共同的因素，如都强调了高质量的街灯和消除可以藏身之处，所以它们都是以简化的方案来实现对犯罪的预防。当然，这两种学派还有许多不同之处，无论你认为那一种学派的观点是正确的，都不妨碍你从实际工作出发和从公众的反应中去了解它们的差异。

这里有三种其他的观点值得提出来以飨读者，以便了解这个十分年轻的规划领域：

（1）当每一个思想学派通过它的倡导者们极力进行自我辩护时，证明一种方式是"正确"的，而另一种方式是"错误"的研究证据并非很清楚。实际上，两者都能够从它们的角度声称是有效的，简单地讲，因为它们各自以自己的方式去看待原先忽视了的问题。一些研究证据表明，在防止犯罪方面的一些穿透性布局存在严重问题（泰勒，2002）。

（2）当通过环境设计的确能够实现防止犯罪的功能的话，它一定会得到非常重要的奖赏，希望是这样，但是大部分设计都是多种因素形成的功能，而不是一种因素单独起作用的。所以，需要理解的关键问题是如何把设计预防犯罪的层面与设计的方面联系起来。我的经验是，这个因素解释了在处理规划申请中，发展规划师与建筑事务联系警官之间有效工作关系时经常面临的困难之一，在处理规划申请时，规划师关注规划申请的"所有方面"问题，而与建筑事务联系的警官仅仅从防止犯罪的角度关注规划申请。

（3）我们应当承认社会选择也是所有因素中的一种。人们可能有意识地选择居住在没有满足"通过环境设计预防犯罪"标准的居住区居住，需要承认，在民主社会人们有这样的权利。当然，要正确行使这种权利只能以公众真正了解什么样的布局可能引发犯罪为基础。现在看来，要真正达到这种认识还有一段距离。

总而言之，这是一个很有发展前景的规划领域，规划师有机会使用以往几代规划师都不曾考虑过的方式，为居民创造更好的地方。

实现地区或环境改善的提示

规划师有机会承担的最重要的任务之一常常是准备一份与高质量的开发或改善环境相关的提示，以指导预计中的设计工作。这个提示的目的是以客户的名义指导专业设计人员（通常是建筑师、景观建筑师或工程师，也有可能是其他专业人士），告诉他们应该实现的结果，以及在设计中应当遵循的原则。这种提示不涉及设计本身，特别重要的是在编制提示时不应该过分详细，避免不适当地约束了设计师技能的发挥。同时，清晰地表达客户的意图（客户即是那些偿付这个设计方案的人，或者地方政府以居民的名义要求设计的公共方案）。如果客户不是地方规划行政部门本身，规划部门用来评估规划申请的规划政策和原则应该清晰。例如，可能包括承诺实现残疾人完全通行，针对犯罪预防而做的环境设计等。

这种提示的另一个基本功能是传达必要的信息，如果这种信息还没有完全提供的话就应当包括在提示中。

根据具体情况，必要的信息会有所变化，当然，一般应当包括计划开发的土地特征、条件和所有权，以及进行这项开发活动的任何重要限制条件，有关那块土地或那个地区里的任何建筑物的类似信息，影响这个场地的基础设施服务方面的信息，如公路、下水道、能源和通信。注明那些信息需要偿付费用，特别是那些设定了预算上限的项目更需要这样做。

这个提示是为了使设计方案可以按照规定的要求经受检验，所以，编制提示时就应当按照这种方式进行。基于这个目的，弄清什么是必需满足的、什么是希望做到的和什么将被判断为与此不符十分重要。因为设计过程能够产生提示中没有考虑到的各式各样的方案，这些方案也许真能让规划申请者获益，不能简单地因为这类方案没有通过某些测试而忽视它们的重要意义。在这种情况下，通常可以进行一些交换，提示中的要求是有别于愿望的，知道这一点很有好处。实际上，编写这种提示的规划师与承担具体工作的设计小组在整个设计过程中都在进行有规律的联系。不仅仅是尽可能快地对已经出现的问题进行解释，而且也承认现实中的设计过程总是反反复复的。设计过程中产生的问题相当广泛，围绕城市设计主题的两部作品（斯坦，1995，pp. 178 – 227；勒盖茨，2003，pp. 409 – 463）介绍了这个领域许多关键争论。有关城市设计在改善城市地区品质方面作用的讨论可以阅读帕尔菲特和鲍威尔的《城市特质规划：城市和城镇的城市设计》（1997）。

虽然越来越多的环境改善项目，特别是在进行一些诸如褐色场地修复等项目时，采用了公共部门与私人部门及其他一些利益群体合作进行的形式，但是，改善环境的任务常常是由公共部门来执行的，在结束这个论题之前，了解到这一点是重要的（西蒙斯，2004）。当然，在开发或再开发项目中，改善环境常常不是唯一的任务，而是由多项目标集合而成的一个目的的一个部分。如果从改善环境角度出发的规划师试图做出最有效的贡献，他们应当从整个开发背景上看待他们特殊的兴趣和开发项目展开地区的环境。为了获得最终结果，他们需要了解整个开发过程，参与其中的多个方面（西蒙斯，2002），需要了解环境改善层面怎样与项目的其他因素相互作用。这是对我所说的概括和综合技能（第八章将要讨论的内容）需要其他一些技能一并使用的一个很好的说明。在这个阶段，规划师总是需要有能力看到整体画面。

专业知识的应用：零售规划案例

　　规划管理的许多开发领域都在一定程度上包括了这些领域自身的专业知识。规划师不可能完全精通这些领域，他们通常选择对一个或多个领域进行深入地了解，逐步成为这些领域的专家。即使没有成为某个领域的专家，他们也需要持续不断地与每个领域的专家进行交流，如交通、住宅、人口预测和零售。所以，他们需要进行这些方面的训练，包括如何具体做这类开发和评价这些开发的产品。这一节我们以零售开发作为一个例子，简单地说明这类专门领域的训练与规划过程的联系。

　　快速变更是零售领域发展的倾向。因为它在开发过程和最终交易活动中都涉及巨额资金，所以，是一个存在大量政策质疑的领域，例如市中心地区零售商对他们利益的保护和对城镇外地区零售业发展的鼓动就是这样。在 20 世纪 90 年代，有关这个问题的国家政策处在不稳定状态，在这个背景下，从主要依靠市场到强调现存零售中心的作用做过一系列研究。若干评论文献说明了这类问题的争论（布罗姆利和托马斯，1993；盖伊，1994；零售和分销技术预测小组，1995；拉特克里夫，1996，pp. 362 – 401）。

　　规划过程至少可能在五个相关层次上影响零售发展：

　　（1）在发展规划的尺度上，如果认为零售开发有必要的话，问题可能是零售开发的规模和位置；

　　（2）通过开发管理过程，决定是否应当许可大规模和小规模的项目开发计划，然后对开发形式进行协商；

　　（3）在影响评估层次上，研究大规模零售开发项目可能产生的（定量的和定性的）效果；

　　（4）在个别购物中心层次上，研究如何能够改善购物中心的竞争和环境；

　　（5）在社区或更新地区的层次上，研究零售如何才能有助于社区或更新地区发展规划目标的实现，如何保证这类开发适当性。

应当说能够获得多种零售业是我们生活的一个重要因素，因为我们都是顾客（零售商在规划询问中特别强调这一点）。除开以上这些观点外，规划过程应当权衡给地方居民提供一个零售的机会。

这些层次中的每一层次都有它自己的技术因素，相关层次的专家在工作中关注这类因素。许多年以来，最充满争议的方面是试图衡量零售影响的过程，试图做出一个有关答案重要意义的判断，这些答案是在规划过程中获得的，涉及零售对城镇中心的影响。在20世纪60年代和70年代，英国曾经热衷于通过开发数学模型来完成这些工作（国家经济发展办公室，1970），一些人为此发展了专门的技术手段来完成这类工作。但这类方法存在一些困难：

（1）建立这样的模型耗费大量资金，花费大量时间；

（2）数据质量水平不一，模型的可靠性对此十分敏感；

（3）许多看不见的因素难以得到有效的模拟，如这类看不见的因素（如市场营销）对于一个商业中心的影响；

（4）建立这类模型所做出的假定会受到各方挑战，这是所有复杂模型都面临的问题；

（5）模型产生出来的结果可以得到多种解释，例如，10%的营业额可能对一个商业中心产生很严重的影响，但是对于另外一个中心也许并非是一件大事，它可以相对容易地克服这种影响。

模拟零售影响至今依然存在，但是，这类方式在英国已经不那么时兴了。到了20世纪90年代，通过发展规划以及维持及发展城镇中心活力与生气的措施，政策导向方式已经替代了模拟方式，发展规划以及维持及发展城镇中心活力与生机的措施覆盖面远远超出了传统的购物模式。与此相关的测试称之为"顺序测试"，要求零售开发申请人证明他们期望在一个场地上所做的零售开发是否与这个地方的发展规划一致，如果不一致，必须证明不可能再在其他的地方做零售开发，以城镇中心的场地为测试起点，逐步向外延伸。《规划政策意见六：城镇中心规划》（ODPM，2005c）

提出了这种方式，这个意见还说明了期待地方规划行政管理部门维持对零售业发展实施规划管理的技术性工作（图框2.4）。在阅读了图框2.4之后，我们会很快发现这一系列工作所涉及的规模和复杂性，因为这是城市规划中非常重要的一个部分，影响到人们的生活和大规模投资，所以，涉及这样的规模和复杂性是适当的。实际上，承担这项工作的大部分地方规划行政管理部门至少需要一个成员在这个领域有所专长，获得这方面的经验，保持与大量相关人士的联系，进而使这项工作富有成效。对于许多较小的地方规划行政管理部门（对于一些比较大的地方规划行政管理部门也一样），这项工作超出了他们较少工作人员的实际承担能力，所以，他们常常雇佣外部的咨询企业，那些人对此项工作富有经验。

图框2.4　期待地方规划行政管理部门维持规划导向的零售业发展

- 定量和定性地考虑新零售空间的需要。
- 发现现存零售供应存在的问题，以及现存零售中心解决这些问题的能力。
- 发现正在衰退中的零售中心，需要管理那些地方的变化。
- 发现将集中进行新开发的现存中心和需要新建的零售中心。
- 确定所有零售中心基本购物地区的范围，这些中心与城镇中心如何联系。
- 发现布置零售场地所需要考虑的一系列问题：
  - （a）评估开发需求；
  - （b）发现适当的开发规模；
  - （c）应用顺序方式选择场地；
  - （d）评估新开发对现存购物中心的影响；
  - （e）保证这些开发场地可以通行，可以选择不同的交通工具。
- 审议与政策不一致的所有现存布局和调整布局的场地。
- 编制空间政策和计划，鼓励和确保零售落后地区的投资，为那里的购物中心提供增长机会并改善那里的通行条件。
- 建立以指标为基础的政策，从而可以测试新开发计划，包括那些在发展规划中没有布置的场地。
- 实施一系列常规的监控工作。
- 与零售行业的利益攸关者和社区一道完成这些工作。

资料来源：《规划政策意见六：城镇中心规划》（ODPM，2005c），HMSO，伦敦。

这些技术性工作是以一种强有力的政策观念为基础的，这个观念支持现存的零售中心，而不鼓励在城镇中心地区之外做大规模零售业开发，这种政策是坚持城市可持续发展的一个部分。在这个意义上，英国规划制度试图以更为主动的方式来运行，有别于北美市场主导下的规划制度。采用这种制度是期望避免城镇中心衰退所引起的一系列问题，而这种现象在美国的许多城镇已经发生了（魏格纳等，1995）。同时，在发展规划中提出强有力的政策性说明，以此来阻止不希望的开发，当然，这种在本质上带有消极性的权利需要通过积极改善现有购物中心的努力来支撑，否则，顾客会自行选择他们认为合适的购物场所。所以，英国在形体方面和管理方面的努力集中在改善城镇中心的活力与生机上（URBED，1994）。规划师可能会大量参与所有层次的商业零售业改善和开发活动中。

这里对零售规划关键因素和问题的简单介绍应该足以说明，通过制定发展规划过程、开发管理和改善地区与环境，把零售发展与整个社区的需要和愿望联系起来，规划包含了最好地使用零售领域的专业知识和经验。在这个背景下，规划师的所作所为可能受到至少四个群体的考察，所以规划师需要说服所有这些群体：

（1）与开发利益有关的职业咨询者；

（2）与零售商业利益有关的职业咨询者；

（3）一般公众、购物者和购物中心的使用者；

（4）多种形式的政府，以及开发规划和拒绝开发规划申请的公共听证过程。

前两者既具有很大的力量，也具有很好的组织（亚当斯，1994，第6章），所以，在所有的规划听证中，大规模零售听证可能最具有挑战性。这种情况更需要那些在公共部门工作的规划师对采用的政策角度和对整个社区的宽泛责任有一个清晰的认识，在这个规划队伍中需要有人对这个领域具有良好的了解，这样才能够与开发商和商业利益攸关者进行协商。

小结

我们以阿尔特舒勒提出的问题开始，规划官员怎样使用这种技术上的说明，事实上，这种说明给予了规划官员本身一种权利，意味着他们拥有对规划事务了解的专长而居于优势地位，而其他没有这方面专长的人将不可避免地面临困难。在20世纪60年代，这是一个十分重要的认识（那时我是一个刚刚走进规划的学生），因为那时的规划师常常以这种方式表达他们的工作（伯恩斯，1967；对伯恩斯观念的批判，戴维斯，1972）。我在那个时期所受到的教育远不同于这个学派。我受到的教育就是尽可能地找到你能找到的最好的技术（常常意味着城市设计领域）去解决一个地方的问题，这种地方通常是规模很小的场所，或者较大场所的一个部分。在这个意义上，处理的是一个大规模的建筑。一般的战略因素并不处于十分重要的地位，不像今天这样强调以文字表达的大量政策，不是十分强调公共协商这一观念，许多人有关这些问题的看法来自他们长期的实际工作经验，也不是十分强调规划在本质上是一个蕴含在批准解决方案中的政治过程。所以，当时没有人提出这个所有规划师观念中不可回避的问题，40年前规划器械库中一个强有力的因素就是规划工作的技术性质（所以强调专家，把规划限制在少数人手里）。

从那个时代以来，我想大部分规划师都走过了漫漫长路，至少他们都经历了我在第一章所讨论过那些大规模的变化过程。今天，几乎没有几个规划师会说他们的工作在本质上是技术性的，大部分人都承认，他们面临的问题常常是地方上存在争议的问题，技术问题的确在改变这些争议方面有一席之地。然而，这些技术问题可能产生出一个关于关键利益攸关者正在试图实现什么的判断，这是一个在本质上具有政治性的判断。我已经在这一章中提出，作为规划过程的一个部分，还是有许多复杂的和建立在专业知识基础上的任务需要由规划师去承担，我把这些任务描述为

"技术的"。在规划师期待处理的任何情形中，都有技术成分。例如，在与开发商和他们的代理人之间有关规划申请的技术协商，需要真正有所收获，特别是在公众清晰地表达出应该进行这种协商的时候，的确不能无功而返。显而易见，需要有足够的空间保证残疾人可以在公共场所和公共建筑里通行无阻，实际上，在当代世界里如果还有这类情况发生，的确是不可原谅的；建筑环境的设计和布局要能够在防止犯罪行为发生方面有所作为，规划师和警察需要更好地配合工作去防止犯罪事件的发生；正如我们在零售规划中所看到的那样，为了改变有关关键问题的公共争议，对于零售商业这类复杂领域，的确有许多技术性的工作需要去做。强调这些的目的是为了说明，在决定我们场所未来的发展规划中，要有机地把它们结合起来，按照这些方向去实施环境改善项目是十分重要的。所以，规划的激素成分是十分重要且必要的，需要做得很好。当然，我们必须接受的是，正因为这种工作是技术性的（在这个意义上讲，这些工作要求专门的知识和理解才能完成），技术性的工作并不等于它是无可挑剔的。技术工作包括非技术性的因素，如价值判断，这类判断实际上是社会—政治的，在参与式社会的任何事件中，技术性的工作应该都是可以公开和接受意见的，一个规划官员的技术意见所表达的东西可能在决策过程中占有一定的权重，因为这是出自一个规划官员之口。但是，人们所持有的是这样一种观念，较之于其他人的意见，来自这个源头的意见一定是无可怀疑的，因为它代表了一个较高层次的知识和理解，这依然是一种有可能出现的情况。所以，规划师需要接受，他们的技术工作对争议是有影响的；这种技术工作应当向参与争议的人们公开，而不是把它封闭起来，不向公众开放。规划师还需要接受他们的技术性工作与其他人的贡献平等排列，而不是作为一种支配性因素而居于其他人的贡献之上。我会在以后的章节里介绍其他人的贡献。

自我评估的论题

1. 找到一个你所了解的地方发展规划，有可能和参与这个规划制定人讨论这个规划。这个规划制定过程与图框2.1所提出的一般模式做比较的结果如何？如何解释一般模式和这个案例之间的主要差别？

2. 寻求对整个城镇或部分产生影响的规划空间尺度是什么？在试图理解这些规划之间的关系中是否有某些可能产生的问题？它们都是齐头并进的得到更新的吗？从规划的层次上开是否忽略了某些东西？

3. 找到一个你所了解的发展规划制定过程的阶段。这个阶段有哪些技术性的工作？这些技术性工作如何应用到这个阶段上？这项技术工作对后继阶段产生什么影响？你认为这项工作在什么程度上是"技术性的工作"；在什么程度上是一个政治、经济或社会的判断？

4. 在开发管理过程中面对的一个典型设计问题是，提交规划申请的新开发是否与相邻建筑环境或街景相适应。找到一个最近完成的开发项目，评估它在多大程度上满足了这些条件。问问你自己，在考虑规划申请时如何做出这种评估，如果可能，与地方参与这一过程的规划管理部门的工作人员进行交谈，了解他们是怎样承担这项工作的。

5. 如果你能借到一辆轮椅，与你的同伴一起（从安全和记录信息的目的出发，有个同伴是必要的），到你熟悉地区的主要大街去转转，进入那里的公共建筑看看。记录下所有的障碍，对此进行分类，以及解决这些问题有多大困难。你认为能够通过什么样的项目改善这里的条件？（我在曼彻斯特当规划师的确做过这样的调查，直接的实地调查对于想像是一个很不同的经验。所以，不用担心，试着做做这类调查，它会让你改变思考残疾人通行问题的方式）。

6. 去周边的购物中心，以一个商店业主的角度，从为地方居民或广泛的社区提供服务的角度，评价你对这个购物中心的印象，你认为它的优势和弱势都是什么？在什么范围内，有必要定量分析评估；在什么范围内，对它们的评估一定是定性的？你如何把你的直观印象转变成为既包括定量又包括定性的系统研究？从所有或任何一个角度出发，这个中心需要进行改善以弥补它的不足吗？这种改善项目的主要特征是什么？

第三章

规划制度和程序技能

引言

    规划师的显著特征之一是深刻地认识工作所在地的规划制度，很好地了解了如何在该制度下的规划过程中有效的工作。简单地说，这涉及规划程序方面的问题。实际上，客户对规划师在这方面的期望值是很高的。例如，在公共组织身居高位的许多规划师都能很好地给他们的客户提出如何在规划制度内实现他们愿望的意见。人们满怀希望地找到规划师，希望得到规划师的意见（赫利，1992）。没有任何社会把公共参与规划作为规划制度和程序的一个前提条件，但是，大部分社会都认识到，参与者能够将他们正在寻求结果的看法与现存的规则、法规、实践和期望相联系，所以，参与能使规划制度和程序更有效。规划师需要有能力直接通过规划制度和程序提供框架内的工作方式，或通过给其他希望参与到规划过程中来的人士提供咨询意见，给规划工作增加价值。这一章和第七章都是有关这个论题的。这一章集中在规划制度和程序性工作的方式上，如何给那些希望参与到规划中来的参与者提供咨询意见，并与他们一道工作。从本质上讲，这是有关规划的程序问题；如何完成工作。第七章讨论作为官员、管理者和工作人员的规划师与政治家一道，如何从规划机构内部展开规划程序。

    这里介绍的技能可能是在世界各国之间存在明显差异的技能之一。每个国家采用什么样的规划制度和程序不仅仅与它们特殊的管理形式相联系，而且文化规范和价值取向也会导致运行方式有所不同。所以，我在这一章里使用的英国案例需要在英国背景下去理解。相同的是，规划师不仅要是他们工作制度和程序方面的专家，也应当懂得如何以最有效的方式去引导客户，通过规划制度和程序考虑他们的需要。规划师不仅要做好实质性的指导（规划政策是什么），而且也要做好程序性的指导（如何在规划制度下追逐利益）。

这里，用我从事实际规划工作期间常发生的情况作为一个简单的例子来说明这种技能的重要性。英国规划制度并不承认，在决定一个规划申请时把一个开发计划对个人拥有的房地产价值的影响，要作为一种重要因素加以考虑。这是一个长期存在的立场。我在曼彻斯特做规划官时，《规划政策指南注释一》（1992 年版）的第 39 节和第 40 节（环境部，1992b）把这个立场表述为：

> 虽然私人利益在一些情况下会与公共利益相一致，但是，规划制度并不保护一个人相对其他人活动的私人利益——公共利益与私人利益常常难以分开，有时这是必然的。基本问题不是业主和使用者是否会因为一项开发而面临财产损失或其他损失，而是从应该保护公共利益的角度出发，一项开发计划是否会不可接受地影响到房产及土地和建筑的现状使用。

尽管这是一条十分清楚的指南，但是在那个时期（实际上，现在依然是），地方规划行政管理部门在有关规划申请的地方咨询中，通常会收到有关一项开发对其房地产价值产生不利影响的报告。当然，如果地方规划行政管理部门以此为基础拒绝颁发一项开发申请的规划许可，便会在随后的申诉中面临非常现实的困难，因为这个指南已经清晰地告诫了地方规划行政管理部门如何考虑这类问题，实际上，地方规划行政管理部门通常不会考虑这种做法。这样，那些特别认真对待其房地产会因为某项开发而贬值的人，如果仅仅以此作为基础的话，一定不会影响到决策过程。另一方面，因为那个地区的开发而导致房地产贬值的因素很多，如噪声增加、交通流量增加等，都是适当的抱怨理由，这是英国规划日常考虑的问题。如果提出这样的问题，通常都会得到非常谨慎的考虑。从这方面看一项开发不会影响到决策过程，但是，换个角度提出这个问题，就可能在决策过程中得到很大的权重，所以，了解如何按照这种方式形成一个案子的确对受害方非常有用。当然，我们不能指望一般市民会有这样的训练（他们几乎很少去阅读政府规划政策文件），特别是对于那些第一次面临开发管理过程的人来讲更是这样。我们当然期待规划师有这样的知识，不仅如此，我们还希望规划师把这样的知识用到实际规划管理中去。英国的开发管理过程就是规划师实际应用这种技能的案例。这样，建立在规划师技能因素基础上的意见的确能够在规划服务客户（如地方居民）的成功与否产生差别。我在曼彻斯特工作期间，工作人员常常做的一项工作就是告诉居民如何提出这类问题，而不考虑他们个人是否乐于采用这种方式提出问题。

当然，正如我们已经提到过的，世界各国规划制度的结构和操作细节形形色色。例如，英国制度已经以多种形式传播到了英联邦的一些国家，然而，每个地方规划制度的权重程度并非与英国一样。实际上，规划制度本身固有的权重程度是十分重要的，下面我们会详细讨论这个问题（布施，1996）。其他国家，例如美国的规划制度比起英国则更强调分区规划的概念（斯坦，1996）。即使在欧洲，规划制度也存在差异，因此规划结果有着很大的差异，例如荷兰强调国家空间规划和区域空间规划，而意大利的城市规划极其精细，甚至建筑个别楼层的使用也在规划之列（威廉姆斯，1984；纽曼，1996）。在什么程度上通过地方及州里（如美国）的权利，或通过中央政府制定的法律和行政管理行动（如英国）来决定规划问题，各国也有很大的差异。甚至对于后一种情况，这种系统应该如何处理发展需要和发展引起的问题之间存在的矛盾也有不同的意见（邓肯和古德文，1988）。最近这些年以来，差异正在扩大，因为中央政府的发展项目已经表明，苏格兰、威尔士和北爱尔兰的规划并不同于英格兰的规划（图德－琼斯，2002）。我们并不打算在这里涉及这个问题，仅仅是承认规划制度的多样性就够了。理解规划制度和怎样在这个制度下进行操作是一个最根本的规划技能，规划技能总是需要利用特定制度下的地方知识。这样，我们把注意力集中在大部分规划制度的共同特征上，而不是个别系统的细节上。与规划客户的相互作用就是一种共同的机会，而不是发生在不同国家规划制度下的特殊方式。

最后，返回到第一章讨论规划制度的性质和目的时介绍过的规划师和客户之间四种主要的相互作用上。讨论这些相互作用过程怎样影响与制定发展规划相关的结果。怎样影响开发申请的决定，怎样影响公共咨询协商过程，怎样影响英国的地方公众咨询或北美公众听证中的对抗过程。在这些情况下，规划师的角色可能是规划行政管理部门的官员，也可能是为规划行政管理部门的客户提供服务的独立规划师，贯穿这一章的各节，我们会一直讨论规划师的这些角色。在这一章的结尾，我会提出一些自我评估的论题，使读者能够更详细地探索这一章所涉及的一些内容。

制定发展规划的过程

第二章已经讨论过发展规划制定过程的基本阶段，那里集中关注的是规划制定者的作用，这些规划制定者通常是为地方规划行政管理部门工作。这里我们集中关注在这个过程中如何卓有成效地进行操作，捕捉住重要的观点，在规划过程中加以严肃的考虑，这里所讨论的规划工作通常是由那些不为地方规划行政管理部门工作的规划师来承担。了解这种情况的关键点是，当发展规划制定过程延续到一个相当的时间，所有地方规划行政管理部门之外的利益攸关者都有机会参与到这个过程中来，机会可能是由不连贯的若干片段组成。一般来讲，当规划部门讨论这个规划试图解决的关键问题时，在规划过程的早期阶段，利益攸关者就有机会参与进来（虽然不是所有的地方规划部门都会这样做），另外，进入规划草案协商阶段，利益攸关者还有参与的机会。在此之后有可能出现这种情况，进入法律程序后，"参与"就成为公众询问或某种形式的听证会中的正式反对和个案诉求了（至少在英国是这样），换句话说，至此这个过程变成了对抗。这是一个不同于一些理论家所描述的过程，他们认为规划是一个持续争论的过程（我们将在下面详细讨论）。如果我们能够找到一种方式把持续性争论的概念与迅速的决策结合起来，那么理论上描述的规划过程比起现实世界非常具有戏剧性的过程更能够有效地承载公共参与。但是，如果规划师打算有效地与潜在的参与者一道在这个过程中工作，那么，规划师需要理解规划过程，知道追逐客户利益的机会在这个过程中具有不同的性质，同时需要知道如何在不同的阶段最好地表达客户的利益。

第一件需要说的是，在一个特定的规划制度中，越把重点放在发展规划上，那么发展规划就把确保一个完美的观点这件事看得越重要，这样的发展规划不依赖后续过程来克服可能因为缺少支撑而引起的困难。最近这些年来，英国规划制度的变化已经很好地展示出这一点。《城乡规划法》（1947）是英国的一项基本法，它创造了十分有权力的地方规划行政管理当局，清晰地表达了发展规划在这种规划制度下的位置。这项法律规定，发展规划是作出规划许可决定的起点，除非出现明显和清晰的理由说明为什么这件事不应该发生，如发展规划过时了，否则发展规划的条款应当在执行过程中维持不变。这种广泛理解一直维持到20世纪80年代都没有受到挑战。在20世纪80年代期间，保守党政府确信这样一种观点，规划不公正地给私人部门施加了不必要的限制，进而从负面影响了经济的发展（索恩利，1991），认为发展规划只是作出规划许可决定时需要考虑的因素之一。降低发展规划的重要性在当时引起了一些不利的后果，一些不被期待和不受欢迎的开发项目在一些地方得以通过规划审批。许多反对这类开发的人恰恰是保守党的支持者，当时人们认为保守党政府是主张发展的，而许多保守党议员代表的确是大量声称"不要在我的后院"（NIM-BY）搞开发的选民。这就导致了进一步的改革，重新维护发展规划的基本权威（《城乡规划法》（1990）第54款）。人们提出，这种法律上的变化力度相当小，不一定对法庭最终裁决规划问题有多么大的影响（基恩，1993），所以，这种变化的符号意义大于实际意义。同时，这个条款传达了这样一个信息，现在在规划制定过程中提出若干观点比以往更重要了。当开发规划申请与发展规划政策不一致时，更强调依据发展规划中已经建立起来的观点，而不是依据人们提出的一系列针对发展规划条款的意见。曼彻斯特都市区是英格兰北部最大的城镇群之一，曼彻斯特市则是这个都市区核心的主要城市之一。在《城乡规划法》（1990）第 54 款实施之前，曼彻斯特市已经编制完成了它的"统一发展规划草案"，并且通过了规划制度规定的关键程序，当时正式提出反对这个规划草案的提案数目比反对曼彻斯特都市区核心另外一个主要城市利兹"统一发展规划草案"的提案数目少 10%，后者比前者晚了两年，那时《城乡规划法》（1990）第 54 款已经开始实施。而且，开发产业和许多地方居民已经很好地理解了这个条款的基本精神。这可能不完全是一个巧合。《城乡规划法》（1990）第 54 款还产生了另外一个没有预料到的后果，这个条款的作用是鼓励正式参与发展规划的编制过程，这就可能再次延长已经很长的规划过程（基钦，1996）；大约在《规划绿皮书》（DTLR，2001）公布的时候，中央政府把需要建立一个规划导向的系统看作主要挑战，保留和扩大公众参与规划制定的规模，同时加速整个规划过程。在地方政府的确存在这样的疑虑，按照这些条件，政府的目标是否能够实现，因为这些因素之间存在着矛盾（赛克斯，2003）。

要想在发展规划制定过程中出现积极和有效的参与，不仅要求规划师对一项规划政策的特定观点有一个坚定不移的认同，而且要求规划师对这个规划的一般战略有所理解，懂得如何把有关一个特定情况的意见与这个规划的一般战略联系起来，了解这个过程的哪些阶段是公众提出意见的关键机会。按照我的经验，许多规划师能够在规划制定过程中做到第一点，即认同一项规划政策的特定观点，但是，能够做到其他两点的规划师并不多。公共参与所面临的挑战之一正是这种理解；我们如何同参与者对这个

"过程"问题进行足够的交流，以帮助他们尽可能有效地把观点提出来，而不至于让"规划知识"挡住了他们的大门。

规划最好的基础是对一个地方或存在问题的地方有一个清晰和适当的战略，了解生活在那个地区的人们的需要和愿望，这些人们以多种方式使用那个地区。实际上，他们是发展规划的基本客户。图框3.1是战略驱动"规划"的一个例子，资料来源于曼彻斯特都市区管理部门协会所拟定的"经济战略和实施项目"（1993），这个文件是为争取欧盟委员会基金的目的编写的。从本质上讲，这个文件旨在推动曼彻斯特都市区的经济发展（欧盟基金资助这个计划编制过程，而编制这个计划的目的奠定了获得欧盟资源的基础），使得这个规划的重点十分清楚。检验一个规划是或者不是战略驱动，可以看这个规划的基本精神是否可以用一页纸表达出来。这个方法不一定可靠，但还是有些帮助的。在战略与地方需求和愿望之间，应该存在一个相互促进的关系，这样，战略以规划客户的需要和愿望为基础，同时，战略在澄清这些需要和升华那些愿望上已经担当了建设性的角色。更简单地讲，从整体角度思考一个地方及其居民的自上而下的过程，与地方居民一道工作，从他们的知识和理解那里形成的自下而上的过程，需要在中间层次相遇，相互沟通。从理论上讲，这样能够产生一个坚实并得到全面支持的战略；当然，这可能是一个相互作用的过程，在一个多元的社会里，不可能做到人人满意。代表一定利益而参与到所有这些过程中来是需要时间的，所以参与是表达观念，使这些观念能够在编制规划中加以考虑的最有效的方式之一。通过考察战略的适当性，有可能检验那些战略导向的规划，它们是否能够证明即使将来出现与战略不一致的个别开发规划申请，这个发展规划依然站得住脚。当然，如果任何开发规划申请都能与战略一致，情况就简单的多了。

当然，不是所有的规划都是建立在这种可以通过检验的战略基础上的，实际上一些规划似乎仅有相对有限的战略性内容，倾向于有关个别场地或政策问题的意见和观念的汇集，它们之间的相

图框 3.1　战略导向规划的例子

概要：大曼彻斯特经济发展战略和实施项目

远景：把大曼彻斯特建设成为一个具有创造性的有特色的欧洲区域首府。

通过采用如下原则实现这个远景：

（1）加强经济活动的集聚水平；

（2）调整结构性的和部门的弱点；

（3）扶助弱势，扶助需要的地区、扶助优先地区；

（4）分散经济收益；

（5）在发展过程中，以人为本；

（6）强化大曼彻斯特地区的标志和凝聚力；

（7）承认环境的作用；

（8）鼓励合作发展。

由 5 个战略优先和 13 个行动措施组成的战略来支撑这个远景：

1. 强化经济基础

　　（1）支持本地企业；

　　（2）刺激投资。

2. 开发人力资源

　　（1）改善大曼彻斯特人的基本技能训练；

　　（2）为企业提供支持；

　　（3）消除失业和被社会排斥人群的就业障碍。

3. 改善基础设施

　　（1）建设和改善大曼彻斯特区域内的基础设施；

　　（2）支持超出大曼彻斯特区域的基础设施的建设和改善，把曼彻斯特与英国其他地区、欧洲及欧洲以外地区联系起来。

4. 更新和环境

　　（1）改善环境；

　　（2）整理废弃和空闲的土地；

　　（3）推动良好环境实践。

5. 确定大曼彻斯特是英格兰北部的区域首府

　　（1）通过宣传和市场，提高大曼彻斯特区域在国际上的形象；

　　（2）建设区域性的设施；

　　（3）建设旅游和文化设施。

注：这是从曼彻斯特都市区管理部门协会所拟定的"经济战略和实施项目"（1993）摘录，该项目以争取欧盟委员会 1994～1999 年期间的基金。它说明了如何把规划战略的实质性部分表达到一页上。

互联系十分松散。而那些有着清晰战略的规划，按照其战略思路解决场地和政策与战略的冲撞，实际上不需要应对真正战略层次的挑战。相对而言，那些仅具有有限战略性内容的规划十分容易受到挑战，在这种情况下，与那些有着比较清晰地由战略驱动的规划相比，争论可能发生在相对零碎的基础上。当然，如果利益攸关者提出的意见具有某种战略背景，甚至于这些意见能够成为一种战略基础的话，有关个别利益的意见依然可能很有力量。

需要指出的是，这种以正式形式出现的讨论机会依然有一定的限制。倡导持续讨论过程的"交流的"规划理论似乎对地方规划行政管理部门所必须执行的程序性要求有异议，而英国地方规划行政管理部门执行程序性要求的目的是尽可能快地完成规划编制任务，同时也保持与公众的有效联系。这在实践中意味着不是无休止的讨论，而是在发展规划制定过程中阶段性地进行讨论，如正式咨询协商发生时，当规划草案完成要听取意见的时候，可以有机会正式提出反对意见，如果不能解决，可以举行公众听证会，公开询问或考察等。为了改善地方居民和组织参与规划制定过程的机会，有些比较勇敢的地方规划行政管理部门除按照中央政府的政策（ODPM，2004a）举行正式的听证会外，还寻找其他一些机会听取公众意见，同时，他们也有尽快完成发展规划的编制过程。在这种背景下最重要的观点是，大部分地方规划行政管理部门以这样或那样的方式，把他们制定发展规划的行动与其他正在进行的活动联系起来，而不是把制定发展规划看成一个孤立的行动。所以，在发展规划制定的正式程序之外，以非正式的方式讨论发展规划制定中遇到的问题和发展机会可能也是很受欢迎的，但不要让人生厌。至少在英国，地方规划行政管理部门都面临巨大的压力，尽可能快地完成相当复杂的发展规划，这种过程稍不留意就会拉得很长。尽可能快地制定出发展规划不仅仅是因为中央政府三令五申的要求，也是因为地方规划部门非常了解，他们所面临的世界正在迅速地变化，一些政策和计划可能很快就过时了（基钦，1996）。在这种情况下，对参与者真正有价值的规划技能来自对规划制定过程的了解，了解这个规划过程可以给参与者提供什么样的机会，懂得如何以最有效的方式提出问题，规划战略中哪些因素是有争议的以及需要与战略支持者讨论的观点。

开发管理过程

如果说制定发展规划的过程相对缓慢，或多或少带有研究性质，那么，开发管理过程呈现出的由大量零碎决定构成的特征，每一个决定（许可或不许可开发）都需要在相当短的时间里作出来，常常需要协商。这些特征反过来影响到利益攸关方参与开发管理过程的机会。除非一个问题最终闹到申诉的地步，否则仅有一次机会对这项开发申请提出异议。参与开发管理过程不同于我们前边讨论的参与发展规划制定过程。这一节涉及开发管理过程的四个特征：需要一个有效的行政管理机制，协商的作用，法律框架的重要性和公共参与。希望更多地了解英国开发管理过程的读者应当读一读摩根与诺特（1995）和托马斯（1997）的著作，还可以读读布拉克霍尔（1998）和布莱恩（1996）与申诉过程相关的著作。

从背景上可以看到制定发展规划和开发管理之间的区别。"曼彻斯特统一发展规划"的编制工作开始于 1989 年，经过所有程序性阶段，最终在 1995 年夏季得以通过，曼彻斯特市规划部整整花费了 67 个月。如果认为这个过程太长的话（的确很长），那么我可以提供这样一个事实证明，在曼彻斯特都市区的 10 个行政辖区中，曼彻斯特市在完成发展规划的编制上是最快的。在编制曼彻斯特市新发展规划期间，曼彻斯特市议会收到了 11000 份规划申请，每一份申请都是一个个案，都必须在新的发展规划提供的框架内从实际出发加以处理，而新的发展规划正在进行中，所以要按照提交规划申请的特定时间点的发展规划所提供的框架来处理规划申请。如果一个规划部门能够有效地处理这样沉重的工作，那么它需要一个有效率的行政管理机制。在这样一个制度下工作的规划师必须认识到，他需要服从这个制度对每个成员提出的要求，否则这个系统就不会在整体上有效运转。归根到底，这个开发管理制度的优势就在于它的最弱连接功能。还有一点值得注意的是，参与到这个积累起来的开发管理活动中的公众规模（以地方规划部门接到正式申请的代表人计算）是参与到统一发展规划的公众规模的若干倍（还是以正式代表计算），当然，市议会用在吸引公众参与统一发展规划的努力要大得多（基钦，1997，第四章）。

最近这些年来，人们已经利用信息技术来帮助处理开发管理事务，特别是在公共开支缩减和工作人员减少的情况下更是如此，如英国。到目前为止，计算机系统主要在开发管理系统中加以使用，记录下整个过程的不同阶段进展情况，通过文字系统加工成报告；当然，按照《规划和强制购买法》（2004）的要求，新一轮的发展规划正在制定中，计算机也可能会得到同样广泛的应用。实际上，信息技术能够做的远远超出这类技术性操作，可以使用现代计算机系统来提高决策的质量，而不只集中在决策过程的技术性操作上，现代计算机技术本身具有这种能力，当然，单位费用需要降低到可以接受的水平。技术革新的历史似乎预示在一个相对短的时间内，已经证明具有价值的技术发展能够通过减低单位费用而得到广泛的使用。在计算机屏幕上看到计划开发项目与它的街道景观结合起来的情况，的确对判断这个计划开发项目的特征和适当性很有帮助；这种技术也提供了一种机会，让规划师、开发商和各方利益攸关者对一种开发计划形成他们的看法。这很有可能让人不会围绕开发计划鸣金息鼓，因为人们在定性判断上会有不一致，但是，现代计算机技术可能给这种性质的争论提供更有力的依据。现代计算机技术还会有助于提高人们协商修改他们规划方案的能力，通过计算机辅助设计，直接说明可能出现的效果，进而让更多人能够接受修改后的方案。所有形式下的信息技术似乎有可能在规划实践中发挥越来越大的作用，这样所有的规划师都需要有良好的基本信息技术技能。

协商是开发管理过程中的一个基本概念，这一点在世界范围内似乎大同小异，当然形式上会有所不同，至少对于规划官员行使决定权的程度上会有所不同（布施，1996，pp. 94 - 95；克莱东，1996；泰特洛，1996）。开发商承认，与规划管理部门进行协商是房地产开发构成的一个部分，如果他们比较敏感，便会把协商与其他相关活动同时进行，以节省从形成开发观念到建设工程开始的整个规划过程的时间（同时也节约投资）（亚当斯，1994；拉特克利夫，1996；西蒙斯，2002）。

这种协商的性质因规划制度不同而不同。例如，1996 年 7 月，我曾经与多伦多的同行讨论过如何在北美规划体制下使用规划规范（沃克福德，1990，描述过这些规范，以及在美国存在的形形色色的规划规范），这些规划规范与一个开发过程的专门方面相联系，如密度和日照标准，是协商计划开发项目性质和品质的一种控制性手段。规划师可能清楚地知道一项开发计划所产生的负面影响，但是没有法权支持他的负面意见，因为这些意见不同于规划规范本身。在这种情况下，他很难与一个开发鼓吹者就设计品质问题做归属性的讨论，所以他要使用规划规范来作为协商的手段，协商一定是控制性的。由于这些规划规范以法权为基础，所以规划规范是强有力的执行性手段，只要规划师想知道计划改变的效果会怎样表现在整个设计方案上，他就会与规划申请人讨论满足这些规范要求的方式。换句话说，规划规范以及它们本身的形体结果可以扩展到更宽泛的形体结果上；在没有一个精确一致的载体时，规划规范提供的是一个间接载体，它们使有关改善设计方案的讨论可以进行下去。与英国的实际情况对比，在类似的开发情况下，英国的规划师是直接与规划申请人就开发方案的品质和适当性进行讨论，其基础是发展规划中那些用文字表达的一般政策，以及与发展规划相关的那些公开发表的设计指南（如果存在的话）。当然，这个讨论可能必须从这样一种认识开始，即这个政策指南可以对这个政策怎样适用于这个特定的场地做出解释，在一个讨论开始时，规划师和申请人已经形成了这样一种（双方共享的）认识，对于规划师在设计方面究竟深入到什么程度是适当的问题，政府的意见并非十分积极；正如第二章所说，之后重新调整了这种看法，在实现设计品质的开发管理协商中，政府应当采用更为积极的立场。在前后两种情形下，规划师在处理设计问题上使用不同的方式，但追求大体相同的结果；因地制宜才能实现最好的开发结果。在一种情况下，当这种手段具有针对性，又强而有力，那么它的使用范围就会有限制；相反，在另一种情况下，当这种手段比较宽泛，适合于比较大的范围，那么它在本质上是酌情行事的。如果要问究竟哪一种制度比较好或哪一种结合能够提供最有效的手段，我们可能会对此无休止地争论下去；但是，这里的真正观点是，在开发管理过程的每一种情况下，如何在体制内最好地履行一个规划师的职责，实现当时认为合理的开发方案。这样，规划师不仅需要从他们自己的观点出发去进行卓有成效的协商，还要尽可能以其他不在场客户的名义进行协商。

　　这个例子似乎可以得出这样的观点，法律框架约束着开发管理过程（摩根和诺特，1995；希普，1991；拉特克利夫，1996，第二章至第六章；布施，1996）。所以，在任何一种开发管理中工作的规划师都需要了解适用于开发管理过程的法律框架，需要了解通过协商、非正式的决定以及最终通过法庭对这个法律框架持续检验中提出的实际问题，要知道他们所拥有的回旋余地。这一点与规划强制执行制度一致，强制执行处理的是那些违反规划管理的行为，他们可能最终要对簿公堂。规划师还需要了解那些与开发管理制度并存的其他规范，它们可能会影响开发协商。例如，英国的建筑管理制度（建筑管理制度在法律上与规划制度分开，它基本上是不容协商的；涉及建筑必须满足的建筑标准和安全标准），交通、垃圾和能源供应等制度，以及影响到开发的日益增加的环境法规。规划师不一定需要对这些规范的细节倒背如流，实际上，一些具体问题通常由专门机构来与开发申请人进行协商，但是规划师需要了解这些问题如何影响开发协商，了解怎样利用它们与开发管理权利相配合，以实现积极的成果。当然，需要记住规划的法律框架就是法律框架；规划的法律框架提供了一系列手段，规划师必须使用它们以实现规划制度所要求的结果或规划客户所要求的结果，但是规划的法律框架实际上并不决定规划师在任何个别案例中寻求实现的结果。有效率的规划师不应该混淆手段和目的之间的区别，否则他们会被淹没在规划法律框架的细节中，要尽力去记住规划法律实际上在做什么。正如我已经说过的，这些手段的属性因社会不同而有很大的变化，从确定的和精确的到一般的和酌情行事的。然而规划师的工作是创造性地使用那些存在的手段，尽可能改善那些地方使用者的生活质量。

最后，开发管理过程的一个非常重要的特征是它在这种或那种程度上（因为管辖权上的变化）强调公众协商和公众参与。世界上的规划师们都有这样的共同经验，非常难以让人口中的极少数人群有效地参与到规划制定过程中来，他们还发现特殊开发计划对那些涉及街区或我们城镇中那些令人流连的公共场所的兴趣迅速增长。所以，开发管理过程常常是公众接触最为频繁的规划制度的部分。以曼彻斯特市为例，仅1989年一年，曼彻斯特开发管理部门就给居民家庭送出了有关他们地区规划申请的50000多封协商信件，而那一年的规划申请数目为2000，这就意味着每个规划申请涉及25户人家。当然，按照这些申请的性质看，申请范围很广泛，有些案例仅需要与邻居协商即可，而少数非常大型的开发计划，我们寄出了上万封协商信。曼彻斯特市共有18万户居民，也就是说，每3~4年，规划服务部门就要与一个家庭就规划申请进行一次联系。当然，规划申请的范围非常广泛，曼彻斯特市的一些地方几乎没有开发活动，而一些地方却吸引了巨大的开发兴趣。这样，一些家庭从未收到来自规划部门的协商信件，而另外一些家庭平均3~4年间要收到若干封来自规划部门的协商信件。当然，与规划服务主要客户的实际接触水平超出了制定发展规划期间临时进行咨询的水平。

正如我们在第一章中所说的那样，这种协商的需要在西方社会呈增长趋势。那种认为无论什么层次的政府都可以不需要或不接受公众意见而作出有关开发问题决策的观念似乎已经成为过去。

公众的观点能够影响政治决策者，也能影响开发商的利益，这种影响的力量已经超出了规划师过去承认的水平。例如，在写有关开发计划的报告时，英国规划师认识到这些报告的功能之一就是要记录下协商的结果。这种报告对于当选的地方议员极具价值，他们了解到这是作决策时需要的材料。实际上，这些当选的地方议员向规划官员咨询为什么有些规划申请总是遭到拒绝时，这类报告同样有用。另一方面，一个批判性文献认为，这类过程在一定程度上依然看重开发利益而不是其他方面，如地方居民的利益（安布罗斯，1994），规划师面对规划申请时需要知道这一点，也需要知道对他们权利的限制。然而，公众协商和参与在开发管理中的作用和重要性与日俱增，这一倾向性的预测毫无悬念。下一节，我们要更详细地讨论规划中的公众协商和参与过程。

公众协商和参与过程

阿恩斯坦的市民参与阶梯可能是有关规划中这个主题的经典之作（阿恩斯坦，1969；斯坦，1995，pp. 358 – 375）。8 个层次的市民参与像阶梯一样依次排列（图框 3.2，这是根据阿恩斯坦的观念修订而成的），这个观念的重要性在于它证明市民参与并非一个单一的概念，而是包含着多种可能性的概念。当然，对阿恩斯坦的阶梯式表达提出批判不是没有可能，认为它是令人难堪的规范，攀登到这个层级的顶端本身是一种愿望，所以在适当的情况下，中间那些层级的价值被低估了。图框 3.2 "当代分析"一列提出，阿恩斯坦中间簇团因素（阿恩斯坦把它们称之为"装门面的级别"）还是有积极意义的，经验显示在适当的情况下"通报"、"协商"甚至"疏导"（其本身有轻视的意味，实际上，涉及多种形式的有选择的表达形式）都具有一定的作用，这些都可以从它们是什么和不是什么的角度来加以理解。并非所有的市民和社区在所有情况下都一定要求阿恩斯坦最上一层的因素（阿恩斯坦把它们描述为"市民权利级"），当然，最近这些年来，"合作"已经流行起来，不过滥用这个概念是有危险的，因为它常常可能没有意义（佩克，1994；柏利，1995，2003）。由于这些和其他一些批判（达克，2000），阿恩斯坦的文章成为市民参与观念发展的一个里程碑，加上 P·达维多夫有关以穷人的名义支持规划的著作（达维多夫，1965），共同有力地推进了英国的公众参与运动。"公众参与规划委员会"的报告以官方的形式承认了这场运动（斯凯芬顿，1969），这个报告倾向于从工具的角度把参与看成争取社区支持规划的手段（即它把公众参与看作改善公众支持开发计划的一

图框3.2　修正的阿恩斯坦市民参与阶梯		
当代分析	原创的 阿恩斯坦层级	原创的阿恩斯坦层级分组
这些是对选举民主制度的挑战，通过不同的方式把那些被选举出来进入议会的政治家替换成多种形式的直接的社区代表，到目前为止，这还只是一个实验领域，没有成为主流	市民控制	阿恩斯坦把这三个层级描述为"市民权利级"，她认为这是唯一具有意义的市民参与层次。这非常清楚地说明了她对这些层级的看法，层级是用来攀登的，能够登到什么级别取决于现实世界
	授权	
最近这些年来，这个领域的重要性日趋增长，当然，谁没有被包括在合作过程中与谁被包括在合作过程中一样重要	合作	
这的确是对主动市民（即那些对一个问题做出激烈反应的人们）有选择作出反应的一个过程，而不是直接让他们参与进来。这里的关键问题是围绕这些观点如何才能具有代表性，这些观点的所有人对谁负责	疏导	阿恩斯坦把这三个层级描述为"装门面的级别"，当然，她接受"疏导"包括了市民的影响。她觉得疏导是她那个时代最典型的美国模范城市项目
许多公共机构通过协商得出自己的决策活动，只要他们清楚地知道所做的协商是政治生活的一个合法部分	协商	
这是大部分市民参与活动所需要的因素，它可以与其他许多因素同时存在	通报	
把这些描述为没有参与是正确的，是市民如何被其他利益集团为达到目的而控制的例子	治疗	这些被认为是"没有参与的层级"，当然，她发现在许多美国项目中都存在着两个层级
	控制	

资料来源：阿恩斯坦的原创阶梯是由阿恩斯坦首先发表的（1969）。

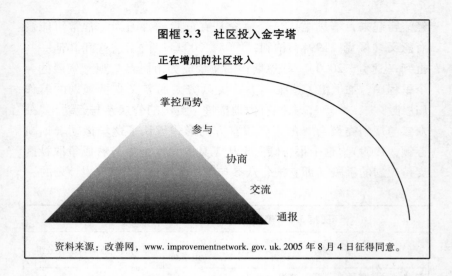

图框 3.3　社区投入金字塔

正在增加的社区投入

掌控局势

参与

协商

交流

通报

资料来源：改善网，www. improvementnetwork. gov. uk. 2005 年 8 月 4 日征得同意。

个载体），尽管如此，公众参与还是进入了轨道，保证了英国公众参与规划过程的法定权利。

　　还有其他一些研究模拟了公众参与决策过程的多种不同类型（不仅仅是规划），图框 3.3 就是其中一例，称之为"社区投入金字塔"，这个模型的高级阶段之一，是致力于社区事务的组织认识到有许多不同的方式实现这一目标，社区本身对投入这个构成也有不同的期待。这个模式另一个有帮助的角度是，它承认这个金字塔的不同层次与不同方式共同存在，例如"信息"层面是所有其他层面的一个因素，但是"掌控局势"（社区在一定程度上直接作出决策的形式）是来自其他层面的不常见的发展，当然每一个层面都有它自身的价值；这里不一定有像阿恩斯坦的阶梯那样应当攀登金字塔之类的规范性的看法，从这个模型还可以看到，金字塔上的五个位置仅代表正在发生的方式，而不是上升中的固定点，例如，"参与"能够代表许多种操作方式，它们可能发展成为"掌控局势"。所以，与阿恩斯坦的模式相比较，这是一个规范不多的模式，当然人们还是会提出它带有规范性的含义。

　　以上已经提出了一些有关公众参与开发管理和制定发展规划

活动的问题，特别是相比较制定发展规划活动而言，参与开发管理活动相对重要的问题。我自己的实践经验是，如果两种参与不是一锤子买卖，而是持续过程中与作为客户的地方社区做直接对话，那么两种工作都会有比较好的结果（基钦，1990）。如果规划服务以专题（如发展规划、开发管理、环境）为基础的传统方式来组织，参与起来就比较困难，但是如果规划服务以一个综合的地区为基础的话，参与起来要容易得多，从根本上讲，参与涉及态度，所以公众参与具有组织化了的公共规划服务的意义。地方居民常常对于他们的地区很了解，对他们的地区有着大量的"感觉"，除非一个规划师对一个地方做过长期的研究，否则地方居民要比他们更了解这个地方。不用讲民主社会公众的权利，实际上我们已经有了一个实用的命题，那就是规划服务要尽量找到挖掘这个知识和关切基础的方式。正如我在其他地方提出过的那样（基钦，1997，p. 30），我在曼彻斯特市当规划官员时，曼彻斯特市有 44 万居民，而规划师则有 110 人，大约比例为 1/4000。尽量与市民紧密地联系起来做工作显然是明智之举，而不是疏远他们，或者仅仅在问题发生时再与他们发生联系。围绕由规划师引导和决定的计划不时做些协商，对于居民来讲一定是非常枯燥乏味的事情。对于正在发展的关系到重要部分的协商过程，作为双方使用和发展这种关系的协商过程，可能是比较有效率的，我在制定"曼彻斯特统一发展规划"时的经验证明了这一点（基钦，1996）。

有关公众协商和参与技术问题，的确有可能写出相当长的文献来，现在有关这类技术的理论和实践的文献正在积累中（汉普顿，1977；霍尔，1994；阿肯森，1995；布施，1996；阿尔布雷查茨，2002）。我的经验是，答案没有对错之分，只有产生较好或较差结果的多项选择。究竟如何选择，在一定程度上依赖于是否必须执行这些过程，或是否可以做些协商之类的因素。所有层次上的政府作用对此也是相当关键的，在美国，分散化的政府体制更需要市民导向的自下而上的方式；而在英国，公共代理机构导向的方式依然很普遍，所以，常常使用自上而下的方式（麦克阿瑟，1995；汉贝尔顿，1995；萨维特奇，1988）可以用来对这种角度作比较（班纳特，1997，可以对英国和美国方式作直接的经验比较）。理论家更多地注意了这些问题，他们日益把市民的利益和运动看作城市政策的重要因素（贾奇等的第三部分，1995），他们强调，在日益分化的社会中，需要把推动交流和集体的行动作为制定规划的基础（赫利，1997；布鲁克斯，2002，第九章）。这样，任何地方规划制度的精确性质无论是什么，无论正式描述市民的角色是什么，规划师都需要为他们的工作建立起强有力的社区基础。规划师还需要尽力处理好作为在公共部门就业官员的态度和角色间的关系。

对抗过程

无论一个规划制度把市民参与和协商看得多么重要，大部分规划制度都建立起了正式的处理对抗的机制。不能解决的争议总要作出裁决，而且最后的解决办法就只能是对簿公堂了（相比较而言，通常这种情况发生的频繁不是很高）。在出现对抗的情况下，规划师可能处在争议的任何一边，他必须写出这种或那种声明，同时可能要对来自另一方代表的盘问作出回答。直到最后在接受询问（在英国）和公众听证（在北美）之前，总是有可能通过持续的协商来解决一些困难，因为有些异议反映了市民的利益或感觉，或者一方或多方希望借这个事件所提供的平台而获得优势。所以，总会存在一些不服从规划的异议存在。

我个人对英国询问制度（阿林森对此种制度做过说明，1996；布赖恩，1996，第四章和第五章）的经验是，最重要的因素通常是保证精心准备好一个作为基本证据的说明。即使承认这个重要因素，有时对整个事件的盘问也并不把现场勘查员的证词看成很好的证据。这样，无论规划师代表何种立场，他都需要在询问开始之前集中最大的努力做好准备。当然，作为整个询问过程的一个部分，规划师还要尽最大努力去控制局势。在准备大型询问时，也许复杂和枯燥，规划师可能作为一个工作小组来工作，这个工作组通常包括规划部门的支持者，他们会在询问时提出对这个案例的看法。在这些情况下，在询问开始之前，通常要准备一个证据的大纲，作为规定整个案例过程的一个部分，特别是在询问时会有来自不同背景的若干目击者，他们需要处在同一个立场上，避免与其他人发生冲突，以免让同一队伍的伙伴难堪。证据常常在与拥护者协商后确定下来，以我的经验看，从这个资源得到的能最有效地表达规划问题的意见是最有用助于获得成功的。应当把对方与这些证据相联系而提出的盘问的可能线索找出来，以帮助准备应答部分。

　　盘问通常是讯问过程中最令规划师感觉忧心忡忡的部分，特别是当他们知道自己的一些观点不是那么有力时，更是如此。按照我的经验，对方的拥护者总是从他们认为我方证据中最弱的点开始盘问，所以经常让我苦苦思考是否要把那些比较弱的观点也包括在证明之中。因为有些证据的确比别的证据要有力得多，所以我们很难避免使用它们。好的方法是，放弃使用那些对于案例而言并不具有实质性的较弱证据，如果不这样做，等于给了对方发问的机会。所以，不要自找麻烦，这样在盘问中会感觉到安逸一些。不同的人对盘问过程的反应是有差异的，规划实践者应当找到自己认为最适合自己的方法。当然，那些合理和事实上正确的高质量证据的确是不可替代的，这是公众询问的基础，也是盘问的基础。我对于盘问的最好忠告是，"坚持自己的证据，不要与对方的支持者打嘴仗，因为对方的支持者可能比你更精于此道"。

　　这些年来，公开询问的规模日益扩大。公开询问工作的特征之一就是市民团体作为第三方参与进来，规划师可能代表地方规划行政管理部门，也可能代表那些提出申诉的开发商的利益，由于规划师的意见所代表的界限是清晰的，所以他们的角色相对简单。参加公开询问的市民团体可能范围广泛，所以与之一道或以他们的名义工作的规划师的角色也同样广泛：可能包括拥护者，他们从反应者（反对某种事）的角度帮助立案和提出一组意见（一个群体能够表达一个有说服力的理由来说明为什么他们的反对意见应该战胜对方），在程序上和策略上帮助这个群体。在公开询问中，许多检察员对市民团体比对地方规划行政管理部门或开发商更为宽容一些，因为他们认为，这些"老板"在资源和知识上比市民团体更胜一筹。当然，许多团体在这场询问博弈中简单依靠经验来阐述一个相当专业的知识；这种知识的确很有价值，20世纪70年代"居住者社区行动组织"制定的社区组织行动指南明显证明了这一点。除开这种凑集起来的知识外，社区群体还有地方知识，当然，他们可能对此不太经意。最近这些年来，通过规划援助的方式来帮助参与公开询问的市民团体和个人在英国已经显得越来越重要了（英国皇家城镇规划院和规划援助，2005）。这种工作的原则是，在自愿的基础上，可以获得规划专业知识，这样规划师能够在明确利益问题上避免因为提供这种知识而引起冲突，与地方规划行政管理部门和开发利益获得者相比，社区群体和个人在资源方面明显处于劣势，而这种规划援助的确是减少他们在规划问题上不利形势的一种非常有价值的方式。2004～2005年，英国规划援助处理了大约3000个询问，大约有一半以上与规划申请有关。这个数据说明了规划援助的大体规模（ibid.，pp. 3，4）。由于规划援助系统给社区群体和个人提供资源，这个系统正在扩大其公共财政支持力度，2004～2005年度的数字既说明了获得规划援助的数目正在增加，同时也显示了进一步增长的底线。

　　公共询问和公共听证形式多种多样，有些对抗性不强，有些不是很正式，更多的则是询问。需要了解并因地制宜地使用规则和程序，需要考虑在特定条件下怎样能够最好地说明相应的规划情况。我们还需要考虑规划师在整个讯问过程中的态度。例如，能够通过包容二者的方式解决一个困难时，没有什么理由需要在非正式的听证会中采取非常正式和古板的方式去说明情况。在一项原则不涉及利益的时候，人们不一定就这项原则不经意，这项原则甚至面临比让步更大的危害。公共询问或公共听证是一个公共事件，规划师需要精心准备供公众询问的情况，采用因地制宜的方式去表述问题和接受公众的询问。

对于在地方规划行政管理部门工作的规划师而言，有一个特别的情况，他们正在通过一个正式的过程对他们部门的决定进行辩护，而这个决定是反对以总规划师名义提出的意见。对规划师如何应对这样的问题，看法各式各样，有些走极端的人认为，规划师根本就不要对此种性质的决定进行辩护，留给做出这个决定的政治家自己在正式场合进行辩护。然而在我看来，除非这个决定真的很不忠诚以致不可谅解，否则维护地方规划部门的权威是必要的。当然，我们需要认识到，总规划师所写的具有不同意见的报告将是一个公案，所以规划师个人不应该试图背离这个分析和意见。应该坚持的底线是，这个决定曾经是面对市政委员会而作出的，考虑在多种问题之间实现平衡，市政委员会现在采纳了不同的平衡观点（希望这种改变是有证据的，可以说明为什么要作改变），因此而作出了相应的决定。拿出这一点来做辩护未必一定可以获得成功，但适当地提出这个观点至少可以避免反对地方规划行政管理部门所引起的开支（这种情况在英国确有发生），由于这种决定上的变化对规划服务预算会产生潜在的影响，所以它的确是地方规划行政管理部门需要考虑的一个问题。这种辩护时有成功，因为对此提出询问的检查官员接受这样的看法，追求实现多种问题之间的一种平衡是政治家合情合理的工作任务（而不是简单地接受总规划师的意见），他们作出实现平衡的决定是合理的。因为规划师的辩护强调了规划决策的政治性质，所以政治家和规划师都会褒奖这种"胜利"。我在曼彻斯特市议会担当高级助理城市规划官和城市规划官的十年间，曼彻斯特市议会在上诉中得到过三次不利的裁决，这些都是由选举出来的议员们作出的决定，而这些决定在本质上都是以政治为基础的，都是反对城市规划师的意见的。我没有太可靠的方式去计算上诉中议员坚持作出的反对专业人士的意见有多少次，但可以肯定地讲，次数不少。

小结

这一章没有太多地涉及规划究竟想实现什么的问题，而是涉及规划怎样开始做的问题。这一章的重点是关于规划活动程序方面的问题，而不是关于规划长期目标的问题，特别强调了，为了让规划过程参与者的意见能够有效地地被吸收到规划中去，如何帮助他们克服困难。当然，我认为"规划要实现的"和"怎样开始做规划"是紧密相关的。如果规划试图去完成的事情之一是与社区一道，而不是规划师单独去实现这个最终结果的话，那么帮助社区居民和组织了解这个规划制度是规划活动的基本部分。我自己的经验是，除开职业规划师外，人们一般都把规划过程看得高深莫测。他们真正关心的是，他们在什么时候，怎样才可以得到合理的意见，如何允许他们自己的观点尽可能有效地得到表达。所以，他们的愿望是，我能给予他们有关规划程序方面的建议，而不是我是否与他们的观点一致，以及我正在试图做的事情。

当然，处理这些问题的方式之一是尽量减少规划制度和过程方面的复杂性，使人们容易接触它。实际上，《英国政府规划绿皮书》提出的正是这个问题（DTLR，2001，2.5，2.11）。当然，在《规划和强制购买法》（2004）实施之后，英国的规划制度是否真的实现了这个目标，或者说，《规划和强制购买法》（2004）不过是用一种复杂程度的规划制度替代了另外一种复杂程度的规划制度，对此人们还有不同的看法。对我而言，在复杂的西方社会中，规划制度归根到底是一种社会产品，所以规划制度总是相对复杂的，无论我们如何希望，减少规划制度的复杂性总是有限度的。因此，规划师应该做的事情之一就是，应当有效地与他们的客户进行交流，向客户解释这个制度，这也可能正是客户所期待的事情。实际上，正如我在第二章中提出来的那样，今天规划师的技能不同于40年以前了，在这样一种规划制度和过程中，对规划师技能的要求也日益向客户导向的方向发展。在方式上减少了强制性。我没有理由认为这个变化的过程已经结束了，我倒是期待规划朝着这条路走下去，因此，规划技能也应朝着这个方向得到提高。

自我评估的论题

1. 找到一个已经由议会通过了的发展规划。绘制出这个规划通过的程序性阶段，计算出每个阶段进行了多长时间。努力发现这个规划内容在每个阶段上的变化程度，如对规划草案进行的公众协商阶段，就反对意见进行的公众询问阶段等。

2. 假定你自己正以开发利益攸关者的名义在工作，试图改变这个发展规划的某些方面，例如与新居住区、零售、办公和工业建设相关的空间开发。这种情况普遍存在，例子很多，所以最好与你所在地的问题联系起来。如何去说服地方规划行政管理部门你所提出的变更是适当的？这种变更将采取什么形式？最终会产生什么样的结果？

3. 现在，你从一个地方社区群体的角度去看这个发展规划，这个地方社区群体担心这个发展规划会允许在这个地区做出大量错误的开发，如这个群体感觉到这些开发将会破坏掉这个地区的特征和品质。这种情况十分常见，所以应该有可能找到一个相似的实际案例。你如何去说服地方规划行政管理部门，在发展规划中采取严格的政策是适当的？这种变更将采取什么形式？最终会产生什么样的结果？

4. 找到一个具有争议的地方开发案例，它的规划许可最近已经颁发。努力勾画出从规划申请到规划许可证的颁发，经过了哪些关键阶段（这类文件应该有可能从议会公开的报告中找到）。究竟是什么问题让这个开发项目引起争议？你认为什么原因让这个规划申请获得规划批准？在决策过程中，究竟做了怎样的协商，你认为公众协商如何影响结果？决策和批准发展规划的条款在这个案例中的关系是什么?

5. 找到一个最近发生的涉及规划领域的公众协商案例。为什么要做公众协商? 这个公众协商如果有明确目标,它们是什么? 协商采用了什么样的形式? 协商的地区和问题是什么? 谁决定这些? 用数字、百分比来描述咨询参与者在协商中的反应。如何报告这些结果,向谁报告? 结果如何?

6. 找到一个地方合作协议的案例,这个协议以某种方式包括了这个社区。这个合作采取了什么样的形式,这个合作可以支配什么资源? 这个合作关系的目标是什么? 这个合作关系实际上做了什么? 谁决定这些问题? 社区如何出现在这个合作安排中,这些代表如何对广泛的社区负责? 谁本应却没有出现在这个合作中? 这个合作与地方议会之间的关系是什么?

7. 掌握最近的公众询问中提出的规划证据或目击者证词的一个例子。无论什么样的规划询问都行,也可以是以参与这个公众询问的任何名义提出的规划证据。这个公众询问的目的什么? 在这个背景下作为证据提出的命题的论点是什么? 如果你是这个观点的支持者,你会如何改善这个案例的说明? 如果你以另外一方的名义对这个观点持反对态度,你如何说明这个证词的弱点?

第四章

场地技能

引言

在不同程度上赋予场地某种特征是实践中规划最鲜明的特征之一。从根本上讲，规划试图通过管理场地或改变某个地方，来使那里的市民或使用者获益。我们最终能够把规划所要做的事情归结为一个简单的问题，"我们在这个空间里做什么"。甚至在最大空间尺度上（例如有关西欧、国家或区域的空间政策）的规划中也有某种空间边界；规划涉及的是某种空间意义上的地方而不是其他，当然，规划会考虑到那些超出规划地区的更大范围的相关问题，如两座城市之间存在的某种程度的竞争和在一个地方实施某种建设活动而造成的生态印记。这样，规划包括（或应该包括）使用针对一种特殊情况的政策和发展计划，而不是使用不考虑地方特殊情况的通用标准，所以场地的特征在很大程度上与规划的成功与否紧密相连。

在这一章里，我们要讨论与理解场地特征相关的技能。这些场地的历史，形成它现今状况的因素和决定人们如何使用它们的因素，是影响这些场地未来的力量。这些场地的宏观和微观尺度上的自然环境和建筑环境，以及人们认定这些场地价值的事物，一起构成我们对场地的理解，是我们做出有效规划的基础。医生在完全不了解病人的情况下给病人开处方，有可能不能减轻病人的病情，甚至会给病人带来更大的风险。这一点对规划师将要或正在试图改善的场地是相同的。在制定规划政策中，不了解场地所产生的结果可能不会与开错了药给病人带来的后果那样直接，但是长期的后果可能相当严重。所以，这一章的重点是如何在规划中理解和应用基于场地的知识。

在这些意义上，我们可以把有关场地的信息分解成为 5 类：书面记录的信息；客户反馈的口述或其他形式的信息；从地方媒体获得的信息；信息技术的能力和潜力；规划师的一手经验。我们不在这一章里讨论信息技术问题，而把它放到第五章中去讨论，这一章集中讨论其他四类问题。因为这些都是规划师的主要信息资源，它们对于提高本书所讨论的许多其他类型的技能或训练具有同样重要的作用，所以，以下的讨论范围相当广泛。然后，我们还要讨论在"场地建设"中都包括了些什么，讨论基于场地的理解，最后，我们同样留下一些自我评估的题目，帮助读者探索他们自己所在地方的情况。

书面场地信息

书面材料在一定程度上总有些过时。简单地讲，一些事情在人们去书写它或记录它之前一定已经发生了。举个最一般的例子，世界上有关场地的最综合的信息源之一就是国家人口统计数据。按照法律，英国每十年就要从家庭层次上对全国进行一次人口调查。这些人口调查提供了有关地方层次事务的大量无价信息，这些信息也能用来分析随时间变化的情况。但是，在那个时间，仅仅有印制的原始统计资料，甚至可以使用计算机的原始资料，但却没有数据分析，数据分析结果可能在统计数据截止日期之后的三年以上才会得到。例如，我写这一章的时候是 2005 年夏，2001年的人口统计资料还在公布之中，同时，有关 2011 年英国人口统计准备的协商工作已经开始，当然，我说这些没有诋毁人口统计价值的意思，我只是简单地提出了这样一个看法，来自这个信息源的资料在它出台时已经过时了，的确存在这样的可能性，未来越远离原始数据采集的时间，这种问题就越显重要。

在统计工作开始的时间和统计资料可以供规划官员使用之间的确存在一个时间间隔，从许多方面讲，因为使用这些资料在时间上通常并非那么敏感，因此这个间隔几乎没有关系。当然，有时这种时间间隔也可能会出现很大问题。例如，一个地区在此期间出现了重大的人口流进或流出，或者那个地方在一定规模上发生了规划的变更，那么这个地区的人口结构可能就不会得到很好的说明。在这种情况下，了解时间相关性和这个时间间隔发生了哪些变化是十分重要的。由此可能产生的一个实际问题是，对这个地方重新进行调查可能费钱耗时，在这种情况下，我们如何使用那些明显过时了的人口统计数据。对这类问题的常见回答是，无论愿望如何，对一个地方进行改善并非一个可行的选择，所以规划师必须最好地使用他们已经掌握的资料。规划实践常常使用不完善的信息去尽量做好工作，我们不难发现如何改善我们掌握的规划基础信息，但是这样做实际上还是有所限制的。

有关数据收集日期的问题，2001 年英国人口统计说明了在理解场地信息书面资源的可靠性方面至关重要的另外一个特征，数据如何精确的问题。类似国家人口统计这类数据达到 100% 的精确是不可能的，当然，英国人口统计从整体上看还是非常精确的。使用这些数据的真正困难是，一个地方的人口统计究竟是什么时间进行的。英国国家统计局指出，

> 并非所有地区在 2001 年人口统计中的漏查状态都是一样的。预计到的人口统计应答模式是，内城地区的应答率最低，因为那里存在一户占据多个居所的情况，不使用英语的人口比例比较高，所以自然会出现无应答的情况。

对较大城市来讲，这种情况当然会影响到规划的进行，因为那里人口调查的遗漏水平最高，引起这种状态的社会因素恰恰是为什么要在那里进行城市规划和城市更新改造的原因之一。一般地讲，如果行政管理真的依据这种统计数据来安排自己行动的话（例如，英国的中央政府每年都要给地方政府做财政拨款），这样人口统计遗漏当然是一个问题。同时，正确地看待这个问题是很重要的，因为人口统计所获得数据是极其珍贵的，其他类型的调查难以替代它，当然，注意到人口统计的局限性也是很重要的。

　　书面资料的最大作用之一是，它能够帮助我们理解历史如何走到今天。从这个意义上去了解历史无疑是有效规划的基础；要想规划如何走向美好的未来，我们必须知道如何从过去走到今天。我的经验是，接受我们规划服务的客户都指望我们有这种历史知识；是否能够尊重他们提出的意见依赖于我们如何把他们的意见放到历史的进程中去理解。当然，文字记录可能相当不完善，它也可能反映了书写这段文字的人自己的看法。这不仅仅是一个历史的问题，我们常常特别不留意当代历史，如对最近和目前城市变化的记录，以及对这些变化如何发生和为什么发生的记录（参见曼彻斯特市议会，2005b，地方规划行政部门努力这样做），规划官员所做的规划案例档案的质量十分依赖于案例管理官员如何维护这类记录。这些与书面记录相关的问题也常常发生在照片记录中。我在曼彻斯特市工作期间，对两个大型项目相关的城市变化过程做过照片记录，但是，这两个例子更重大的意义是它们的稀缺价值，而不是它们出现在我们城镇中的那些规律。

　　尽管这样，书面和照片的记录的确是我们了解场地的一个有价值的起点。它们不全面的性质和体现物质特征的偏好要求我们在使用时保持谨慎的态度，而不是因为这些弱点而忽略它们。不用重申前车之鉴这类经验之谈，那些没有对规划场地历史有所了解的规划可能是有缺陷的，所以，对城市历史的了解是城市规划过程的中心。同意这种观点的规划师常常发现，他们总是格外钟情正在规划的那些地方的城市历史细节，城市历史本身有一些实际的应用（如英国，这些城市历史研究是与保护地区和保护性建筑相联系的），除此之外，我们需要把城市历史作为一个规划角度。寻求有关地方历史的知识是要理解一个地方之所以成为今天这个样子以及将影响未来发展的过程，所以有关地方历史的知识是一个重要的规划工具，而书面记录是发展这种知识的一个很好的起点。

口头资源和其他形式的客户反馈

正如第三章所提出的那样，我在曼彻斯特做规划官时，首先思考的是 44 万曼彻斯特人对曼彻斯特本身的认识，这个认识要比市政府 110 个规划师对曼彻斯特的认识要大出 4000 倍。从这个不证自明的观点出发所得到的结论是，规划师全面和有效地挖掘这个知识源泉一定有利于规划的制定。

当然，与这个知识源泉相关的问题林林总总。这种知识以多种多样的形式表达出来，所以获得它并非十分容易。对于个人来讲，这种知识的可靠性是未知的，我们能够对此加以检验。实际上，人们的看法可能存在许多矛盾，这倒不一定是欺骗（的确存在这种情况），常见的原因是人们记忆上的缺失和记忆的选择性。人们所说的大部分情况还是有意义的；而他们所说的东西总是出于他们个人的观点或想法。当然，如果规划师因为存在这些问题而不再严肃地考虑人们的看法，那将是一个很大的错误。那样做就会把大量有价值的经验和知识搁置一边，实际上，这些经验和知识很难通过其他途径得到。不仅如此，这种对公众意见不屑一顾的态度还可能会把大量公众的看法置之脑后，如果规划的目标旨在帮助人们创造他们希望的场所，而不是规划师告诉他们应该有什么样的场所，那么公众观点绝对是规划的基础。这样，问题就变成了如何获得真正有价值的意见，而又不被公众意见中可能存在的弱点所误导。

规划服务的组织方式本身会影响到这个过程。大部分人的城市经历都与特殊的地方相联系，他们居住的地方、工作的地方、购物的地方和娱乐休闲的地方。这些活动都是在一个非常具体的地方空间中发生的。例如，我在曼彻斯特工作的经验是，许多曼彻斯特人对他们居住的地方都有十分详尽的了解，因为市中心是人们共享的地方，所以人们对市中心也很了解，但是对城市其他地方的认识则十分有限。以地区为基础安排的规划服务，如我工作时期曼彻斯特的规划服务，有可能利用基于地方的知识，对于那些要求每个规划师都与某个地方社区建立起联系的规划服务机构更是如此。当然，这并非考虑如何组织安排一个城市规划服务的唯一因素，我们通过这些讨论所要记住的是，以人们生活最为密切相关的方式去安排规划服务可能能够比较有效地利用地方知识资源，如果不是这样，就不一定能够很好地利用地方知识资源。我们还需要记住，地方居民可能更乐于与他们熟悉且有规律的与他们进行接触的规划官员分享他们的知识和经验，而那些因为即时项目而与他们进行接触的"专家"可能在项目结束后就与这些社区居民没有关系了，所以地方居民不一定会与他们分享地方知识和经验。

规划服务能够获得这类地方信息资源的另外一种方式是客户反馈，我们将在第五章中详细讨论。这类反馈有些采用正式的方式进行，旨在获得公众的看法，如对规划草案或规划申请听取公众意见，但是，绝大部分反馈过程都将取决于规划服务与客户之间的日常关系。这种日常的相互作用其实都是一种客户反馈信息源，规划师能够了解到发生了什么，人们已经有了何种看法，在一些情况下，规划师会知道地方社区居民还有哪些事情没有说出来。这种持续性的探索不仅与满足客户要求的工作效率有关，也与客户对场地的认识和究竟那里正在发生什么有关。这种现象的一个非常好例证是，市民会引导规划管理部门关注，他们强制执行的行动可能破坏规划管理。在我看来，没有任何规划部门有人力去应对市民走向大街的抗议活动。实际上，大部分地方规划行政管理部门甚至没有工作人员对规划许可执行情况保持经常性的检查。在这些情况下，强制执行倾向于是一种反应性的过程，依赖于人们的抱怨，根据人们的抱怨，再对需要情况作合适的调查（布莱恩，1996，pp. 83，84）。当然，只要规划部门能够向他们保证，一旦发生可能违反规划管理的情况，规划部门将去进行调查，并公正地处理这类事件，地方市民常常乐于成为规划部门的"眼睛和耳朵"。这种关系能够以各种方式提高服务水平，因为这种关系能够把一项资源极为昂贵的工作转变为有重点的工作，同时，又能做到让客户满意的结果。

　　以上讨论的这种关系是在长期的规划过程中发生作用的。例如，对于一个以地区为基础的规划师来讲，需要在长期的过程中与代表那个地区组织和利益攸关者的人们建立起工作关系。同样的，那些地方的利益攸关者们也需要时间去了解这种关系，对规划师建立起一种信任，并把这种工作关系看成一种持续的关系，事实上，不可能要求每个人都同意地方规划行政管理部门的每一个规划决定，所以，这种关系能够经受得了冲突的考验而得以维系。同事们认为这种情形可能的瑕疵是，这样以地区为基础的规划师与一些社区联系人关系过于紧密，以致他不能很好地对待这些联系人提出的观点；需要承认，尽管做规划需要对社区有所考虑，但是，并不是来自社区的每一种观点都是适当的，或者说都可以通过规划过程转变成为有效的行动。这种潜在的问题需要从接受社区反馈的规划服务本身的价值来加以纠正，当然，我们也要知道这种社区反馈所得到的丰富资料是从一般公共咨询中很难得到的。另外一个潜在的弱点是，从事规划职业的人们不会总是待在一个地方，而是时常更换工作地点，实际上这种流动性可以帮助他们获得完整的规划管理经验。所以，这里提出的与社区利益攸关者建立起长期的工作关系必须与规划职业模式的现实相适应，事实上，社区活动分子也在流动。当然，我的实践经验是，对一个地区特别了解的规划师，或者基于地段的规划师，通过他们的地方关系深入了解提供规划服务地方的状况，并把这些知识和认识带到规划服务中去，而地方社区把这些他们熟悉的规划师看成规划服务的"象征"，通过其他形式的组织很难做到这一点。

　　我在第七章中将专门讨论规划部门与地方选举出来的政治家的关系问题，不过这里还是有必要提及我的感受，长期为一个街区服务的民选政治家常常是了解地方信息的重要资源。有时，规划师不愿意涉足这个特殊资源，规划师认为这些地方议员们会把他们的看法与他们试图在那个地方实现的事务联系起来，而不会关注他们没有兴趣的事务；或者这些规划师感觉到，这些地方议员们总是出自一个特殊的政党，所以，他们难免带有政治偏见。然而，我发现当我们以非正式的形式去询问他们所代表地区的事务时（即避开政治争论的焦点），这些地方议员一般都对他们所代表地区的事务津津乐道，这种询问常常既具有知识性也具有丰富的信息。当然，坦诚地讲，在挖掘这个信息源之前，对所关注的地方政治家有所了解是很有帮助的，至少能够在一定程度上判断是否可以获得自己所需要的地方知识和信息。这是一个不应该忽略的信息源，因为有经验的地方议员能够通过他们对地方状况的介绍提高规划的价值。

我们不仅使用这种方式获得信息，还需要使用比较正式的方式了解社区的观点。例如，有必要知道在一个特殊问题上如何协调地方上的观点，当我们与地方事务积极分子非正式地讨论这个社区的一般发展方向时，这些地方成员所提出的观点不会像正式调查时那样精确。当然，的确存在这样的可能性，这些地方事务积极分子的观点并非总是能够代表那些对地方事务不太积极的人们的观点，因为（就我的经验看）那些成为地方事务积极分子的人们通常具有确定的观点，他们没有打算以超脱的态度去看待其他人的观点。所以，通过多种形式的协商咨询活动，逐步获得比较正式的社区观点，对规划服务一定有所帮助，实际上，这些协商咨询活动还可以检验已经从一些社区成员那里获得的信息。从我的经验看，影响到地方的规划方案如果已经考虑到已知的地方社区积极分子的观点，那么地方社区积极分子能够更好地接受这些规划方案，否则，情况就不同了。例如，20 世纪 90 年代初 "曼彻斯特统一发展规划"（曼彻斯特市议会，1995a）就是在地区导向的基础上形成的，充分考虑到已知的地方社区积极分子观点和积累对地方情况的了解都是非常重要的因素，这些积累起来的认识对形成这个规划中的广泛政策发挥了作用。

使用地方媒体

从我的经验看，地方媒体，特别是地方报纸，都是人们了解规划问题和形成对规划方案某种看法的资料来源。我的这个经验类似麦卡蒂等人（1995；p. 11）的发现，他们探讨了一般公众认定的规划知识来源；在英国，地方媒体是人们使用最多的规划信息源。图框 4. 1 总结了麦卡蒂等人的研究。

图框 4. 1　　了解规划的一般公共信息来源

1. 地方媒体，特别是地方出版物（在 2000 个家庭问卷中，大约 67% 的被调查人认为如此）。
2. 对规划制度的直接经验，13% 的被调查人认为如此，11% 的人了解规划制度。
3. 国家出版物（11%）。
4. 地方议会（4%）。
5. 受到地方开发影响（6%）。
6. 39% 的被调查人找不到他们了解规划的来源或者不知道了解规划的来源。

注：由于被调查人能够找到若干种公共信息来源，所以，数字超出了 100%。
资料来源：麦卡蒂等人（1995）。

图框 4. 1 不仅提出人们了解规划的主要来源是地方媒体和地方出版物，而且提出通过地方媒体和地方出版物了解规划的人数是通过直接经验了解规划人数的 5 倍。一般民众使用地方媒体披露的规划信息形成他们的观点，所以规划师应该特别注意到地方媒体对规划工作的作用。

规划的主要问题（从根本上讲，规划旨在管理变化，以建设一个美好的未来）总是能够引起媒体的关注。同样，人们对规划方案的反应也会引起地方媒体的兴趣，人们常常不乐于改变他们熟悉的环境，这样就可能产生一些有关规划的消极故事。认为地方媒体对规划的兴趣通常是负面的这种看法当然不正确，我个人的经验至少不是这样。地方媒体常常连篇累牍地报道地方政府的项目，规划也

是这些项目的一个组成部分。按照我的经验，媒体记者通常对地方
事务甚为了解，他们对有关规划问题的背景信息特别有兴趣，这些
背景资料可以帮助他们把地方知识与一项规划的特殊之处联系起来。
我发现他们格外谨慎什么"可以发表"，什么"不可以发表"，做这
类工作的记者总是希望与城市规划师或高级官员讨论若干种可能。
这类讨论十分常见于地方政府的某项新闻发布文稿，当然地方政府
总有专业人员与之一道工作，这些专业人员都是处理各种专业问题
的专家，我在曼彻斯特市工作时就常常参与这类文件的起草。这种
新闻发布文稿非常不同于完整的专业性报告，它们都是有针对性的。
起草这类文稿的基本原则一般是尽可能清晰地表达出你希望地方媒
体关注的问题，整个文件简单明了，使用非专业的术语，可以附上
背景材料，这些材料有时对了解新闻发布文稿有所帮助，但是地方
媒体的记者常常针对这些材料要求面谈或电话采访。我通常感到，
最好与那些有合作基础的地方记者一道工作，当然地方记者们有些
报道比起我期待的要消极一些，所以不要计较这些，以免影响了多
方面的讨论。这是一个理想状态，我知道自己常常做不到这一点，
但是以形成一个可以信赖的形象、一个容易相处的形象为目标，长
此以往，总会产生收益。

　　当然，如果地方媒体认为一个规划案例有看点，特别是在地
方政治家卷入其中时，他们可能去追寻它（因为这是新闻的工
作）。这可能给规划官员和其他官员造成困难，因为他们需要把政
治问题留给政治家去处理（基钦，1997，pp. 159 - 165）。就我的
经验看，记者一般还是打算正面表达一件事的，他们常常感觉到
他们是以积极的态度在诉说一件事，也就是说，记者们不受地方
政府通过正式或非正式新闻发布方式传达信息的影响，也不受政
治家追求目标的影响，他们能够为城市和城市居民了解这件事的
积极方式。我在曼彻斯特工作期间感觉到，地方媒体对"美好城
市"十分感兴趣，有志于对那些被描述为"美好城市"的东西做
出贡献。他们实际上是城市生活网络中的一个部分，同样依赖城
市而生活。所以，宣传他们生活和工作的城市是他们的承诺，也

与他们的利益攸关。在这个意义上讲，他们的立场与市议会的立场非常相似，他们同样依赖市议会给他们提供新闻（如果他们不去报道市议会所做的事情，版面一定会空出来不少）。所有这些意味着地方媒体的兴趣常常与市议会的兴趣是一致的，如果当他们尽可能从正面报道规划事务的话，无疑有利于规划工作，当然，这并不意味着就不会出现一些认为需要适当批判性报道的记者。

以上讨论的要点是围绕与地方媒体工作关系重要性而展开的，因为公众主要通过地方媒体所提供的信息而形成对规划的看法，所以把地方媒体当作合作伙伴，与媒体及其记者们一道工作是十分重要的，因为这些记者报道规划问题，并不一定能够按照规划师的愿望去报道。地方报纸并非地方媒体的唯一形式，广播电台和电视台也同样对规划问题感兴趣。它们也可以在新闻和当前事务等节目中涉及规划问题。在我的经验中，地方广播电台和电视台对此的兴趣与地方平面媒体的兴趣还是有所不同，不像地方平面媒体那样连续性地报道规划事务。当然，还是有机会周期性地交流规划正在做什么，讨论当前的规划目标，尽力积极地向听众和观众解释规划服务。我猜想未来听众和观众的规模还会增长，特别是这种交流形式的互动性将进一步在规划服务方面发挥作用，而且还会在接受公众的反馈意见方面发挥作用。那些发现媒体作用的规划师总会把握住任何有效的媒体形式，因为这种媒体形象对于个人是非常重要的。从我个人的经验看，广播可以占用比较长的时间，主题则比较零散，而电视正相反，但是，无论广播还是电视，它们都对规划服务具有积极作用，都可以用来与关键客户进行交流，观众群体的数目相当大。如果说面临一些棘手的问题是我们获得这些机会的代价的话，我认为，即使有些令人尴尬的局面出现，利用广播和电视的机会还是值得的。

规划师的亲历

就我的经验而言，没有任何东西可以替代规划师对他工作地区的第一手经历。这种第一手经历有着多种不同的形式，时常在街上转转，下场地看看，参与到一个地区一天之内不同时间里的事件中去；使用这个地区的公用设施，如商店和餐馆；在人们感觉到舒适的地方和方便的时候，去会会地方社会组织的代表和居民个人等，都是一种亲历。亲历过程的关键部分就是与地方居民做交谈，了解他们对这个地区的所思所想，他们看重个地区什么，他们不喜欢什么，他们乐于看到这个地区有些什么样的变化。这种认识是在日积月累中获得的，所以我特别赞赏以分片包干责任制的方式组织公共规划服务（基钦，1999）。当然，通过精心安排的场地访问所获的信息质量和数量都是其他形式第一手经历所达不到的（在规划咨询领域工作的许多人，常常在不太长的时间里，需要分别到不同的地方作调查，他们最有可能这样做）。需要记住的是，这种亲历所获的信息其实就是许多地方居民要拿出来说事的问题一样，当然，地方居民提出问题的方式不一定专业，如果规划师希望得到规划客户的尊重就需要让客户知道，他们不仅有规划好一个地区的专业知识，而且对这个地区及其所提供的生活质量与地方居民的看法相似。就我的经验而言，地方选举出来的代表常常以相似的方式思考问题，我曾经看到一些经验丰富的地方议员故意让一些高层次的规划师犯错误，从而暴露出他们缺乏地方知识，缺少对观点背景的了解。

当然，这也是一种理想。的确存在许多实际的原因不能按这种理想模式去安排规划服务（例如，这种方式不适应开发管理决策的速度要求），即使在那些按照地区来组织规划服务的地方，工作人员的替换也不可避免地会使新来的工作人员对他所负责地段缺少一手经验，对那里的人们不够了解。我认为获得一手经验是一个方向，公共规划服务应当朝这个目标努力，从而真正满足客户的要求。英国政府《规划绿皮书》（DTLR，2001）采纳了这个观点，主张在街区或其他一些地方规模上，把地方社区吸引到规划中来：

　　　　行动计划应当成为社区参与影响街区或其他地方区域开
发的新重点。地方行政管理当局将有机会让地方居民直接参
与规划社区的未来，考虑到他们乐于看到的开发类型以及建
设观点。我们的行动计划是一种鼓励规划贴近那些最直接受
到开发影响的人们的计划。(Ibid，4.24)

　　除非一个规划部门中有些规划官员的地方知识和理解达到适
当水平，在此基础上，他们才能与地方居民讨论"乐于看到的开
发类型，以及应当如何建设"这类问题，否则一个地方规划管理
部门怎么能够实现这个要求？我对此的答案当然是否定的。

　　更一般地讲，英国最近提出的"空间规划"政策要求规划师
一定要对他们正在编制规划的空间有一个详尽的了解。

　　英国皇家城镇规划院（RTPI，2001）把这种方式定义为：

　　　　规划包括两种活动：对空间竞争性地使用实施管理；使
场所具有价值和标志。我们的关注点是地点及其社会、经济
和环境变化的质量。所以，在推进一种"新的规划愿景"
中，我们使用了"空间规划"这个术语。我们这样做是为了
强调规划不仅涉及土地使用分区，也涉及实施政策的空间要
求和政策对空间的影响，甚至在不要求编制"土地使用"规
划的地方，也同样存在实施政策的空间要求和政策对空间的
影响。例如，政府政策的相互关系只有在考虑到它们对特定
地区的综合性影响时才能适当地表现出来。"空间规划"涉
及人类活动的不同尺度，从大规模的国家和区域战略到城
镇、村庄和街区的地方化的设计和组织。(Ibid.，p.2)

　　按照英国皇家城镇规划院的观点，我们在图框4.2中以三个广
泛的命题概括出空间规划方式的意义：
　　（1）成功的空间规划是可持续的；
　　（2）成功的空间规划是综合的；
　　（3）成功的空间规划是包容的。

图框4.2　按照英国皇家城镇规划院的观点，空间规划的三个层面

（1）成功的空间规划是可持续的

可持续的规划综合了经济发展、社会公正和包容以及环境完整和综合的交通等目标。发展的短期经济和财政收益与长期环境和社会意义之间常常存在着冲突。这种冲突常常不会自动实现平衡。规划必须提供一种手段，有意识地在这些相互竞争的目标之间做出协调。

这些问题的解决办法要求：

① 为了影响战略性的调整，长期规划必须保证变化和满足增长的需要。作为一个必然结果，要求我们谨慎地考虑行动的长期结果，甚至在没有明确负面影响的情况下，也要做这样的考虑。所以，规划决策不能够建立在有利于开发的假定基础上；

② 中期规划要保证仔细考虑社会不平等和理智使用自然资源。这种考虑以社会、经济和环境评估为基础，要考虑发展项目在整个使用期间的影响和要求；

③ 短期规划，是以行动为导向的，对改变状况和提供机会甚为敏感，要建立一个比较长期的远景，协商变化的方向。这就要求计划和规划与实现机制结合起来，承担起监督和评论的责任。

（2）成功的空间规划是综合的

制订计划和做出规划决策常常是在土地使用限制的基础上做出来的，没有适当地综合考虑其他的政策目标。规划需要在比较一致的跨政策领域基础上，采用综合方式的去完成。

① 空间规划应该考虑到目前排除在法定土地使用规划制度之外的广泛的问题，例如，医疗和教育的不平等、能源政策、乡村经济和城市设计；

② 空间规划应该综合公共的、社团的和社区的战略和目标，成为它们的综合部分；

③ 空间规划应该按照地方、区域和国家层次上相互联系的功能地区来编制，而不要受到行政管理区划所附加的不必要的限制；

④ 空间规划应当通过所有相关政府和社团机构的支出项目与实施机制联系起来；

⑤ 空间规划应该把多方面专业训练人才聚集在一起工作。

（3）成功的空间规划是包容的

了解个人和社区，考虑到他们的相应权利，始终都是规划过程中的一个部分。在决策和行动中的公共接触应当产生伙伴和合作的关系，提高"福利"。为了实现这一点，需要对规划过程做出改革，从而改善对开发的负面后果和环境质量影响。

成功的协商结果能够使参与各方承担起更多的责任，创造出更大的实施可能性。当然，我们需要认识到，达成共识并非一定可以实现有效的规划。在需要做出艰难选择的地方，有一个清晰和公正的决策纲领是根本的。

→

> →
> 　　我们还需要知道冲突常常会通过已经形成的权利体制得到解决，弱势群体最需要被包括在这种权利体制中。作为一种社会活动，规划必须给予那些受到排斥的社区发出他们声音的权利。他们在正在创造的美好世界中有着切身利益，然而，他们却几乎没有影响的力量。
> 　　所以，规划过程、政策和结果需要：
> 　　① 包容更多的差异，包括性别和民族上的不同，改革应该考虑到如何保证包括在这个过程中所有人的权利；
> 　　② 减少社会和空间上的不平等，而不是创造新的社会和空间不平等；
> 　　③ 通过一个透明的、独立的监察和仲裁过程进行协商；
> 　　④ 对协议产生的结果形成一致的行动，共同承担其责任，共同审查和改善计划。
> 　　资料来源：英国皇家城镇规划院（RTPI，2001）。

　　正如我们在第一章中看到的那样，英国中央政府以类似的方式描述了规划制定过程：

　　　　空间规划超出了传统的土地使用规划，它把开发和土地使用政策与影响场所属性和如何发挥其功能的政策及项目结合在一起。（ODPM，2005a，第 30 款）

　　重复以上使用的提问，规划怎样能够"影响场所的属性"，在没有对这些场所特征和它们潜在可能性进行深刻了解的前提下，这些场所怎样能够发挥其功能？我的回答是，它们不能发挥其功能。我认为，了解场所特征和它们潜在的可能性需要有专业技能，承担这种工作的规划团队需要拥有这种技能。究竟什么是空间规划，在实践中，空间规划与我们常说的土地使用规划究竟有怎样的不同，我承认对此还有许多工作需要去做。例如，有的文献提出，还有空间去界定人们和组织思考规划空间的方式，空间规划方式需要从规划期待实施的不同尺度上加以认真思考（哈里斯，2004；肖，2005）。但是，如果这种思考涉及的是从全球到地方的空间尺度，涉及调整多种形式的决策活动对场所产生影响的方式，至少像强调政策一样去强调场所的话，那么规划师不仅需要从他们自己的感觉去理解场所，还要从场所使用者的角度去了解场所。如果规划的任务是综合和调整施加在场所上的功能性政策的话，那么规划师要想与这些功能性政策的编织者对话，就必须保证能够给那些政策专家带来他们不曾有的知识，即有关场所的知识。

创造场所的性质

正如 H·坎贝尔在 2003 年版的《规划理论与实践》一书的引言中所提出的问题，除开城市设计之外，是否还有更多的事情需要在场所创造过程中去完成？我的回答是肯定的。这些年来，有关城市设计争议和城市设计的内容在英国占据了有关场所创造这块领地，所以提出这个问题是很重要的。提出这个问题并不意味着对城市设计有任何意义上的贬低，或者说它并不是很重要的，实际上，这个问题来自人们如何对场所做出反应和如何感觉它，人们对场所的反应和感觉告诉我，创造场所不仅仅是一个形体设计过程。在这一章的开头，我曾经提出过发展基于场所的理解的 5 个因素。有必要在这里再次强调这个观点，创造场所不仅仅与城市设计相关。这 5 个因素是：

（1）场所的历史；

（2）导致场所发展到今天以及人们如此使用场所的因素；

（3）推动场所发展的力量；

（4）微观和宏观尺度上的自然环境和建筑环境；

（5）人们看重场所的事务。

简单地审视这些因素，将会证明每一个因素都有城市设计的层面，同时每一个因素还可以看到许多其他的成分。当然，最为广泛的城市设计定义所包括的东西远不止于创造形体环境时的建筑和空间操作。英国城市工作组的罗杰爵士在他的报告（城市工作组，1999）中表现出这一点。罗杰爵士在这个报告的引言中提出：

我们需要一个推动城市更新的远景。我们相信，城市应
当有良好的设计，更为紧凑和相互连接，在一个可持续发展
的城市环境中支撑大量的多样性使用——允许人们在街区中
生活、工作和享受生活——可持续发展的城市环境包括公共
交通和使用变化。

城市街区必须成为所有年龄和不同状况人们的生活场所。
我们必须增加在城市地区的投资，使用公共财政资金和奖励
去引导市场追求城市更新中的机会。我们必须对变化过程承
担起全面的责任，把加强民主的地方领导与日益增加的公共
参与结合起来。(Ibid. , p. 8)

所以，需要加强城市设计，但是，城市设计需要置于除开城
市设计自身目标之外的广泛的目标框架中，只有这样，城市更新
才能成功。罗杰随后在他和安娜·鲍威尔合作出版的著作中进一
步扩展了这个论点，有关这个论点的讨论成为书中的一个部分
（罗杰和鲍威尔，2000，226 - 235），在那里，他们试图在城市更
新的背景下定义城市设计，解释城市设计所面临的问题、如何安
排这类工作、进而面临什么样的问题。我们在图框 4.3 中对此作了
一个总结。

图框 4.3　按照罗杰和鲍威尔的观点，城市更新中的城市设计

罗杰和鲍威尔从非常广泛的角度看待设计的构成。他们不仅仅把城市设计看成一
个安排建筑环境的过程，还把城市设计看成实现社会目标的控制形体环境的过程。

他们不仅把许多城市设计问题归结为设计技能本身的限制，还看成源于形体设计
和社会秩序之间关系的制约，他们认为这些问题因为缺少公众参与而扩大。

他们的核心观点是，城市设计是一个解决问题的活动，需要所有利益攸关者的参
与，还需要把这个过程与资金和其他资源分配结合起来，包括政治资源。

他们认为管理体制也是城市设计过程中的一个因素，管理体制常常表现为自上而
下的，没有充分支撑且过分行政化的。

资料来源：罗杰和鲍威尔，2000，p. 232。

当然，我们有可能看到很多种对城市设计的看法，它们在 20

世纪得到了应用，特别是把这些方式当成了标准的观点，以致使情况变得更为糟糕。例如，简·雅各布在《美国大城市的生与死》中对这个问题采用的挑战性方式，这本书的副标题是"城镇规划的错误"。她把规划看成一种寻求强加于新秩序的手段，这种新秩序并非以现存的秩序作为基础（雅各布，1964）。不难看出这种对变化宏伟愿景富有感染性，实际上，规划常常采用渐进的方式，这种渐进的方式以对场所功能和人们如何使用它们的理解为基础，而不是以宏伟愿景为基础，这种宏伟愿景来自外边的世界，不是取决于一个特定场所本身，而是来自设计师的个人信念。有关这个问题的争论可能永无止境，然而按照我的经验，城市设计是创造场所过程的一个重要部分，但绝不是唯一的部分。同时，过去的确存在以城市设计名义所做的事得到了公众的负面反应，所以，我们不应该感觉太意外，这种记录导致了对城市设计一定程度的怀疑，而不是毫无保留的欢迎。

对于我来讲，完成创造场所的任务不可避免地依赖于场所的现状。每一个场所都存在以上所说的5个因素，但是，它们的性质和特征可能有所变化。例如，一直吸引佛罗尼达退休群体居住的新建郊区社区的建设，非常不同于曼彻斯特市中心城市空间的更新和建筑单体的建设。同样，内城地区的再开发过程涉及相当数量的褐色场地，这种性质的再开发在许多方面都是非常不同于迪茨布里那样的新郊区管理过程的，在这些受人青睐的郊区，市场的力量同时朝着一个方向推动开发，市场利益引起的过度开发让许多当地居民抱怨不断。把这些情况联系在一起的一般思路是，需要了解在特殊情况下影响决策的5个因素，特别是需要了解地方特征，需要与当地人一起工作，或了解未来将生活在那里的人们的需要。

从我的经验看，对规划师最有帮助的是过去决策所留下的教训。在规划师作决策的时候，面对的是已经得到执行和完成的原先允许的开发。这是十分常见的情况。有时，这种情况是不可避免的。当然，通过适当的安排，使开发许可得以进行，这对于规划师来讲是最好的学习经历之一。特别是原先的场地使用者、邻里和新开发的使用者坐到一起，赋予已经存在的事物一个意义，提出在这种难以使用其他方式的地方进行改变管理的经验教训。这就是我为什么特别主张，以包片方式安排公共规划服务并让工作人员在包干的地方待上一段时间的另外一个理由。我认为，与民选地方政治家一道，时常做现场调查，研究过去决策的后果，而不仅仅只是关注那些场地正在发生的问题，这对规划师也同样有所帮助。

需要指出的是，我们有大量的材料帮助规划师进入决策过程，这些决策可能涉及细微的改变或大规模开发。规划师能够借鉴的经验教训完全不是出自他们自己。例如，最近这些年来，英国建筑和建筑环境委员会（CABE）已经提出了若干很有帮助的意见（DTLR 和 CABE，2000；2001）。还有若干著作也对理解决策过程的因素很有帮助（帕菲克特和鲍威尔，1997；卡摩尼亚，1997；赫尔，2001）。但是，它们都不能替代我们对场所性质和特征的了解，不能替代我们去理解人们如何感觉场所和思考场所，不能替代我们去领会原先规划对这些场所实施干预的经验教训。

小结

尽管这一章的内容十分宽泛，但是它的核心观点并不复杂。规划的目的是为人们创造一个比较好的场所，为了做到这一点，有必要详尽地理解场所如何工作，理解人们如何思考它们。的确存在多种资源来帮助我们做到这一点，但是在我看来，这种了解最好是在长期的积累中形成的，而不是来自对场地的一次访问，尽管任何一次对场地的勘察都会有一定的作用。需要记住这也是许多规划服务客户的经验——他们将在一个时期内了解他们生活、工作和做其他活动的场所，当他们认为改变那些场所的计划没有照顾到他们认为有价值的东西或没有以对这些场所细节的理解作为基础时，常常对改变这些场所的计划做出负面的反应。有时，这类负面反应源于人们固有的保守性，我的经验是，人们对熟悉的东西感觉良好，而对不熟悉的东西常常持有反对的态度。这种性质的反对意见能够逆转过来产生改善场所的积极作用，而不应该简单地忽略它们。如果规划真的是追求与地方居民一道去改善他们的场所，而不是以专业人士居高临下地强制推行自己的观点的话，规划师需要找到深入了解公众所拥有的丰富知识，应用这些知识去做规划工作。如果规划师真能成功地做到这一点，那么就一定能够缩小规划过程与公众之间的距离。这种性质活动的起点一定是详细了解场所和地方居民的所思所想。在这个意义上讲，没有任何东西可以替代长期的直接经验。正如 G·霍斯帕斯在评论雅各布观点的当代意义时所说：

> 按照雅各布的观点，远景、创造性、现状和一般理解都是不可缺少的。这样，她给现在规划师和城市行政管理部门的信息是简单明了的：穿上你的球鞋，到城市里去，看看那里的变化！（霍斯帕斯，2003，p. 211）

自我评估的论题

1. 找出一个场所中你所喜欢的那个部分。说说你为什么喜欢它？你对与这个地方有关的其他人对这个地方的看法有什么样的了解？如何让这个地方更美好？

2. 找出一个场所中你所不喜欢的那个部分。说说你为什么不喜欢它？其他人如何看待这个地方？特别是，是否有人对这个地方的价值持有积极的态度，为什么？在保留人们认为有价值的东西的前提下，有可能改变你不喜欢的东西吗？

3. 找一个长期居住在一个地区，愿意告诉你他或她在那里的生活经历的人。让她或他告诉你在那里的生活，喜欢那里什么，不喜欢那里什么，他或她会对那里的重大形体变化做出什么样的反应。尽力去理解究竟什么是形成他或她对那个地区看法的主要动力，在什么程度上，以及这些变化发生的方式。

4. 找到一个曾经在地方媒体上报道过的开发问题。媒体报道用了什么样的形式？什么因素支配着这个媒体报道？这个报道对规划过程产生了正面或负面的看法，你认为，在这个特定情况下，正面或负面的看法是有道理的吗？

5. 找到任何一个你选择的地方，尽量编制一个有关这个地方的资料档案，它们能够反映这个地方的基本特征。按照你对这个地区特征的评估，找到规划过程在处理这个地区所面对的关键问题时应当采用的方式。

第五章

客户服务技能

引言

这一章把规划看作一种拥有规划服务客户的活动，规划服务的提供者建立起规划服务客户需要遵循的要求。从客户服务关系角度上讲，这种客户服务与其他许多服务活动具有相同之处，规划咨询协商部门总是在从事一种客户服务活动。当然，作为公共管理的规划工作而言，规划服务客户的观念出现并不久远，规划师认为他们要对一般的公共利益负责，公共利益总是高于个别客户的利益（基钦，1991），所以，客户服务的观念在规划管理的一些部门还在受到抵制。在第二章中，我们讨论过作为技术程序的规划观念，即规划涉及高于一切的公共利益，规划师利用他们掌握的技术训练去理解和清晰表达这种高于一切的公共利益。规划追求的目标和清楚表达出来的公共利益是经过公众争议之后产生出来，规划师认定并具体实施的那些凌驾于所有利益之上的公共利益，在很大程度上由一种具有条件的规划观念所替代，毫无疑问，对于规划所服务的公共利益也存在很多争议。规划师正是在这个背景下去看待个人和群体的利益，在这个基础上，个人和群体期待在形成地方发展共识的方向上发挥一定的作用。

这样，这一章主要讨论作为公共部门活动的规划，它面对大量相互冲突却要得到满足的规划服务客户需求。这些规划服务客户可能在这个框架内，通过他们自己的规划顾问、议会中的代表、咨询者或为社区群体提供服务的规划援助志愿者，追求他们各自的利益。

正如迈耶森和本菲尔德（1955）对芝加哥所做的案例研究那样，长期以来，作为公共部门服务的规划师都面对一个特殊的问题，这些利益之间存在着冲突，应该为哪一种利益服务。在英国，作为城市规划官员的伯恩斯（1967）和作为接受规划服务方积极倡导者的戴维斯，曾经针对纽卡斯尔的规划过程提出了完全不同的看法，这种观念上的差异反映出公共部门的规划师和基于社区的研究者之间的根本分歧。公共部门的规划师认为，他和他的团队正在为作为整体的城市利益服务，基于社区的研究者则声称，这种规划实际上没有为城市中许多赤贫者的利益服务。当然，对于那些在公共部门之外工作的规划师来讲，他们担当着咨询者的角色，或者为社区群体和组织工作。实际上，无论是寻求咨询的规划服务客户还是社区群体或组织都有其自身的特殊利益，代表这些特殊利益的确是他们分内的工作，这样，对他们来讲，确定利益比做任何事都困难。在伯恩斯和戴维斯立场上所反映出来的巨大分歧并不是公共部门规划师和社区基础规划师的工作岗位所致。一个大城市的首席规划师承认，实施开发十分容易让富裕的房地产所有者获得利益，而让城市贫困者失去利益，因此，使用规划让弱势社区获得不可能通过其他方式获得的利益，这种政治支持可能是心照不宣的或者是明确的。20世纪70年代期间，美国俄亥俄州克里夫兰市规划部主任N·克伦鲁赫尔兹就明确地采用了这样的立场。他在与J·弗雷斯特合作撰写的著作中谈到过这种方式（克伦鲁赫尔兹和弗雷斯特，1990），他们以"公平规划"作为书名。我感觉到以这种方式去处理这类问题可能有文化上的特殊性，但是从原则上讲，世界上许多国家的规划官员有什么理由不采用这种方式，按照他们地方的实际情况，去研究他们的规划任务。

这一章所采取的立场是，无论哪里的规划服务都有可以认定的规划服务客户，所以为了有效地提供规划服务，规划师都需要具有一种基本技能，了解规划服务的客户，这些规划服务客户需要什么，如何与他们发生联系。实际上，英国最近的一项研究提出，与规划服务客户进行交流的能力应当看成是规划师必须具有的最重要的能力之一，规划师需要始终如一地保持具有这种能力

（德宁和格拉森，2004b）。对于公共部门的规划来讲，规划服务客户的定义最具广泛性，我们正是在这个最广泛的意义上使用规划服务客户这个概念。从这一章的目的出发，规划服务客户并不一定是在有偿服务意义上使用的，而是从规划服务客户和服务提供者之间存在的一种有权获得服务和有权提供服务的关系上来使用，承认这一点是很重要的。例如，对于一些规划服务而言，如规划咨询服务，规划服务客户和服务提供者之间的确存在付费和提供服务的关系。而对于其他一些规划服务来讲，特别是与公共部门规划服务相关的服务，有权获得服务的问题是通过政治过程确定下来的。这里，可以用来提供服务的资源通常都有一套直接和间接的指南，说明如何提供这类服务和向谁提供这类服务。当然，应当注意，在这种情况下，公共部门提供的规划服务还是需要通过税收系统偿付的（英国的这项费用还在增加，通过规划部门自己的创收活动，增加规划服务），这样，规划服务客户正在间接的或通过有偿的专项服务付出费用，如规划申请费。这种关系与规划咨询服务还是有所不同；地方税收以及其他一些财政收入用来满足公共规划部门的日常运行需要，而地方税收并不用来支付专项服务费用。为了区别"使用者"、"顾客"和"利益攸关者"，我们使用"规划服务客户"，实际上，在术语使用上的确存在争议，20世纪90年代早期，我选择使用的是术语是"顾客"（基钦，1991）。当然，我在这里使用"规划服务客户"这个术语，因为"规划服务客户"最好地表达出了规划服务关系的性质。我们每一个人在日常生活中都有过作为有权获得服务和不考虑如何偿付服务提供者的那种客户的经历。

　　使用"规划服务客户"这个术语并不是说作为一种公共部门活动的规划仅仅满足本部门客户的需要就可以了。提出能够认定的规划服务客户并满足他们的需要，并不是否认以公共利益的名义依法行事的公共组织不能够或不要去确定不顾及部门利益的立场和政策，即使在民主社会中，宪法已经确定了所有层次政府的责任和义务，它们依然还是有它们部门的立场和政策。所谓广泛的公共利益服务不能取代对谁是规划服务客户的思考，他们的利益是什么，他们如何受到规划的影响。所谓广泛的公共利益工作同样需要受到适当的监督，因为看似超越一切的立场能够掩盖我们的偏见。发展规划涉及怎样按照承担该项责任的地方政府行政管理机关确定下来的目标，从形体上改变这个地方，满足那里的社区需要。但是，地方发展规划不能替代对满足规划服务客户需要的思考；地方发展规划只是思考如何最好的满足规划服务客户需要的起点。本书没有空间去讨论围绕这个问题而产生的理论争议，有关这些争议可以阅读罗斯（1991）、泰勒（1994）和布鲁克斯（2002，pp. 53-58）等人的著作。也可以阅读考夫曼和雅克布（1996）从战略规划背景角度对这些问题的评论。

引言之后，本章将考察规划师可能要面对的主要规划服务客户群体。然后再讨论他们的需要和愿望，以及怎样积极地参与规划，规划服务怎样能够最好地满足规划服务客户的需要。我们还要讨论，如何在规划服务条件许可的情况下，寻求和解释规划服务客户的反馈。由于使用了信息技术的发展，规划已经潜在地改变了规划师和规划服务客户之间相互作用的性质，所以我们最后还要对此做一些讨论。本章末尾同样提出了一些自我评估的题目，以帮助读者探索这一章提出的一些问题。

规划服务客户

从长期在英国地方政府工作的经验出发，我曾经给规划服务客户这个概念下过定义（基钦，1997，第二章）。图框5.1重复了这个定义。这个定义反映了我们理解英国地方政府规划服务客户的基础。但是，这个一般定义不能替代我们要在特定情形下仔细思考谁是规划服务客户，这个一般定义当然不是有关规划服务客户的封闭定义。在绝大多数规划制度中，大体都存在着这些规划服务客户群体。

图框 5.1 英国地方政府主要规划服务客户群体

1. 规划许可申请者
2. 受到规划申请影响的地方居民
3. 一个地区的一般公众
4. 企业社团
5. 社区中的利益集团
6. 开发过程中的其他机构
7. 地方行政管理机关中的其他部门
8. 议会选举成员
9. 中央政府的正式管理机构
10. 规划服务购买者

特别需要注意，图框 5.1 中列举的所有规划服务客户都不会在规划触碰到他们利益时自动出现在规划师的面前。规划师常常需要走出去，寻求他们服务对象的观点，知道服务对象的反应，而不是坐在办公室里等待服务对象的到来。这就是系统地发现和思考规划服务客户为什么如此重要的原因之一；如果不这样做，规划师和规划部门采取被动的方式等待找上门来的规划服务客户，那么就真的可能存在做规划决策时没有考虑到一些重大问题和利益的危险。按照我在曼彻斯特的工作经验，这种情况并非偶然。在处理曼彻斯特开发管理事务中，在相对富裕的南部地区做咨询时，得到的反应比内城地区的反应要大许多。这不一定意味着内城地区的居民比起其他地方的居民来讲不太关心规划和环境问题，当然，有时的确如此。这也不意味着内城地区的居民比起富裕郊区的人们更宽容在那里做开发，这类开发可能会在很大程度上改变那里的生活环境。同样，有时的确如此。内城地区的居民没有像富裕郊区的人们那样对开发问题做出比较强烈的反应，但我们也不能认为他们比起郊区居民拥有相对少的规划保护的权利。在我看来，这种经历所反映的是更为复杂的社会现象，以上任何解释都难以说明。基于教育和生活经历的理由，许多内城居民的确没有参与到这类咨询协商中来，他们没有参与到郊区常见的那些市民活动团体中去，那些市民团体常常能够非常有效地张显他们

对这类开发问题的观点。如果我们不能认识到城市中存在这类重大差异，就很容易因为对规划咨询问题呼声大和呼声小而做出错误的结论。

显而易见，这些规划服务客户群体具有非常不同的特征，在许多情况下，他们可能采取完全不同的方向。事实上，在一些问题上，公共部门工作的规划师和作为某个客户群体顾问的规划师也会存在认识上的重大差异，公共部门工作的规划师总是试图尽可能满足比较多数的规划服务客户的需要。当然，即使是那些为某个客户群体做咨询的规划师，也会提出如何让这个客户群体或个人在任何特定情况下都要获得最好结果，他们同样需要知道如何让这个客户群体或个人参与到整个决策过程中去。为开发商、社区群体或公共部门工作的规划师，都要了解他们的规范化服务客户所关心的问题，如何把他们关心的问题与要提出的问题联系起来，如何把他们关心的问题与所其代表的利益在整体上联系起来，这些对给规划服务客户提出合理意见都是十分重要的，例如，如何从自己的最大利益出发去影响结果。

注意，在同一个或不同的时间点中，组织或个人可能同时属于一个以上的规划服务客户群体中。例如，规划许可申请人可能也是企业社团的成员，同时又是一个规划服务购买者。相类似，受到规划申请影响的地方居民可能也是社区利益群体或压力群体的成员，在不多见的情况下，他们还可能在市议会里工作，或者还是一个选举出来的议员。这个"英国地方政府规划服务客户主要群体一览"是一个与客户在规划决策中发挥作用相联系的分析，而不是互不相关的组织和个人一览。还需要记住，在任何规划情况下，都可能存在错综复杂的关系，而不是规划师到一个规划服务客户群体间的双向关系。例如，受到规划申请影响的地方居民可能直接向规划申请人表达他们希望看到的变化，向给他们提供咨询的规划师表达他们对这个规划申请的意见，在一些情况下，鼓励开发商在提交规划申请前与地方居民进行交流沟通，以便在提交的规划方案中考虑到地方居民的反应。同样，企业社团和地方利益团体或压力团体常常都与议员有着很好的联系，他们会在正式提交给议员们作出决定前，利用这种联系提出有关规划问题的观点。特别是那些存在争议的规划问题。这样，规划师与规划服务客户之间的关系只是这个复杂相互作用中的一个部分，这种相互作用可能在最有争议的规划问题上发生，随之而来的，此类争议问题被地方媒体炒得沸沸扬扬。我们需要把这个过程的复杂性理解为规划师发展与规划服务客户之间关系的背景。

主要规划服务客户群体的关键特征

规划许可申请人和他们的代理人希望从规划服务中得到的是，尽可能快地获得规划许可批准决定。大多数规划申请都比较简单，不会引起特别的争议，规划许可申请人的目标通常能够得以满足，当然，速度也许不一定如开发商希望的那样快。至少接近 80% 的规划申请能够得到英国规划行政管理部门的批准。在这个过程开始的时候，规划部门不一定总是能够告诉规划申请人他们的申请是否可以通过，他们特别关注其他同等重要的要求是否可以得到满足。一项与开发管理过程相关的申请人经历研究表明，他们主要关心的是这个过程需要花费的时间，而不是这个过程的公平合理性（迈克卡什等，1995，第三章），这能反映出他们申请被批准的统计概率。

2001 年，英国中央政府得出这样的结论，英国的规划体制不能够在法定时间内决定充分比例的规划申请，这种延迟被看成影响开发管理过程的问题之一，所以英国规划体制需要进行改革，以便改善其工作绩效（DTLR，2001）。当时采用了胡萝卜加大棒的解决办法——通过"规划交付奖"给规划部门提供资金奖励，同时采用更严格的目标管理制度。就规划自身而言，特别是与过去绩效低下的状况相比，的确有了改善。同时，这种目标推动的管理办法受到了规划申请客户的批评，他们认为规划部门为了追求数字，表现出了不正当的行为，客户的真正利益实际上在这些过程中受到了损害（哈尔曼，2004）。换句话说，如果规划申请审批速度提高了，而规划申请人的利益却受到了损害，那么规划申请人不一定会觉得决策速度的快与慢有多大的困扰。

尽管最近关注了规划申请审批时间，但是了解这个规划系统的开发商和他们的代理人总是能够在一定程度上容忍审批时间的延迟，只要开发过程的其他因素能够尽可能与规划申请决定同步即可，实际上，整个开发过程中的任何一个步骤不可预测的延迟都会影响到其他步骤的进行（桑马斯，2002，第九章）。如果提交的规划方案比较复杂或者存在争议，那么规划审批过程就会比较复杂，除开断然拒绝外，通常会进入协商程序。按照我的经验，在这种情况下，出于以下三个相互联系的理由之一或由它们任意结合而产生的理由，大部分开发商会都乐于与地方规划行政管理部门进行协商：

（1）一个规划申请是否有可能保证得到批准，通常依赖于申诉制度的不确定性。

（2）当开发商以市场利率借钱做开发，时间当然意味着金钱，与地方政府进行协商在经济上无疑具有吸引力，因为协商总比成功的申诉结果来得快。

（3）大部分开发商认为，他们的开发一定会与直接的邻居长期相处，所以，帮助解决问题的协商实际上对开发有好处。需要记住，绝大部分房地产开发都是小规模的，通常由业主自行开发，而不是由媒体追逐的那些大房地产开发商来开发，所以业主在与邻里进行的协商中，存在着明确和直接的利益。不是自用而是开发后卖掉的开发商并不考虑将来长期生活在那里的使用者与邻居的关系，不过，在我看来，他们这样理解市场是不合适的，他们可能在寻找未来的买主或租赁者时伤害到他们自己。

这种情形给了规划师一个很好的机会，在考虑其他客户利益的前提下，改善申请人提交的规划方案。当然，那些并不直接参与协商的人们可能怀疑，规划师事实上会偏向开发的利益，而忽视了其他人的利益。从我的经验看，对这些怀疑的积极反应是，在写给议员们的报告中包括协商背后的动机和有多少目标将在协商中得以实现。

受到规划申请影响的地方居民有两个基本要求：

（1）规划制度应当保护他们，使他们免遭开发带来的不利后果；

（2）他们应该知道可能影响到他们的开发问题，就这些问题与他们协商，给他们机会表达他们的观点，并把他们的这些观点作为决策需要考虑的因素。

尽管公众期待第一项要求，但是满足第一项要求存在若干困难。英国和世界上大部分国家的规划制度都不能担当无所不管的地方环境警察。例如，在英国，一定种类和一定规模的开发完全不需要规划审批，一般来讲，这类开发对邻里不会产生重大不利影响；无论如何，一旦邻里争议发生，对这类问题的看法常常表现得非常扭曲。甚至在需要规划申请的情况下，地方规划部门也不能因为邻里的反对而简单拒绝规划申请。从总体上看，规划制度不是解决邻里争议的有效工具，当然，规划与生俱来就不承担这种功能。同样的，不能指望规划像地方投票政治那样运行。当然，规划是以政策为导向的，规划申请会因为遵循了规划政策而受益。我们很难对一个暴怒的邻居作出这样的解释，扩大房子的申请满足了地方规划部门的所有政策，所以没有任何理由因为有人反对而拒绝这份申请。这里强调了发展规划中要有一揽子政策的重要性，对地方居民生活质量实施合理保护，并承认土地和房地产开发是城市生活的一个基本方面，这些政策要在两者之间建立起合理的平衡，同时还要让这些政策深入人心。找出需要协商的发展政策和执行协商体现了规划机制的效率，从这个意义上讲，让公众了解地方发展问题，有机会对地方发展问题提出看法应当是相对简单明了的工作。当然，当地方规划部门通过协商信件或张贴场地公告的方式来执行这项工作，甚至在规划部门已经采用了标准做法时，人们会说，没有人与他们协商过。这的确无法用来作为邮递系统有什么错误的证据（按照我的经验，一些地区的非投递率曾经非常高，以致地方居民声称没有得到这类咨询），实际上，人们有时并不在意来自议会的信件，他们把这些协商信件扔进了垃圾桶，而后声称没有得到协商。经常发生的一个问题是，地方规划部门确定的协商区域相对狭小，另一个问题是，人们生活在这个确定进行协商的区域之外却期待对一项开发进行咨询。这是我们在第一章讨论的提高公众期待现象的一个例子，我在曼彻斯特工作期间对此的反应是，逐步扩大咨询协商区域——这样做似乎也没有减少这类抱怨。同样，场地公告可能被人搬走或消失，无论如何，我们并不清楚人们是否阅读了这些公告，特别是当这些公告以法律语言表达问题时。在这个电子时代，通过开放电子咨询论坛，许多困难应该是可以克服的。但是，我们并不清楚使用电子论坛是否真的可以100%地渗透到地方公众中去，最穷的和最大限度地被排除在社会之外的那些人们可能正是最少使用电子协商工具的人们。

在我的经历中，开发管理协商和开发计划之间的关系是一个特别值得研究的问题。我们必须告诉对特定开发计划持反对意见的人们，我们是按照发展计划中的一项政策决定这个申请的，然而，我们很快就会发现，他们真正反对的是发展计划中的这项政策。实际上，这项政策是在此之前通过一个复杂的政治过程建立起来的，我们曾经就这项政策对现在的反对者做过咨询协商。对这种情况的解释经常是，反对者没有注意到藏在一项计划大量材料中的这项专门政策，许多人发现写在计划中的这类地方政策非常难以与他们反对的开发申请联系起来。规划制度的基本原则是，通过制定发展规划建立起一组政策，然后通过开发管理过程执行这些政策，但是，只有当这些政策真的与一项开发申请联系起来的时候，地方居民才能认识到与这些政策相关的具体规划问题。当规划制度越来越向"规划导向"的方式转变，这种情况就会变得更为常见。所以，规划师所面临的挑战是，清晰地解释政策在他们支持的规划申请中可能意味着什么，让人们更为有效地参与到发展规划的编制中来。这样做的好处是，让公众兴趣更多地集中到地方发展规划的政策上，而不是集中到个别开发计划的执行上，这样做并非意味着不关注个别开发计划，特别是围绕个别开发计划的细节。

毫无疑问，当错误发生之后，就进入了地方政府巡视员的工作范围；在英国，规划案是仅次于住宅案之后的最常见的案件。塞纳维拉特纳（1994，pp. 83 – 120）描述了英国地方政府巡视员制度，说明在 1987 ~ 1992 年期间，有关住宅的投诉占投诉总数的39% ~ 41%，而对规划的投诉占投诉总数的 20% ~ 30%。他所列举的主要投诉类型是，没有对邻居提议的开发向周边邻里做咨询协商，没有适当地考虑反对意见，对于需要规划许可的意见不正确或不清晰，没有强制执行规划规定的条件。向地方巡视员提交的大部分规划投诉都涉及开发管理过程，我们应当注意到，这些投诉的领域常常也是开发管理制度展示其酌情行事特征的领域，实际上，酌情行事正是英国规划制度的特征之一。

一个地区的一般公众是一个重要的规划服务客户群体。之所以这样说的理由不仅仅是因为规划过程是用来服务于社区利益的，也是因为规划服务本身的质量可以通过研究一般公众提供的信息和他们拥有的地方知识而得到改善。正如我在第三章中所提出的那样，我在曼彻斯特工作期间，规划官员对曼彻斯特人口的比例是 1/4000。大部分问题与这个 1∶4000 的比例相关。当然，通过学习地方知识和了解当地人对他们地区的看法，可以大大改善规划师不足的不利状况。除非长期生活在一个特定的地方，否则大部分规划师都不可能在地方知识方面与当地人相比，所以要与当地人建立起合作关系。实际上，地方社区的积极分子常常组织起市民协会或居民协会，在此名义下活动，而不是以一般公众的名义活动。与这些民间组织的联系能够给规划师提供非常有价值的"耳目"，例如，他们能够帮助发现可能需要实施规划强制执行的场地。

在我的经历中，地方企业社团常常具有寻求稳定的特征。在这个意义上讲，不要把地方企业社团与规划许可申请群体混为一谈，这一点很重要。正如我已经说过的那样，绝大多数规划许可申请是家庭或地方小企业，而非大型房地产开发商。另外，开发商中的一些人来自一个城镇之外而非地方居民，有些开发商所承担开发项目的目的是为经营而非长期持有开发项目本身。一般来讲，地方企业社团期待规划制度提供一种稳定的感觉，因为许多成员（并非全部）把他们自己看成社区里的长期参与者，他们企业的状况与社区一般状况和福利之间存在着重要联系。这样，他们期待规划服务不要影响到他们企业的运营环境，当然，他们希望对任何这类问题进行全面的咨询协商。这类地方规划问题可能是，地方交通网路改变对他们企业的服务问题，影响雇员福利的问题，地方环境目标或法规问题。在这个背景下，应当承认许多企业社团的成员都有很好的政治联系，这些联系可能是直接的或通过他们的雇员建立的，他们的企业利益常常与地方政治愿望一致，如避免失业，在可行的地方，扩大现存的公司的规模。20世纪90年代早期和中期，英国的这类联系通过日益增长的地方合作而得到强化，多种形式的城市更新都是通过这种地方合作的方式进行。地方合作的私人部门代表中一般都包括地方企业（贝利，1995）。

当我们讨论一个地区的规划师和一般大众之间的联系机制时，已经提到过社区利益或压力集团的重要性。在我工作的那些年里，市民社团或居民协会之类的组织如雨后春笋般地涌现出来，当然，它们一般都会关注特定的问题，而不像以前的组织那样把关心的重点放在整个地区上。现在，最一般的这类团体可能是环境团体，还有一些与文化和社会背景相联系的团体。例如，曼彻斯特就有一个称之为"峰顶和北部步行道社团"的组织，它致力于公共路权事务。这些组织一般都有清晰的论点，一些有见识的成员吸引来自社会各方面的人参与其中，有些人这与议员们有着政治联系，分享他们的兴趣，通常具有有效率的宣传机制。如同市民社团或居民协会能够有效地与规划服务相联系一样，许多利益集团也同样与规划服务相联系；这些团体的纲领可能是冲突的，有些团体以牺牲与所有其他团体的关系作为代价，所以，规划师需要小心翼翼地面对这类团体，规划师不能让人发现他们与一个社团有着特殊的关系。从这些社团的性质上看，他们通过政策制定的方式与规划服务发生联系，以便在政策制定过程中反映他们的利益，他们从地方信息基础和传统的角度提出政策主张。一般来讲，无论这种地方信息基础是否与所有的政策一致，对规划服务都可能具有很高的价值，

参与开发过程的其他机构包括了广泛的公共机构或（在英国）私有化了的原先的公共机构，它们负责提供社会服务，为规划问题提供咨询。例如"英国历史遗产"就是一个法定的咨询机构。还有一些公用设施供应机构，如气、电和水供应机构；大型公共服务，如医疗、警察和交通；高等教育机构，如大学或学院；多种政府建立起来的非民选的准政府机构；地方政府组织中的街区分支。这些机构的特征是，都有存在的法律依据，专业化的工作人员和组织安排。他们常常承担与他们功能相联系的政策规划活动，这类规划工作与规划师正在编制的发展规划工作具有紧密的联系，这些机构就他们的专门工作向规划师提供咨询意见，而规划师在编制发展规划时也向他们做咨询。因此，这种性质的组织在他们的领域既具有身份也承担着相关的责任，他们希望他们的意见在规划编制过程中得到重视，同时，也希望规划服务能够在一定程度上支持他们的工作，这种倾向使得他们与规划部门形成了正式和非正式的工作关系。从外面看，这种职业上亲密无间的关系仿佛存在某种阴谋，人们感觉受到了排斥。规划师需要消除这种工作关系与利益相联的印象。同时，这种工作关系的存在是十分重要的，例如，一个城市群中的各个地方政府需要在规划问题上协调一致，任何的不协调都会从整体上影响城市群的未来。各个地方政府规划部门之间的协调与合作的工作安排在很大程度上是通过非正式关系维系的，而发展合作却是建立在正式的组织安排上。

地方政府其他部门的联系与前面所说的群体非常相似，当然，

这种联系毕竟是在一个组织内建立起的关系，而不是组织与组织之间的关系。大部分地方议会既是一个组织（这是法律规定的，也是地方议会领导层希望实现的），同时又有一系列相互竞争的政府机构（他们对议会施加的政治影响和提供的资源常常不利于另外一个部门，对于任何一个事件而言，他们反映出不同的利益并承担不同的责任）。这常常让地方政府之外的人们难以理解，地方政府的各个机构应该能够联合起来行动，而不应该分割和各行其是。但是，现实情况通常是，在一个地方政府内部，部门之间和议员之间，都存在竞争和合作的关系。当然，地方政府在体制安排上是有差异的。例如，在英国的一些地方，公路工程部门对规划问题的意见属于同一个政府内不同部门之间的意见；而在另外一些地方，由于实行"双轨制"，专门领域的管理机关对规划问题的意见属于客户的意见。除开专门领域的管理机关不一定执行地方政府的目标或政策之外，实际上这两种情况应该差别不大。当然，如果都是地方政府部门的话，他们一定会执行地方政府的目标或政策。规划服务面临的最常见的困难之一是处理来自地方政府其他部门的开发计划，特别是当这类开发计划存在争议，而在提交开发计划之前，这个政府部门几乎没有或完全没有做公共咨询。在这种情况下，公众很难相信规划部门替政府内部另一个部门做开发咨询是真诚的，他们可能认为，这不过是装装门面而已，实际上已经有了这种结论；这是可以理解的，所以规划师必须通过其他渠道首先澄清他们的形象，说明对这项开发计划所做的公共咨询不是走过场，他们依然坚持公众咨询的公正性。

我将在第七章中专门讨论地方议会议员群体的问题，这里不加赘述。

中央政府的正式管理机制有时难以看成是地方政府规划服务的规划服务客户，因为这种关系在本质上是不同于其他规划服务客户关系的。从性质上讲，规划涉及的是特定的地方；规划是以地方居民和社区的利益为基础来管理地方形体变化的。所以，规划服务在性质上不同于提供服务的地方（基钦，1996）。这个观点提出，除开法律规定的基本供应的权利和义务外，国家还要在一些需要统一的问题上发挥作用。在一些国家，如美国，联邦政府的功能更多地与保证项目资金相关，而不是其他。然而在英国，自上而下的规划观点和自下而上的规划观点之间还存在一些争议，这样，英国的中央政府对地方规划的影响要比其他国家大得多。当然，在我从事规划工作期间，最清晰的变化之一是，国家规划政策的影响与日俱增，国家规划政策文件的数量越来越大。当然，无论人们如何看待这种争论，与英国地方规划服务继续相关的中央政府功能至少有如下三个：

（1）国家与区域政策和政府项目。尽管人们继续就国家与区域政策和政府项目究竟应该如何发展展开争论，但是，这一点是无争议的，即地方发展规划应当考虑到国家与区域政策和项目，希望它们成为反复协商过程的一个部分，而不是不可协商的。

（2）资助项目，特别是那些带有竞争性的项目，在英国更为流行了。虽然地方政府可以这样或那样地看待这个资助过程，但通常不会放弃获得资助的机会，特别是当主要资助渠道的资金正在减少的情况下，更是如此。

（3）诉讼和规划询问制度（通过作为中央政府授权的"规划监察"机构）每年决定成百上千个因规划申请被拒绝或对规划申请方案提出一定条件而提出的诉讼案，这个制度还处理多种形式的开发规划询问，实际上，规划询问是规划法定过程的一个部分。

自20世纪90年代以来，规划服务的购买群体日益成为英国地方规划部门工作的一个部分，比起来自地方税收资源的预算资金比例，来自这个资源的预算资金比例正在扩大。出现这种状况的原因是，来自主要渠道的地方政府资金正在相对萎缩，而来自规划申请费用的资金正在增长；两者之间的关系是它们都在执行中央政府的政策。征收规划申请费之初的担心之一是，申请人可能认为这是在购买许可。这种情况并没有变成普遍现象，大部分开发商把这笔费用计算到开发费用中，而且这笔费用比起其他开发费用要少很多。当然，这项收费的确给地方规划部门增加了一笔可观的收入。例如，1994～1995年（这是我作为规划服务领导者的最后一年），曼彻斯特这类收入约占规划服务支出的33%，而规划申请费约占规划服务支出的70%。其他收入用来支付给从事开发管理服务的代理机构，"中心曼彻斯特开发公司"（中央政府的半官方机构，1988～1996年在曼彻斯特南部地区运营）；还有一部分收入来源于出版物和信息服务。这些收入对服务预算的重要性在于，必须有一定的申请总量，否则难以维持和提高服务水平。这就不可避免地意味着需要考虑产生这些收入的规划服务客户的需要，给予这些规划服务客户某种优先。通过收入来维持公共规划服务的意义日益增大，这部分是对有关这个问题不同政治观点的回应，但是与规划申请费相关的权重以及中央政府设定的收费水平，依然是一个重要问题，这些收费是地方规划管理部门资金来源的一个部分。

规划服务客户的需要

与规划服务客户的需要相关的任务中，最重要的是了解谁是规划服务客户，他们需要什么；我已经在这一章中谈到这个问题。第二个最重要的是要认识到这些需要常常会相互冲突；不可能在所有的时间里同时满足所有人的需要。当然，这并不是说不可以去尝试，而是说规划师要认真思考打算做什么和如何去实现它。

我已经看到公共部门的规划师在应对这种情况时所采用的三种方式：

（1）第一种方式是大事化小。实际上就是说，做事总会引起麻烦所以避免麻烦的最好方式就是尽可能少做事情。这种观点的确存在许多诱人之处，非常有经验的行政管理人员常常这样看，"无所作为"就是选择之一。有关这一点需要视情况而定，有时这样做可能比起做任何事都好，至少应当考虑到行动的支出和收益，而不要在不考虑第一步的后果时贸然行事。"大事化小"的另一个原因是，改变程序通常会引起混乱，例如，试图改变一个长期运行的行政管理程序，至少有可能在一段时间内会降低效率。所以，做出某种改变的提议不仅需要证明这项改变是值得的，而且还要证明这项改变不会打破已经存在的平衡。例如，自从20世纪60年代以来，每十年都会出现的英国地方政府体制调整，常常忽视了地方政府体制调整所引起的干扰和降低效率的一系列后果，"正确的"地方政府体制并没有如期实现。毫无疑问，我们可以从"大事化小"的方式中得到一些有用的告诫，但是，要想尽可能满足规划服务客户的需要，采用"大事化小"的方式是不可行的。西方世界都认为，因为规划旨在为居民和那里的土地空间使用者创造更好的环境，改善居民的生活，所以，无论地方政府以什么方式存在，规划都是充满希望的。通过规划有可能实现的这些目标是整个规划活动背后的推动力量，也是许多规划师的基本动机，如果采用大事化小的方式，无疑会让规划的这些属性面临风险。为什么"大事化小"方式站不住脚的第二个理由是，这可能避免了冲突，但是也可能导致丧失机会和最大收益。第三个理由是，警告行政管理者少找麻烦并非一个中性的行动，事实上，这是一个保守的行动，可能强化了社会现存的平衡。规划本身就是强化平衡的管理而不是重新分配的方式（安布罗斯，1994），相比较采取N·克鲁姆霍尔茨和J·福斯特提出的"公平规划"立场的规划师来讲，采用大事化小方式的规划师最有可能强调这一点，他们不考虑"公平规划"方式如何成功。这样，我们并不否认"大事化小"有时的确成为规划师的一种方式，但是对于那些希望尽可能让规划服务客户的需要得到满足的公共部门规划师来讲，"大事化小"的方式无疑存在严重局限性。

（2）第二种方式是"随声附和"，我看到已经有些公共部门的规划师这样做了，这种做法当然有违于尽可能让规划服务客户满意的愿望。"随声附和"方式通常采用的形式是表面上看来有了很好的公共关系，在规划服务客户与规划师的接触结束时，规划服务客户相信他们得到了规划师的同情，规划师同意他们的观点。短时间内，人们还能这样想；例如，原本很困难的会谈可能变得很容易了。但是，随着时间的推移，这种状态就很难维持下去，可能发生两种情况。第一种情况，对于那些最终要求议员做出决定的问题，规划师必须写出一份报告，分析包括被咨询者的观点和提出的建议等情况。在这种情况下，很难坚持"随声附和"，特别是在大部分西方社会，这种性质的报告通常会成为公开的文件。第二种情况，正如我已经说过的那样，许多规划服务客户不仅与规划师交谈，其实他们之间也会有规律地做交流，这种交流可能也会包括对有关规划师看法的交流。所以，"随声附和"的行为可能在这些交流中暴露出来，规划师一旦给人造成这种印象，再想改变是很困难的。特别是这种做法可能完全改变客户对与他打交道的规划师是正直诚实的人的看法。考虑到公共关系，规划师需要给人最基本的印象应当是，他是一个正直诚实的人。也就是说，"随声附和"有别于正直诚实，"我们必须参加这个会议来发现和探讨你的观点，它是我们收集信息和意见过程的一部分，不完成这个过程，我们不会对任何一种观点提出我们的意见"。这种角度是收集信息过程的基本部分。所以，我们需要仔细地向规划服务客户做出解释，也许我们这样做，最后得到的是与"随声附和"一样的结果，但关键是需要毫不含糊地向规划服务客户解释我们正在做什么，以避免形成错误的印象。

（3）第三种方式是"中间立场"，在寻求获得客户满意方面，"中间立场"是应当避免的最具破坏性的方式。我经常在有关公众咨询结果的报告中看到所谓"中间立场"的状况。"对于一个问题，有人这样看，有人那样看。这意味着我们可能采取不偏不倚的方案。"不偏不倚的"中间立场"看上去十分诱人，似乎是人类自我调整的自然反映，同时，在一些情况下，采取这种中间立场可能是最可行的解决方案。但是，这是有危险的，因为它很容易变成自我实现的预言。事实上，在多元社会里，当我们拿出一个供选择的公共政策来讨论时，通常会围绕这个问题产生各式各样的看法。确定这件事与规划师声称公正进而以特殊方式表达这件事是完全不同的。采用这种方式也会导致不认真思考公众的意见，好像唯一的一件事就是证明因为存在各式各样的看法，所以只得采用中间立场。这种方式很快就把咨询协商变成了走过场，忽略了人们提出意见的基础很容易让人们失去信心。最后，这种方式能够使中间立场成为一种合法的东西，事实证明把一种特定条件下可行的中间立场推而广之，成为一种适用于所有情况下的适当政策的选择是不合理的。当然，多元民主社会有时倾向于采取这种方式，以获得绝大多数的支持或唾弃，然而，服务于这种多元民主的规划师不应当认为这是不言而喻的结果，所以应当对此加以控制。即使发现我们采用的立场的确处于中间，也同样还有空间去考察我们表达政策的方式，发现包容多种观点和利益的方式。当然，除非规划师仔细研究人们都说了些什么，而不只是说明存在多种观点，否则也不可能做到这一点。

在规划活动和文件中，我们很容易发现这三种方式。正如我已经说过的那样，就每种方式而言，总有些话可以说。从一定程度上讲，有些事情的结果的确非常接近使用这些方式而产生的结果，规划师能够采用这些方式来使规划服务客户满意。尽管存在采用这类方式比较有效的若干迹象，但是这三种方式中没有任何一个或它们的组合可以长期保持规划客户服务工作的成功。

公共部门的规划师总是会承诺尽可能向广大的规划服务客户提供满意的服务，这些公共部门规划师的基本特征究竟是什么呢，在详细叙述这个问题之前，我们需要讨论实现这个目标最大的和必须小心翼翼清除的障碍。这是规划师需要对地方规划部门负责任的问题。地方规划部门就业者和雇佣者之间的关系就是这个问题的一部分。规划部门是公共政府管理机构的一个部分，而这种公共政府管理机构最终是由民选的议员们控制着，民主社会就应当如此。规划师不仅不能忘记这一点，还不能在与所有规划服务客户的关系中忽略掉议员的责任。许多问题需要通过政治过程来决定，也就是说，基本体制是建立在投票政治的基础上的，所以规划师千万不要佯装自己能够在这个过程中拥有某种特权。甚至在北美城市的那种分立的民主中，在那些有时各党派还必须联合起来以便实现任何一件事情的地方，在那些高度重视规划师与多种社区群体有效地一起工作的地方，依然要坚持最终尊重民主的过程（本芬尼斯特，1989；布鲁克斯，2002，第十二章）。但是，规划师对规划部门负责的另一部分是地方规划部门实际负责管理的事务，规划师的这一部分责任增加了与规划服务客户关系的复杂性。在英国，大部分规划决定实际上都是地方规划部门按照他们认定的公共利益来决定的，当然，在确定公共利益方面存在理论和实践上的困难，受雇于地方规划部门的规划师的任务之一，就是给地方规划部门提出这些决定应该是什么。这就意味着规划师必须就特定情况下的问题向规划部门提出最好的意见，无论他们的意见是否被采纳，他们都要尽最大的努力去执行议会的决定。事实上，有关英国地方政府领导角色的经典定义中也同样有适合于规划师的位置（用我的话来讲）：

（1）在任何情况下，不要担心，也不要偏袒，尽可能给议会提供意见；

（2）忠实的以尽可能有效的方式去执行议会的决定；

（3）有效率且有效果的管理议会提供的用于该项服务的资源，在议会政策和财政框架内，维持最高标准的服务。

这种责任可能不是很容易与实现尽量让我们的所有客户满意的愿望一致，然而，这是公共规划部门规划师应当追求的一种协调。认识到以下三点可能会有助于完成这个任务：

（1）议会通常要求提供的服务以尽可能让客户满意为基础；

（2）议会通常承认如果能够获得高质量的有关人们看法、态度、需要和愿望的信息，他们一定会做出比较好的决定，否则，没有这些信息，他们不可能做出比较好的决定；

（3）议会通常希望他们的雇员能够帮助客户，公开和忠诚地对待议会的决定程序和责任。

总而言之，我认为那些以让客户满意为目标的公共规划部门规划师，其行为至少有7个特征。图框5.2对此做了一个总结，我们也可以把它简化成为以下7个关键词：

（1）能力；

（2）诚实；

（3）公正；

（4）倾听；

（5）灵活；

（6）机会；

（7）关系。

我们立即就可以注意到，这些特征并非只是规划师所有的，提出规划师的这些特征并非说这些特征专属这样一个特殊群体。例如，这些特征很强调交流技能，交流技能是许多职业共同要求的技能。重要的是，这些特征构成了一组相互促进的因素。规划师需要连续地表现出这些行为特征，否则，没有任何一种特征可以保证成功或者可以保证客户关系总是顺利的。在与客户相关的长期工作中，要想保持这些特征成为一个整体也不是很容易。我在一次会议上提出了这些特征之后，有人认为我忽略了这些规划师特征的一个前提，规划决策常常在规划服务客户中创造出赢家和输家，所以，试图在这个系统中有效工作的规划师不可避免地处于困难的地位。这是很容易理解的观点。另一方面，由于规划师具有的知识和理解，使规划成为由他们支配的象牙塔式的活动，这种观点是不能接受的。实际上，有效的规划活动是规划师和规划服务客户之间的相互作用的过程，这样，规划工作获得的大量赞誉源于规划师与客户建立起来的良好关系，双方都把这种关系看成完成规划工作的基础，而且能够产生出高质量的决定。从我自己的经验看，图框5.2提供了规划师提高客户服务技能的基础。

图框5.2　公共部门规划师有效规划的行为特征

1. 必须让与我们有联系的人把我们看成有能力的职业工作者。这就意味着我们能够把具体的程序性的知识拿到桌面上来，扩充规划服务客户已有的知识，并能够以明智的方式与各式各样的服务对象交流这类知识。如果我们没有这类品质，就很难看到我们是否能够以其他的方式获得成功。　　　　　　　　　→

→

2. 必须让人们看到我们的行为始终是诚实的。当我们讲什么就一定是什么，而不要为了让人高兴而随声附和。同样，我们必须公开和忠诚地说明我们能够做什么和不能做什么。如果不这样行事，我们最终会发现，诚实的形象对于我们所做的每一件事都是重要的。所以，还必须要保守秘密，不允许在规划服务客户间传播这些秘密。

3. 我们必须给每一个人公平的机会，同时，还要让人们能够看到我们这样做了。这就意味着，要研究人们的看法，而不是等待这些看法的出现，努力理解这些看法，严肃地思考这些看法。在我们的分析中考虑到这些观点，公正地对这些看法做出报告。

4. 我们必须既愿意倾听也能够倾听。我们必须接受这样一个事实，职业规划师不一定就是最了解情况的，人们从他们的角度和生活经历看问题同样具有价值。我们需要认识到这一点，规划领域使用的材料并非规划行业的人才能看懂，实际上，这些材料涉及人们的日常经历。没有倾听的愿望，我们就不会获得这样的信息。

5. 我们的思考和行为必须具有灵活性，如果不发展具有弹性的思维，我们的思维模式就会僵硬。这是汲取他人意见以提高我们认识的基本要求。

6. 我们必须坚持寻找机会，尽可能地满足规划服务客户的需要和愿望。帮助人们捋清他们的需要，并把这种需要转化成为可以实现的东西，这种技能对提供有价值的服务来讲是至关重要的。

7. 我们必须在具有一定连续性的基础上来建立与客户的关系。无论对于个别案例有什么看法，许多规划服务客户可能在整个案例进行过程中都是客户，建立长期的关系需要有能力求同存异，放眼未来。

资料来源：基钦，1997，pp. 37–38。

保障客户反馈

考虑到这一章所讨论的每一件事，获得客户对规划服务的反馈需要有一个持续的基础，需要非常认真地去思考。保障客户反馈有两个根本不同的方式：

（1）按照正常过程，通过日常运行的规划服务来保障客户反馈；

（2）通过多种有目的的方式来保障客户反馈。

前一种获得反馈的资源很容易被那些没有准备以这种方式做客户服务的组织所忽略，实际上，一旦认识到这种反馈的作用，它的规模会相当大。我已经在第四章中讨论过反馈的价值，通过地方政治过程的各种工作和地方规划问题在媒体上的讨论以及因为工作需要与客户的不断接触，我们可以获得大量反馈信息。这种反馈对于那些希望改进工作质量的规划师来讲是特别有益的，因为这些反馈能够通过一对一或一对多的方式获得，通过这些渠道获得的反馈信息不太可能通过专门设置的反馈方式获得。

规划部门本身的体制可能帮助也可能阻碍那些通过日常运作而获得反馈的过程。英国地方政府规划部门的体制通常有三种的方式（基钦，1999）：

（1）功能分组，如发展规划、开发管理和环境改善，以及更专业的领域，如设计和建设、交通和矿产。这可能是最常见的组织方式。

（2）地区分组，把一个地区的所有功能集合到一起，形成具有若干功能的团队，它们负责多个地理区域，以致这些团队把工作重心放到它们提供服务的地区。

（3）项目分组，把工作重心放到需要完成的专门的重大项目上，常常有时间要求，以完成重大项目所需要的人才为基础形成工作团队。在项目完成后，这样的团队可能即刻解散或者整体转移到另外一个项目上去。

依据工作需要和高级管理人员和相关政治家的选择，大多数规划部门的体制综合了这些方式。每一种安排大多提供了发展相应客户服务关系的可能性。当然，在我来看来，多功能分地区的团队能够提供最大量的规划服务，特别是这样的团队需要与社区里的利益群体和个人建立和保持联系，并把这种联系当成团队成员重要工作的一个部分。基于这样的理由，我在曼彻斯特工作时，特别是在工作人员削减期间，把地区性工作团队作为城市规划部提供规划服务的基本方式。采用这种方式的问题之一是，相对缺少功能专门化，可能妨碍工作团队的绩效。例如，地区性工作团队可能在开发管理方面不如专门化团队那样有效。所以，我认为究竟选择何种工作制度取决于所面临的工作任务。当然，无论采用什么样的体制，都将会从日常运作中获得大量客户反馈，同时又因为一种运行体制而产生出某种不利于反馈的障碍。尽管有关服务的基本管理原则是整体的，然而实际上，把工作人员分成工作团队总会在团队之间形成一些障碍（如"不是我的工作"之类的现象）。管理人员和工作人员需要认识到这些团队的机会和问题，进而根据实际情况加以调整。

比较正式的获得反馈的形式包括多种类型的民意调查和问卷调查，以及与相关客户服务群体进行讨论。民意调查可能非常昂贵，一般涉及整个行政辖区，而对规划服务的反馈只占整个反应的一小部分。另外，由于这类调查通常以家庭为单位，或者在街上询问个人，所以很难真正集中到规划服务客户本身。正如我在这一章中已经说过的那样，这是因为规划服务客户可能是某种人或者社区某些方面的活动分子。把问卷直接送到规划服务客户或那些准备与之进行讨论的群体手里，都有可能得到更多的反馈信息，当然，这些反馈都缺少进行比较的基础，除非我们开发时间系列的数据。我在曼彻斯特工作期间，采用过三种获得反馈的方法：

（1）在20世纪90年代初，我们做过一次居民民意调查，其中包括一部分关于规划服务的反馈，实际上，调查涉及了市政府的全部服务。

（2）1993年，我们做过一次有关开发管理过程的邮递问卷调查，使用了所有人都接到过的规划决定公告的形式。尽管反馈率不高（大约600张问卷，返回率为19%），但是，反馈还是有一定效果的，同时花费也不大。

（3）在20世纪80年代后半期，围绕制定平等机会政策和实践的论题，出现了一系列专门团体，代表着相应的群体。实际上，我们发现非常难以通过这个途径获得反馈，不久以后，我们没有再继续这种比较直接的联系方式。

我并不是说我们已经穷尽了各种可能性，在客户反馈方面的创新还有许多空间，还可以找到其他获得反馈的方式。在这里我要说的是，这种正式的反馈获取形式不能替代我们前边已经讲到过的那些非正式的获取反馈的形式，我们应该把这类正式的反馈获取形式看成一种辅助活动，以检验和发展对日常规划服务的反馈。

　　整个英国的地方规划服务有一些可以用来比较客户服务反馈的零散的国家范围信息，例如环境部所做的对城乡规划制度和服务态度的研究（麦克卡斯等，1995）。我在图框 5.3 中总结了这项研究的主要成果，如同任何一项调查一样，这项调查获得的被调查人的观点都是在调查进行时刻的观点，这些观点可能很快会发生重大变化，特别是对于寻求处理他们所发现问题的目标，这种改变总是存在的。另外，类似任何一项国家调查一样，这个调查不可避免地把大量个别情况做了归类，所以不能获得地方服务特征的单一因素，而在地方反馈调查中，我们可以期待这类反应。当然，对这项态度的研究还是提供了一些有用的国家层次的信息，地方规划部门能够使用他们自己的反馈信息来进行绩效研究，在了解客户对他们获得的规划服务的反应方面，这项研究还是很有用处的。

图框 5.3　对英国城乡规划体制和服务的态度：

环境部对一个国家研究项目的主要发现

　　1. 一般公众对开发管理过程有了一定水平的了解，给予广泛的支持，但是，对于规划制度（认为房地产开发商是主要的受益者）其他方面的了解还不尽如人意。

　　2. 在调查样本中，75% 的规划许可申请人认为规划制度是有价值的，少于 5% 的规划许可申请人认为它是没有价值的。总之，他们认为规划申请、决策速度和结果的公正性是可以接受的，当然，有些部门认为其中还存在问题。

　　3. 较之于一般公众或居民中的规划申请人而言，企业一般更为深刻地了解规划制度，对规划制度有着非常广泛的看法。企业倾向于对这个制度整体，而不是处理他们规划申请的那个部分，持有更多的批判。批判内容相当广泛，如专断、昂贵、缓慢和反应迟钝。当然，这是一种可以接受的看法，而不是有关他们自己经验的报告。

　　4. 开发商和房地产业主报告了地方规划部门非常广泛的绩效，从提供了非常高质量的服务到认为它是障碍、武断和不公正的。比较强调与规划官员早期接触、讨论和协商的价值，这些过程从整体上看，改善了开发质量。

　　5. 非政府组织也报告了地方规划部门广泛的绩效，同时还报告了规划部门在协调大量问题和处理个别案例决定的累计影响等方面所面临的困难。

　　资料来源：以上总结的关键发现来自麦克卡斯，1995。

信息技术的能力和潜力

在我们结束规划师如何与客户相关联的讨论之前，认识到信息技术的能力和潜力将会对这种关系产生的最大影响还是很重要的。我们已经在第一章中看到，围绕信息技术改变我们设置功能的方式和规划师思考功能性等方面的一些意见。对于所有可能性而言，我们目前还处在这个发展过程的早期阶段。但是，信息技术正在改变向客户提供规划服务的方式；其本身还在继续发展。实际上，交流的电子载体正在改变着规划服务与客户接触的方式，这种方式的继续发展（更多的人可以使用）可能改变规划师与客户相互理解和对规划方案做出反应的方式。在我的职业生涯中，目睹了这个技术从无到有的过程。与今天的规划师相比，20 世纪 60 年代完成规划学业的青年规划师所具有的能力是不同的。现在的期望是，第一次走入规划系统中的青年规划师将广泛使用信息技术技能。考虑到信息技术的发展潜力，英国政府建立了这样一个目标，到 2005 年年底，应当通过网络来提供所有的规划服务。地方政府的初始反应是，实现这个目标会产生很多问题（塞克斯，2003，表 25），但是，2005 年 12 月由彼特·彭定通公司所作的一项调查表明，自 2003 年以来，已经发生了重大改善，预定的目标基本实现。图框 5.4 对最重大的影响做了说明。这个目标的愿景如下：

世界级的 e 规划服务将使用新的、更为有效的方式使社区参与他们所在地区发展的共同远景，比较容易获得高质量的相关信息和指南，在多方面人士之间连续不断地分享和交换信息（Ibid，执行概要）。

图框 5.4 上的图示说明了，如何综合地看待 e 规划目标。它不仅仅覆盖了所有的规划服务方面（规划编制和战略规划部分的关键地区或场地目标），而且包括了交叉因素、协商、提供信息及意见、绩效管理和监控，所以，e规划目标从对一个规划部门负责管理地区的了解上，及与主要规划服务客户的关系上，影响到地方规划部门所做的每一项工作。这也反映到了规划师对他们提供的服务将如何改变的认识，图框5.5对此做了说明。

图框5.4　英国政府e规划战略中的主要规划服务领域

战略规划服务

申请前的信息服务

规划申请服务

申诉和招来服务

强制执行服务

相关服务

协商咨询服务

信息和建议服务

绩效管理和监控

资料来源：ODPM2004，第14章。

图框5.5　英格兰规划师对他们使用的协商咨询方法变化的认识

协商方法	过去使用的		未来使用的		变化（%）
	%	排序	%	排序	
协商咨询文件	98	1	88	1	-10
展览	90	2	74	3	-16
公众会议	87	3	65	5	-22
关键群体	45	4	69	4	+24
地区或街区论坛	37	5	62	6	+25
计算机网络	25	6	83	2	+55
远景模拟	17	7	36	7	+19
实际规划	14	8	33	8	+19

　　这张表格上的数据来自对英格兰地区196个地方规划部门的调查，大约接近英格兰地区全部地方规划部门数量的50%。由于被调查者可以同时采用几种方法，所以，百分比数据合计超出100%。

　　资料来源：斯凯斯，2003。

　　传统的协商咨询模式是清楚的，大部分地方规划部门都采用了协商咨询文件、展览、公众会议结合使用的方式。主导这一组传统方式的是这样一个事实，采用"关键群体"这种方法的仅有"公众会议"的一半。但是，从规划师对未来采用方法的预测中可以看到，"关键群体"和"公众会议"这两种方式之间的使用仅有4个百分点之差：

　　1. 百分比增长最大的（55%）是使用"计算机网络"，它的排序从第6位升至第2位。当然还有17%的反应者不指望期未来会使用这种方法，当然，这类反应者一定知道中央政府有关 e – 规划服务的目标。

　　2. 所有三种公共协商咨询传统方法的在未来的使用率可能会下降，"公众会议"的百分比下降最大，约下降22%，然而"协商咨询文件"依然维持第一位的方法，"展览"也还保留在首选的三种方法之一，排序第3位。如果使用"计算机网络"公布"咨询协商文件"的话，"协商咨询文件"有可能变成一种互动性更强的工具。平面媒体和网络媒体相结合的方式可能有助于解释"协商咨询文件"为什么依然居于首位。

　　3. 首选的三种传统方法之外的其他方法使用百分比都有所增加，"关键群体"和"地区或街区论坛"从较低使用率转变成为较高使用率。

　　4. 未来期待结果的分布差距比过去而言要小些，就第一位到第八位的差距而言，过去为84%，而未来仅为55%。与第三点结合起来看，未来的协商咨询模式的变化将会更大，人们在使用传统方法时辅以使用其他方法，互联网的使用将更为常规化。

　　所有这些表明，应当为被咨询协商的人设计出更为简单的协商咨询过程，应当给地方规划部门提供被咨询协商的人需要掌握的地方知识。就此而言，传统方法的效率不是很高，因为人们互动的方式相对有限。拿许多规划师都有关系的例子来讲，我曾经参加过有关规划问题的公众会议，台上就座的人比听众还多，听众一般都不愿意讨论规划问题，而这正是会议的目的，他们以此为假托，谈论他们认为地方上存在的问题，实际上，我们假定这个会议是有关其他事情的，认真听来，他们的意见也是很有价值的反馈。比起传统方法，未来期待使用的方法互动性更大，如网络、地方或街区论坛和关键群体等，至少可以进行有关一个地方及如何改善那里的对话，而在使用传统方法时，地方政府控制了协商咨询的纲领，所以，限制了被咨询和协商人对反应的选择。

　　不仅规划部门正在应对 e-政府的挑战，我们还应当记住，许多规划服务客户也在采用 e-方式运行。例如，未来的许多开发商会使用互联网来说明他们的开发计划，通过先进的电子技术展示他们的特殊计划，而且（至少）可以说明这个计划如何适应于开发场地的周边环境。在许多情况下，他们有可能从促进计划得以获得规划许可的角度来积极地进行说明。所以，有关各方应当了解到这一点，承诺使用尽可能精确的视觉表达来说明计划，这一点是很重要的。这就意味着，地方规划部门可能需要以这种方式去说明规划申请，通常有可能从开发商那里获得各式各样的材料。鼓励开发商与地方居民就建议的开发计划进行接触可能是特别有价值的，而不要依赖于地方规划部门进行的正式咨询协商，实际上，这将避免开发商的计划在正式协商时得到负面的反应。地方规划部门进行的正式咨询协商很容易给被咨询协商者一个既成事实的印象，相反，与地方居民的互动可能让开发商按照公众的反应对其开发方案做一些调整（有时，这样做可以减少对开发计划"不要在我的后院"这样的消极反应）。许多地方社区群体和组织也会建立网页，以电子通信的方式作为他们日常活动的一个部分，这不仅使这些组织更有效地运行，而且能够帮助他们更有效地与地方居民希望做出的选择和推崇的观点进行交流。

　　在提供规划及试图实现目标的信息方面，互联网所具有的能力和潜力还在迅速发展。我们很难描述它，但是，这里有一个例子可以帮助我们来说明。2006 年 4 月 24 日，我在谷歌搜索引擎上写下了"可持续发展"（包括引号），在 0.13 秒中，我得到了大约510 万个相关衔接。读者也可以这样试试，并与我所得到的结果做一个比较。我期待这个数字会逐年发生很大的增长（当然，这是一个难以想象的规模），运行的速度也会继续改善（译者注：2011年6月20日实验的结果是，0.09秒中，得到了2890万个相关结果）。这个例子的含义十分清楚，实际上，问题可能是人类处理这种规模的能力。有任何人可以看完510万个相关结果吗？特别是在他们看完这些结果之后，这个数字可能已经发生了巨大的增长。然而，通过使用互联网，十分现实的产生出更多有关规划问题的知情的讨论，包括我们在这一章中集中讨论的有关以场地为基础的问题和理解。

在我们转入其他论题之前，我们还有一个需要了解的问题，即在整个社会中，机会和能够利用的机会是不可能均衡分布的。产生这种状况的原因很多，其中之一可能就是在英国经常讨论的社会排斥（社会排斥小组，2001）。社会排斥是指，一些人因为他们条件限制而不能完全参与到社会中来，进而不能获得社会提供给他们的利益。缺少获得或者使用信息的能力目前还没有成为另一个社会因素，所以，我们显而易见地面临这样一个风险，那些不富裕的和没有受到良好教育的人们比起那些幸运的人们更有可能处于社会排斥的状态之中（伯罗斯等，2005）。这样，在英国，为了支持社区领导和组织，应当把资源向这些重要领域倾斜（长期政策行动16，2000，第四章）。这个观念以后被吸收到了街区更新学习大纲中，街区更新学习大纲的目的是，找出大多数街区更新过程参与者需要的知识、技能和行为，包括地方社区和居民组织，让街区更新更为有效（街区更新小组，2002，第三章）。图框5.6介绍了这个大纲。这个大纲把人际交往技能，如那些用来使社区参与更为有效的技能，看成必要的核心技能。这种对需要的认识还有些问题。在这种背景下，我们需要记住，虽然强调了满足地方社区和居民组织领导的需要，使他们能够以社区的名义有效地参与到街区更新中来，但并没有提到社区中许多个人的情况。这样，规划机构并不认为，向e-管理快速发展会自动让所有客户都能够跟进，也不认为我们可以放弃让人们参与进来的其他方法。

图框 5.5 提出，未来的协商咨询方式需要尽可能的具有多样性，不能仅仅依靠或主要集中在互联网上，还有一些高级规划人士认为，这种观点在建立更为有效的公共参与方面是十分重要的（基钦，2004）。

图框 5.6　街区更新小组提出的有关英国国家街区更新战略的学习大纲的概要

建立知识基础	• 建立知识基础	认识和理解住宅、教育、失业、犯罪和医疗状况，了解振兴地方经济和改善生活质量的需要
	• 应用知识	分析问题、创造机会，根据知识基础设计解决办法，在学习中学习
发展核心技能	• 组织技能	项目评估
	• 人际交流技能	社区参与、领导、人员管理、多样性沟通、解决冲突、合作、工作和交流
改变行为	• 创造力	解决问题、寻找机会、考虑风险和"可行"哲学
	• 反应速度	评估效率、探索成功的理由、从错误中学习

资料来源：街区更新小组，2002，p. 24。

小结

　　这一章基本上是关于规划服务客户及与这些客户一道工作等问题的，在我看来，这是公共规划部门基本的规划任务之一。这一章提出的观点非常不同于 40 年前规划师的主流观点，当然，这种改变起源于斯凯芬顿委员会报告（斯凯芬顿，1969）。现在，这种观点代表了英国政府所认为的规划的必要性和期待的关键目标；拿《规划绿皮书》的话来讲，规划制度需要更有效地与社区联系，发展更为紧密的客户中心（DTLR，2001，2.5 和 2.6 节）。

　　当然，这样的期待和实现这些关键目标是非常不同的两件事。第一章所讨论的规划目的是文化变化目标之一，是要关注消除两个因素之间的空白所需要做的那些事情。问题之一当然是需要把握住规划本身，这一点对于高级规划经理绝对不是一个问题，我在约克郡和汉博地区的研究证明了这一点（基钦，2004）。由于这一章所讨论的与规划部门的工作和时间费用相关，所以，另外一个问题就是规划服务的资源问题。在我看来，我们不能不考虑这个问题。如果我们要求规划服务能够有效地与公众联系，有一个强有力的客户重心的话，在这个社会里，我们必须准备使用任何可能的方式去偿付他们。特别是在资源不适当的时候，我们必须做出选择，否则这一章所描述的工作会难以完成，如开发管理过程的速度。这一章的许多内容都是我与英国规划师在 2004 ～ 2005 年期间讨论的，自从"规划工作完成奖"实施以来，用来奖励改善规划工作绩效的规划资源的使用体现出了这一点。在我写作本书时，正在对"规划工作完成奖"作评估，这项评估发现，地方规划部门为了获得额外的资源已经按照中央政府的要求去做了。这种奖励改善了开发管理的绩效（使用在一个特定时期完成规划许可申请的百分比来计算）。地方规划部门使用他们的资源去完成中央政府要求完成的任务，进而获得更多的资源，这是一个很合理的反应。但是，我们的讨论还提出，这样做是以放弃其他工作为代价的，如我们在这一章所描述的与多方面客户发展较好关系。将来有机会看看地方规划部门对受到资源约束的社区参与有什么样的愿望，这一定是很有意义的。

我在这一章中讨论的问题都不是阅读规划理论著作时可以得到的。强调与客户一道工作的观念来自我多年的规划实践，反映在丰富且变化的经验之上（积极和消极的）。当然，需要承认我在这一章中所说的与一种规划理论基础十分一致的，这类称之为"交流性转折"的规划理论形成了大量文献（赫利，1997）。这种理论也受到了一系列的批判（布鲁克斯，2002，第九章），毫无疑问，这些争论还会继续下去，例如在英尼斯、布赫（2004）和沃尔特杰（2005）之间的论战，以及英尼斯和布赫（2005）的进一步反应，这些争论表现出在强调不同文化、情况和社区参与下正在进行的集体工作，而不是法律所描述的参与形式。但是，从我的实践经验来看，规划需要改革的一般方向是清晰的；在承认正式的决策体制和已经存在的规则时，要更多、更好地与规划服务客户一道工作。规划师所面临的挑战是，在这种情况下尽量做到与客户一道工作，这种需要可能会与日俱增。正如我在这一章中已经说过的那样，在这种情况下总会出现许多压力，对这些压力的反应并非总是简单的，如果规划服务朝着这个方向转变的话，客户将会看出规划工作的改善。

自我评估的论题

1. 找到一份规划官员有关最近大规模或充满争议的规划申请的决定报告。在这个案例中，谁是规划服务的客户？规划师获得了哪些观点，通过什么方法获得的，如何把它们报告出来？是否有你期待找到的客户出现在这个过程中，报告忽略了他们的什么观点？报告中被咨询协商者的观点如何影响了这个报告的最终推荐意见？

2. 找到一个负责与规划管理部门打交道，而且乐于与你谈论这个问题的地方社区群体代表。这个群体与规划服务的接触性质是什么，接触的频繁程度和广泛程度如何？这个群体感觉到他们有关规划问题的观点和意见得到了怎样的处理，他们希望看到何种改进？其他群体如何看待这个群体提出的规划问题？它认为这个规划服务的强点和弱点是什么？

3. 找到一个在地方政府工作的，愿意与你交谈有关与规划服务客户关系问题的规划师。他们认为谁是主要的规划服务客户，这些确定为规划客户的人来自何处？他们如何处理这种客户关系？他们认为怎样建立和维护的客户关系？他们认为这种关系对客户和他们自己的好处有哪些？

4. 如果议会问你如何对客户就以下规划部门绩效形成的相关问题的看法作出评估：

（1）规划部门的发展规划活动；

（2）规划部门的开发管理活动；

（3）规划部门的环境改善活动。

你将如何提出这个规划部门应该做的工作？如果这项研究提出，从客户的角度的确需要在这些领域改善工作绩效的话，你将建议以哪些主要变化为目标？

5. 找到一个已经宣布发展 e – 规划服务战略的市政府。从以下两个角度，评估执行这个战略的效率如何：从规划服务经理的角度看，他要求发展更为有效率且有效果的规划服务；从各种规划服务客户的角度看，他们不仅要知道规划正在做什么，还要知道如何影响规划。比较这两种评估，思考如何解决它们之间的矛盾。

第六章

个人素质训练

引言

无论规划师把什么东西带到一个特殊的情形下，规划师个人的素质和人生经历总会影响他对具体问题的处理。这当然是老生常谈。例如，一个规划师的个性、好的和坏的人生经历，先入为主的主观想像甚至偏见，能够抵消掉他个人所拥有的能力。规划师没有任何理由去否认这一点。对于其他人而言，规划师也是与他们一样的个人。实际上，经验教训常常是最实在的学习材料，对于具有自我意识的规划师来讲，个人素质是非常有价值的东西。除此之外，如果规划师没有建立起自己控制自己行为的原则，他们会陷入工作效率低下的困境之中，实际情况需要反应能力训练，这会使得学习实践经验成为可能。一言以蔽之，规划师必须对他自己负责。

除开那些属于心理学家和精神病学家关心的个性问题之外，这一章涉及把自己逐步训练成为一个卓有成效的规划师的一些个人素质方面的问题。我选择了四种训练提请读者加以注意：多种与人进行交流的技能；了解和仔细思考态度、价值和道德等方面问题的训练；把反应能力训练作为个人持续发展的工具；成为规划团队有效率的成员所必备的一些人际关系训练。这一章将依次对这四种训练作些说明，最后，我再提出一些用来作自我评估的题目，以帮助读者探索这一章提出的问题。

交流技能

规划师要想成为一个有效的交流者，可能有四个需要加以训练的领域：

（1）口头表达；

（2）洗耳恭听；

（3）文字表达；

（4）绘图。

现在，越来越多的规划工作是通过使用信息技术来完成的，所以，我们应当把信息技术看成第五个需要掌握的交流训练领域，当然，从本书的目的出发，我们把与信息技术相关的训练同写作和绘图联系起来。

通过思考规划服务客户从一个规划中所获得的价值，能够说明具有这类交流能力的重要性。如果一个规划不能让它的使用者所理解，不能得到清晰的解释（除开留下一些含糊的空间以便获得一些弹性），那么，无论这个规划的政策内容如何先进，都是失败的。在这个意义上讲，编制有效规划文件的核心是必须具有很好的写作和绘图训练。规划产品在很大程度上都是用文字和多种形式的绘图表达出来的，不仅正式的规划是这样，其实规划机构的绝大部分产品也是用文字的和绘图来表达的。我们需要对规划中的观念做解释，需要把规划中的这些观念与这项规划执行期间出现的大量个案联系起来。这种持续不断的解释过程是执行任何一项规划的核心。几乎没有几个规划自身是精确的，以致出现任何案例，我们都可以找到对应的规定。所以，执行规划就是一个解释、讨论可能性的过程，这样，口头表达也成了完成这些活动的核心技能。另外，经验告诉我们，如果规划没有与人们的愿望和需要一致，这些人常常不会去执行这样的规划，一些规划因此而失败，当然也会由于其他原因而失败。这样，编制一个规划的核心任务之一就是倾听人们对愿望和需要的表达，人们希望通过一个规划而受益，当我们以这样一种方式去理解他们时，就需要我们把他们的看法与规划面临的实际情况联系起来。从这个意义上讲，洗耳恭听与一般的听听是非常不同的，要深刻理解人们所说的东西及其内在的涵义，而不仅仅只是简单记录下他们使用的词汇本身。

对于规划的成功来讲，具有这样四种良好交流训练是至关重要的。实际上，这些交流技能在使用中并非相互孤立，而是相互促进的。一个最为普通的规划情形是，人们已经阅读了规划文件，然后举行会议来讨论这些文件，但是人们对规划文件中所阐述的规划政策有着不同的看法。不能排除有些人之所以有不同的看法是因为交流过程方面存在问题所致。例如，人们在看待这些问题时有了自己先入为主的意见，或者关乎自己的利益，他们试图理解规划的内容，对他们希望在规划文件中找到那些事情，规划师们都写了些什么。这样，在一定程度上讲，引起交流问题的是规划师。对规划组织而言，必须尽力去消除那些因为规划师在交流上存在问题而引起的后果。除非规划组织能够很好地处理这类后果，否则将是非常不利的，因为规划表达的不清晰，会导致更大的混乱。这里说要说明的是，撇开规划内容上的争议不计，有效的交流是优秀规划客户服务的核心。实际上，成功的交流可以节约规划组织的开支。通过可以使用的方式，一直保持有效的交流是规划组织应当采取的战略，这不仅仅有助于规划组织实现目标，而且也能有效地利用规划组织自己的资源。

当然，交流通畅与否可能是个别规划师的问题。一个成员通常不会精通所有的交流方式，所以大部分规划组织都是通过团队建设，使用各式各样的人来处理各类规划问题，从整体上保证很好地使用各种交流方式。如果规划师加强自己的这类训练，努力想办法保持从客户那里取得有效的交流反馈，那么大部分规划师都会得出这样的结论，他们比别人在某些领域要强许多。通过训练和实践，在每一个案例中努力地提高自己的交流训练。当然，这样做也不会让每一个人在四个领域都达到明星的表演水平，例如，有人会发现在公共场合发言十分困难，于是，他可能努力使自己达到"自然的"演讲家水平。当然，大部分人能够做的是，在交流训练方面达到一个合理的水平，以满足日常工作的需要，不要因为一个或若干个交流技能的欠缺而妨碍了整个规划工作的效率。毫无疑问，努力在这四个交流技能上都得到训练是值得的，因为好的交流是规划专业实践的核心，没有好的交流训练将会让我们的规划工作效率大打折扣（布鲁克斯，2002，pp. 190 – 192）。

因为所有与规划相关的交流技能都与口头表达相关联，所以，我们首先谈谈口头表达的技能，对于相对正式的场合而言，口头表达所面对的听众各式各样，实际上，我们有许多半正式的事件，如会见或一对一的与规划服务客户接触，还有与同事进行的非正式讨论，特别是在团队中，或多或少具有连续性的交谈。如此众多的情形让我们很难一般性地谈论口头表达技能，当然，从我个人的经验看，在任何情形下讲话时，都有三个因素存在：

（1）了解你的听众。达到听众能够理解的程度是所有口头表达交流行为的基本要求，同样，尽可能把你所讲的与听众的兴趣和他们关注的东西联系起来，这也是必不可少的。

（2）知道你在这种交流中要实现的结果。这不仅让口头表达过程重点突出，而且也能避免掉进讲得太多而让听众丧失了注意力的陷阱里。

（3）了解你使用的信息，可以让你在听众面前表现为一个训练有素的专业人士，听众对你的信任就是建立在这样的基础上。这在一对一的与规划服务客户接触时，即我们上边讲到的半正式的交流特别重要，在这种情况下，规划师可能是这个规划组织中唯一一个出面的人。这个机构正在受理客户所关心的问题，所以，规划师给人的形象代表了整个规划组织。

布努克斯（Ibid. , p. 191）总结了在对规划观念做口头交流中容易发生的九个一般错误，我把它们放到图框 6. 1 中。我能够把所要讨论的问题与这个很有价值的一览表联系起来，同时，我还要从经验出发再增加两个因素，它们都与时间有关：

（1）最后几分钟才到达讲话现场，甚至迟到，没有时间去检查可以使用的技巧，从而给听众、特别是讲话的组织者，造成了一个不好的开场印象。

（2）超时。原本规定 15 分钟的讲话却讲了 30 分钟，没什么会比这还糟糕的。结果是，你可能失去了许多听众的注意。讲话是否能够遵守时间取决于能够就主要观点进行交流，而不要过于详细，这与你对掌握的材料是否充满信心分不开。

图框 6. 1　口头交流规划观点的一般错误

- 错误判断了听众——对错误的听众讲了不该给他们讲的话，不了解他们的兴趣和水平。
- 没有清晰的谈话目标——即不能确定要完成什么。
- 使用了太多的技术术语——规划师使用太多的专业术语可能对于一般市民没有意义。
- 谈话冒犯了听众，谈话跑题，或者开了不必要的玩笑（有别于有效地使用幽默）。
- 说话中有太多的口头禅。
- 对数据作了过长和详尽的描述，通常很快就失去了听众。
- 技巧上的错误——例如念稿子、与听众做眼部交流太少、手脚不知所措、坐立不安、语速太快、语调枯燥。
- 着装不适当，太正式或太随便，不合乎场合的要求。
- 图示使用不当。

资料来源：布努克斯，2002，p. 191。

当然，我不能说自己的口头表达完全避免了图框 6. 1 所列举的这些错误，然而我想，如果有意识地接受这些经验教训，我们一定能够改善自己的表达能力。

因为大部分交流都是双向的，所以，洗耳恭听是口头表达的另外一面。例如，一个规划协商就是关于提出和听取意见的，在此基础上，双方可能会做出一些妥协；对方可能正在试图改变你的方向，所以，把握住对方对讨论内容所说意见的脉络，是找到最终协议上可能出现的观点的关键。实际上，一个口头表达不错的人，可能善于表达规划机构的观点，但是却不善于听取对方的意见，结果可能在协商中的成功率并不高。在这种情况下，口头表达和洗耳恭听的训练需要协调起来。在规划服务客户不适应使用规划术语或不是很了解规划制度时，可能会出现一些特别的困难。在这种情况下，我们很容易忽视他们正在说的事情，认为他们所说的与规划没有多大关系，但是，这样做可能会忽视他们所谈问题的实质。这就是为什么我在前边说过洗耳恭听不仅仅只是听听而已，而是努力从那些看似不相关的话语中找到规划上的意义，然后把它们与正在讨论的规划问题联系起来。

文字表达可能非常具有个性，许多规划师都乐于使用自己的文字表达方式，而不喜欢使用规划组织正式文件规定的官样文章风格来行文，许多规划师都经历过两者之间一定程度的矛盾。另一方面，规划师这样做是有目的的，甚至在规划组织严格要求采用标准方式撰写规划文件时，他们还是乐于使用自己的文字表达方式，做出必要的调整。图框6.1中总结的口头表达方面的错误同样适用于文字表达方面。考虑到任何文件最重要的是了解它所期待的读者以及他们可能需要什么。编制规划文件应当是客户驱动的，而不是规划师个人随心所欲的产品。考虑三种一般类型的规划文件，就可以很容易地说明这一点，即使处在网络时代，编制这些类型的文件依然是规划过程的一个部分：

（1）送到城镇特定区域各家各户的宣传手册需要有明确的目的（我们不能假定每一个人都必然知道这个宣传手册是什么），撰文风格简单（因为宣传手册版面有限），做出吸引人们注意和感兴趣的版面设计，即使宣传手册没有使用规划语言，也有可能让读者对规划问题有个初步了解。同时，也应该明确规划机构究竟要求人们在收到这个宣传手册后做什么（提意见？参加会议？），随之而来还有什么事情发生。还需要承认，我们的邮筒里有很多垃圾邮件，很快就被扔进了垃圾箱（虽然希望它们得到反馈，但是情况并非总是如此），这也许就是当代生活的一个特征。所以，你如何能够保证你的宣传手册不会遭受被扔掉的命运？保证这类宣传手册能够即刻吸引住读者的注意，需要它的目的明确，所以不会被读者混同于垃圾邮件。

（2）旨在帮助规划委员会做出决定的规划问题报告，要包括他们需要的基本信息。这常常意味着，要有对问题的说明、与此相关的规划政策、协商咨询者的看法、可供决策者选择的方案及其它们的利弊得失，提供一个适当行动的推荐意见。由于这是一个高度严密的方式，尽可能让委员们浏览，所以这种报告通常有编号的章节和自然段，每一个编号下是这个过程的一个部分；同时报告最前边通常有摘要和推荐意见，使那些时间稀缺的委员减少阅读整个报告时间，很快把握住报告的基本精神，还要包括给委员会提出的建议。由于这类报告常常是大型发展计划中的一个部分，所以需要尽量把报告写得精炼一些，与整个大型发展计划一致。这类报告的撰写人总是希望他们的意见能够获得通过，所以人们总有一百个理由。即使最终决定并非采纳了这个报告的推荐意见，这个报告也需要包括足够的材料和分析，以便让委员会做出决定。

（3）背景研究和政策分析报告会比前边两种文件丰富许多，因为这类报告需要证明它已经收集到并仔细分析了相关证据，包括了相关的政策问题，且达到了适当的深度。这类报告的读者群体可能不大，然而读者却对相关问题相当熟悉，所以，报告必须能够包括让这些读者信服的内容。同时，还有一些并不希望深入到报告细节中去的读者，可能需要了解报告的基本观点和相关证据。因此，这类报告通常包括一个适合于一般读者的执行摘要，使用相当少的篇幅和点句格式来覆盖基本信息。这样的执行摘要可能很快转变成为独立报告，从报告中抽取出来，与别的报告编辑在一起，或者干脆成为独立报告。这样，我们在写这类摘要时就要考虑到这种可能性。

这三个例子不过是大量规划文件中的一小部分，我所要说的基本观点是，每一种文件都要因读者制宜。宣传手册不应该写得像提交给规划委员会的政策报告，也不应当写得像背景研究和政策分析报告。每一种报告都有自己的不同功能。

规划师在绘图技能方面水平参差不齐，从可以绘制标准图到只能绘制一个示意图或动画风格的形象，当然，大家的目的都是为了交流一个基本观点。毫无疑问，规划团队里地最好有可以用高标准绘图形式进行交流的成员，然而并不需要团队中的每一个成员都具有同等的绘图能力，所以，规划师绘图技能参差不齐对一个规划团队没有什么不适当。当然，许多规划机构都雇有绘图领域的专业人员，他们不仅能够绘制常规的标准图，而且还能够使用多种辅助设计技术来说明规划。所以，规划师通常只需要有效地与这些有绘图技能的专业人员进行交流就可以了，他们将提供绘图支持。实际上，规划师并不去做那些最后的工艺性工作。这并非说规划师不需要掌握绘图技能。首先，公众印象中规划师的工作就是编制规划；编制规划通常意味着绘制多种规划图和编写文字说明。第二，规划图是有效交流的基础，规划师在提交他们的规划成果时，需要考虑到使用什么方式进行交流最全面，而不要仅仅只考虑用文字表达的报告。以上所说的三种不同规划文件也能支持这个观点，因为所有三种文件都可能使用图示来说明。即使提交给规划委员会的报告也不过是有关一个场地或地方的规划。这些文件旨在进行交流，规划图能够综合地实现交流的目标。所以，规划师需要懂得规划图对文字文件能够成功的贡献，仔细思考规划图可以实现什么，在时间和资金许可的范围内来完成规划图。就亲自动手绘制规划图而言，有些规划师个人的绘图技能可能相当初级，即使这样，了解规划图能够产生的效果，了解如何获得这类效果，就是很重要的训练。

　　所有这些交流技能都能通过实践得到提高。大部分人都能够通过实际工作改善这些技能，至少过得去。同时，由于一些规划师在某种技能上尚有欠缺，所以通过实践训练，他们能够避免因此而产生的困难。正如我已经说过的那样，大部分人在四种技能上总会有长有短，然而一个协调的团队包括通过良好的管理发挥出其强项而不会暴露出其弱项。当然，说一个团队中一些成员所掌握的技能强项可以遮掩个别成员相应技能的弱项没有什么意义，因为无论如何看待最有效地使用团队的能力，个人仍然要对提高自己的技能负责。团队可以提供一个非常有效的提高成员技能的大纲，人们从具有较高技能水平的同事那里学习，我们还能够鼓励人们根据团队的利益，进一步提高自己的强项，而忽略自己的弱项。克服技能方面弱点的最好方式是在规划过程中关注团队在交流方面的经验,研究各自对交流的贡献,还要研究整个团队对交流的贡献,集中关注其他人对团队工作的贡献。例如,有些人擅长于撰写文字报告,但没有使用图示方式说明报告内容,所以,他应当尽力从整体上看这份报告执行交流的功能,了解所有因素如何结合起来,如何得到改善。

我们需要实际利用交流技能,在个人和团队的日常工作中创造实践机会,除此之外,另外一个改善交流技能的重要方向是要保证得到反馈,建设性地思考这些反馈。只要我们能够去发现,涉及这类问题的所有反馈其实就在我们身边;不限于其他人如何看待我们的工作或直接告诉我们。例如,规划服务客户对最后规划产物的反应会推动我们去思考,他们对我们的服务所作出的反应是什么。我们应当对协商过程的成功与失败进行分析,从而理解对协商过程的反应,特别是应当从根本上研究团队中那些成功率比较高的同事,了解他们是如何使用交流技能实现成果的。有一种洗耳恭听的愿望是获得反馈的重要部分,当然,了解所有直接和间接的反馈资源也是重要的。向反馈敞开大门,留意什么反馈回来了。我们应当把交流技能看成规划活动的基础,无论一个人认为自己的素质有多么高,他都要努力在自己的职业生涯中不断提高自身素质。

态度、价值和道德

一旦规划制度发生什么"问题",态度、价值和道德便成为人们激烈争论的问题。在英国,过去 40 年以来,发生过两个引起有关态度、价值和道德问题争论的案例,即称之为"鲍尔森腐败丑闻"(吉拉德,1980)和"北康奥尔案",北康奥尔市议会的决策过程藐视当时的规划政策,因此引起了人们对那里的制度是否公正的讨论(英国环境部,1993)。虽然这些案例成为英国规划制度"出现问题"的非常著名的案例,然而从我的经验来看,它们不过是一个例外。当然，因为通过办理规划许可会使土地或建筑物产生巨大的额外价值，规划过程特别容易滋生腐败，所以，规划官员需要警钟长鸣，把那些有明显证据支持的涉嫌腐败的事情交由有关部门去处理，让他们对此进行调查。的确存在这样的情况，你希望一种诱惑终将消失（希望避免这类困境，所以随之而来的当然是行动），诱惑如此之大，以致让你忘记了可能发生的事情。专门讨论规划师面临这类困境的文献很少，但是伯利（2005）提供了东卡斯特一个规划师在处理这类腐败问题的例子。当然，讨论规划的态度、价值和道德问题的基本目的首先保证不要让这种诱惑发生，如果一旦发生，规划师如何有目的和勇气去面对它们。

在民主社会，作为公共部门活动的规划中都有这样一种宗旨，在包括咨询协商和保持一致性的基本政策框架内，公正和公开地提供公共服务。这个非常简单的声明实际上包含了对此系统中工作人员的态度、价值和道德的基本要求，当然，许多年以来（到我写本书时，大约有60年了），规划文献相对忽略了这个领域。英国有着一个强有力的日常法定规划工作制度，这个制度包括了以上表述的那些特征。当然，我不是说在这样一个制度中工作的规划师不需要思考态度、价值和道德问题，然而，态度、价值和道德的确都以"公共利益"一言以遮之，所有工作人员都处于中性地位（西米尔，1974）。托马斯和赫利（1991）明确地鼓励规划工作者讨论和记录下他们对待此类问题的观点，并把两个论点看做交流的主要论点。第一个问题是，个人价值和个人对工作场所普遍价值体系认识之间的关系，第二个问题是充满矛盾的忠诚或义务。例如，对地方政府就业者而言，对市政议会这个雇佣者的忠诚和对规划服务客户的义务。人们已经讨论过许多处理这些问题的方式：

（1）在使用团队强项和通过管理渠道提出的问题方面，讨论和实施集体行动。

（2）控制个人在工作方向上所做的改变，这些改变有减轻（有时是避免）这类问题的效果。

（3）采取"分工"的形式接手一些事情，实际上就是尽量不去做别人在做的工作。取决于如何做到这一点，可能不容易做到我们第五章所说的与客户相关的种种训练，分工常常就是我们生活的一部分。

（4）按照指导性原则行事，例如，这些原则可能来自人们的信念或职业道德规范，假定这些专业团体确有这种规范，规划师加入专业团体时要接受这些道德规范。

这种讨论的重要意义在于，人们承认规划工作人员面临态度、价值和道德问题，而且，这些问题将伴随他们一生，并提出了一些如何处理这些问题的思路。一些理论文献（托马斯，1994）已经对此作了补充。对于规划师如何处理这些工作中不可回避的问题也许没有太多可以说的，然而，若干学者证明，所有的规划行动都产生出非常广泛的价值问题，这些问题直接和间接地存在于工作中。当然，这个过程的第一阶段一定是认识到，不受价值影响的或价值中性的规划师既不是一个适当的概念，也不是对规划师实际思维和行动的正确评价。这种认识使规划师义不容辞地要找到他们在工作中考虑到的价值，是否能够通过改变态度、价值和道德而给客户提供比较好的服务。

比特利（1994）从两个角度研究了这些问题，一个角度是土地使用决策的道德性质，另一个角度是参与决策的组织和个人的道德性质，两者都具有特定的道德或价值特征。比特利以美国的土地使用规划制度和零散的土地使用决策作为他的研究基础，以"未来的理论议程"为名提出了有关有道德的土地使用政策的12条原则和必须要做的事（ibid.，pp. 262 – 273），其背景是道德多元性。他认为不同的情况"将会使用不同的概念和原则"（ibid.）。图框6.2就是对这个建议的一个总结。换句话说，12个原则和必须要做的事相对任何一个规划情况并非都是同等的，这个纲要提供了一系列道德取向，以帮助规划师思考这些情况。这个建议显示出它受到了环境可持续发展运动的深刻影响（世界环境和发展委员会，1987）。现在，环境可持续发展成为世界上许多地方公共规划政策最重要的部分，所以，当代规划界有可能接受这个纲要的大部分内容。在英国规划制度背景下，比特利纲要的反应是很有意义的，中央政府把实现可持续发展看作规划的基本目的（ODPM，2005a），而这一点正是比特利试图实现的，我们可以从宽泛的意义上这样理解。比特利纲要也与图框6.2中提出的公共部门有效的规划师行为原则相互呼应。同时，在那些因素相互之间发生冲突的情况下，在规划过程的一些参与者不能实践这些观点时，这种性质的纲要不可避免产生出诸如如何在实际工作中按照这些原则行事之类的问题。所以，现实世界的问题并不一定像比特利道德纲要描述的那样，这个纲要还可以作为一个备忘录，有关这个问题的知识和理解可以通过特定的规划项目而展开，它并非颠扑不破的真理。当然，这些情况并不是宣布一个道德纲要的无效，它只是告诫我们，应用这个道德纲要不可能是如此简单的。

图框6.2　比特利有道德的土地使用政策的关键因素

1. 最大的公共利益。有道德的土地使用寻求最大的社会利益或福利，其他的事情是相等的。
2. 公正分配。土地使用政策和能够用来改善（那些社会中弱势群体）的（社会和经济）条件。
3. 防止伤害。有道德的土地使用政策能够防止或减少（对人和环境的）伤害——引起土地使用损害的人应当承担责任。
4. 土地使用权。有道德的土地使用政策必须保护最起码的社会和环境权利，不考虑其收入和社会地位。
5. 环境责任。有道德的土地使用政策对人类和其他生命形式，承担保护和维持自然环境的义务。
6. 对未来人类的义务。今天的土地使用决定必须考虑到他们的累积和长期的后果。
7. 生活方式选择和社区特征。土地使用政策容忍多样性的生活方式，帮助人们追求自己的基本生活计划。
8. 专制和冒险行为。有道德的土地使用应该避免专制行为，在个人的冒险行为可能引起社会费用时，在对风险的知识和理解不高时，（它能够）起到约束作用。
9. 预期和维持承诺。有道德的土地使用要求公共土地管理部门不要食言。

→

→
10. 土地所有权和使用特权。有道德的土地使用把土地使用和开发看成一种特权，而不是一种不可侵犯的权利。
11. 行政辖区间的土地使用义务。没有任何行政辖区是独立存在的；要对其他行政辖区承担道德义务，特别是相邻或周边的行政辖区。
12. 公正和平等的政治过程。土地使用政策和决定必须通过公正和平等的政治过程形成，（它要求）给予所有的利益攸关者参与的机会，（还要求）土地使用管理官员起码具有最低道德标准，包括避免利益冲突。

资料来源：比特利，1994，pp. 262 – 173。

20 世纪 90 年代，英国的诺兰委员会（公共生活标准委员会，1997）推荐了七个公共生活原则，以此作为所有公共部门活动（包括规划）的道德纲要。我把这七个原则放到图框 6.3 中。从这个纲要的性质上讲，它比（特别针对规划的）比特利纲要更抽象一些，但是，这些原则确定了什么应该是公共生活的规范，诺兰纲要当然应该用于规划。实际上，规划领域严格地应用了诺兰原则，因为规划许可能够引起巨大的经济利益，能够引起对多方的诱惑。

图框 6.3　诺兰委员会的公共生活原则

1. 无私——应该完全按照公共利益来做出决策，而不应当按照公共官员或他们的家庭和朋友的经济或物质利益来做出决策。
2. 诚信——公共官员不应该屈服于那些来自外部的影响他们履行职责的经济或其他义务。
3. 客观性——应该按照公共事务本身的价值而不是任何其他的东西做出决策。
4. 负责任——所有以公共利益做出的决策都要对公共利益负责，必须按照程序接受适当的检查。
5. 公开——公共决策，包括如何做出决策和依据，都应该尽可能公开。
6. 忠实——公共官员必须说明任何可能影响他们执行公务的私人利益，必须采取步骤解决那些可能妨碍公共利益的冲突。
7. 领导——公共官员作为领导和榜样应该支持和执行这些原则。

资料来源：公共生活标准委员会，1997。实际上，这些原则以后成为了地方选举出来的议会成员的行为标准规范，所有的地方当局必须按照《地方政府法 2000》的第 51 款执行这项行为标准规范。

　　比特利采用的可持续发展角度和诺兰提出的适当公共行为定义，并不是用来确定规划和规划师道德纲要的唯一角度。亨德勒（2005）提出了第三种可能的方式，以越来越多的妇女进入规划团队为背景，提出了一些广泛的原则，试图建立起一个妇女的规划道德规范。我把它放到了图框 6.4 中。图框 6.2、6.3 和 6.4 在内容和出发点上具有明显的联系，这种联系意味着制定适当的规划道德框架还是一个新兴的领域。是否有可能把这些材料汇集成一个包括每一种方式关键因素的纲要还需要观察。每一种方式的支持者是否支持这种综合也同样是一个问题。无论这个有关综合的建议是否能有结果，这项工作还将继续下去，因为规划师需要一个指导他们工作的尽可能清晰的道德框架。

图框 6.4　亨德勒妇女规划道德标准的基本原则

- 推进健康的社会和自然环境。
- 诚信。
- 承认自然环境的价值和保护自然环境。
- 有意识地考虑影响规划决策或行动的社会力量和利益。
- 提倡发展的未来前景。
- 努力达成共识。
- 使用对权力差异敏感的程序。
- 追求市民间的平等。

资料来源：亨德勒，2005，pp. 53 – 69。

　　职业道德规范或由专业团体发布的道德规范并不倾向于采用比特利道德大纲的方式，它们倾向于关注正在工作中的职业团体的形象，关注个别规划师。所以，它们采取正面和负面两个方向。正如亨德勒所说（ibid. , p. 55）：

　　　　职业规范实际上表达了对职业最理想和最不理想的道德思考。从最理想的角度讲，职业规范能够提供一种职业究竟是什么的规范意义。从最不理想的角度讲，职业规范能够成为门面以换取公众的信任，掩藏不道德行为，在职业人士和客户、同事和社会之间建立一个不可逾越的屏障。

岗德和赫利尔（2004）提出了类似的看法，职业愿望（规范能够成为一种表达）能够影响规划师的行为，期待他们"思考"的信念和价值比他们自己的利益更重要。图框6.5、图框6.6和图框6.7总结了英国、加拿大和美国职业规划机构推动职业道德或类似规范的主要原则。这些原则基于不同的传统，在不同的时期出台或更新，在这个认识基础上对三者（包括支撑这些原则的文件）的比较表明，它们的确存在一些共同特征：

（1）倡导给所有人提供更多的机会；

（2）避免利益冲突；

图框6.5　英国皇家城镇规划院职业道德规范

英国皇家城镇规划院所有成员在他们的职业活动中将：

(a) 有能力，忠诚和诚信的行为；

(b) 运用他们的技能和理解，无所畏惧的公平的做出职业判断；

(c) 按照这个规范的条款，努力对他们的雇主、客户、同事和其他相关人员负责；

(d) 没有基于种族、性别、性取向、信念、宗教、残疾、年龄的歧视，通过提倡机会平等的方式客户服务提供。

(e) 不损害英国皇家城镇规划院的职业声誉。

资料来源：英国皇家城镇规划院网站，2005年8月1日。

图框6.6　加拿大规划院的价值陈述

1. 尊重和考虑未来人类的需要。

2. 克服或补偿行政辖区限制。

3. 赋予自然和文化环境价值。

4. 认识和积极的对不确定性做出反应。

5. 尊重多样性。

6. 协调社区需要和个人需要。

7. 推进公共参与。

8. 明确清晰地说明和交流价值。

资料来源：这是加拿大规划院"价值陈述"的一个速缩写版本。

```
┌─────────────────────────────────────────────────────┐
│              图框 6.7  美国规划协会道德原则陈述           │
│                                                       │
│  我们将：                                              │
│  （a）总是考虑到他人的权利；                            │
│  （b）特别专注现在行动的长期后果；                       │
│  （c）特别注意决定的相互联系；                           │
│  （d）给所有受到影响的人和政府决策者提供及时、适当、清晰和精确的规划 │
│      信息；                                            │
│  （e）给那些将会受到开发计划和项目影响的人们（包括那些没有正式组织或缺 │
│      少影响的人们），提供机会，对相关开发计划和项目实施有意义的影响； │
│  （f）认识到为满足弱势群体的需要制订计划的特殊责任，提倡种族和经济的融 │
│      合，通过扩大每一个人的选择和机会，寻求社会公正；      │
│  （g）倡导优秀的设计，努力保护自然和建筑环境的整体性和历史遗产；  │
│  （h）在规划过程中，公平对待所有的参与者。                │
│                                                       │
│  资料来源：美国规划协会，2005 年 3 月 19 日执行。        │
└─────────────────────────────────────────────────────┘
```

（3）尊重信息保密；

（4）公开经济事务；

（5）提供客户需要的高质量服务；

（6）倡导公众参与规划事务；

（7）保持职业信任度；

（8）执行这些规范。

这些原则都没有比特利的土地使用道德原则那样综合。有一点是清楚的，那就是个人和职业组织都承认道德问题是职业生涯的重要部分，有训练的规划师需要懂得职业道德，需要不间断地反思职业道德。在未来发展中，一定会出现涉及这类问题的文献，不仅仅集中到规划师的标准行为上，也集中到接受规划服务的客户合乎情理的期待上。

反应训练和持续的个人和职业发展

从某些方面讲，反应训练说起来容易做起来难。深思熟虑的实践者永远在寻求反思，从他自己和同事的经历中接受经验教训，让个人的认识和对背景的理解持续发展下去。我们常常说，教训是很难汲取的，但是，最能够记住的正是那些痛苦的经历；通俗地讲，"艰苦的磨炼"是一所好学校。当然，只有理解这种使我们产生巨大困难的经历究竟是什么，并且有意识地努力去保证未来不再经历如此困难的情况下，这句话才是正确的。当艰苦的磨炼的确成为了一所好学校时，还要测试我们是否永远是它的学生。这不仅要求个人的学习过程，还要有一种学习的愿望，与参与者讨论自己的经历，与不在其中的同事讨论自己的经历，他们可能已经获得比较好的工作业绩，如果将来出现了这些情况，如何可以实现比较好的结果。当然，这些方法也能够用到情况并非如此困难的条件下；痛苦的经历没有什么特别，它也可能用到不那么痛苦的经历中。我在这里所说的是，这种工作和反思方式把我们自己的经历和别人的经历都当成了学习的工具，而不是让它们成为过去而流逝掉。

我并没有说从经验中学习是一件容易的事情。正如克鲁姆霍尔茨和弗雷斯特（1990，p. 242）所说：

> 我们究竟如何从经验中学习？我们不仅仅有经验，我们有的是某种特殊事情的经验。"经验"是一个笑料，理论给历史开了一个玩笑。从抽象的理论到基础坚实的具体历史，我们很快就会了解到，经验是无穷尽的、无缝隙的、无方向的，有时是引人注目的，有时又是令人厌烦和不符合实际需要的。没有方向，我们就将向后退而不是向前走。没有广泛的目的，我们的历史经验似乎没有意义。没有紧迫的问题，我们就可能认为过去不能回答我们今天面临的问题。

这样，反应训练至少在很大程度上涉及背景，即把我们的经验编织起来的目标和问题，背景就是经验本身。有时，处于组织中的规划师会发现，这个组织会帮助成员提出问题，但是在更多情况下，规划师必须依靠自己来提出问题。克鲁姆霍尔茨和弗雷斯特这段话说明，从经验中学习会贯穿于我们的一生，是我们工作和反应的一种方式，而不是一系列间断的事件，如果我们理解自己的工作是一个更大工作的组成部分的话，就需要把我们的工作放到一个背景中去。从经验中学习绝不是对过去漫无目的的沉思；而是对背景、构成和方向条分缕析的反映。当然，其他人有关规划实践的经验能够帮助我们学习，广泛的类似于规划工作领域的公共政策分析也能帮助我们学习。当然，从根本上讲，反应训练要求一个人活到老学到老。因为反应训练这个概念对本书所提出的问题太重要了，所以，我在第十章还要再说明规划师其实就是一种反应训练者。

努力发展自己的反应能力之所以重要，是因为规划就是关于变化的，我们的全部职业生涯都会处在可预见或不可预见的大量变化之中。例如，本书第一章所描述的变化几乎跨越了我全部的职业生涯。当然，有些经验受到其他规划师的影响，有些没有什么重要内容。所以，成功的规划涉及对变化的管理和适应变化的过程。虽然每一个情况都可能包含着独特的因素，然而，大部分情况下的成分还是能够在经验中找到的；严格意义上的"新"还是非常罕见的。除了这一点，反应训练者还要认识到，不接受过去相关经验的教训，可能会出现重复过去错误的危险。比较积极地讲，因为对经验有所领会，在处理事物方式上的一点点改进，对于客户服务都是值得的。所以，发展反应训练，形成良好的反应习惯，不仅仅可以成为一名好的专业人士，成为一名卓有成就的专业人士，还能实现比较好的客户服务成果。毫无疑问，对个别过程和行动的正式评估（霍格伍德，1984），对一轮规划（西斯，1996；伽芬，2002）或特定案例（塞格林，2001）的规划过程所实现的成果做纵向的正式评估，也能有助于反应训练。最近这些年，人们更多地关注发现和传播好的实践（如英国城市更新协会在城市更新领域所做的工作，罗伯特和思克斯，2000；伯伍德和罗伯特，2002），这也是一种很有价值的反应资源。反应训练者还能够以开放和诚实的方式撰写自己的经验，让这类资料尽可能为人所用，为规划知识的积累做些贡献。这类资料对于规划界同行创造性地思考的确很有价值，但是每一个案例和每一个行动都有其特殊性，所以这类资料需要因地制宜地使用，而不能不假思索地拿来套用。这样，没有任何东西可以替代反应训练和反应的习惯；所有这类二手资料仅仅是反应的有用的附属品。

在这个背景下，我们还注意到，专业社团越来越多地要求其成员参与职业发展计划。例如，英国皇家城镇规划院要求它的成员参与职业发展计划（CPD），找到自己的职业发展需要，在两年期间，最少做 50 个小时的职业发展计划学习，以满足从事规划专业工作的需要。对于反应者，这种学习是一种义务，但是这种职业发展计划应该看成是个人发展过程的一个部分而不是负担。在规划领域，总有需要不断学习的东西，职业发展计划给规划师和他们的雇主提供了一个继续学习的纲要，以此作为继续职业生涯的一个条件。

成为规划团队一名有作为的成员

从规划工作的规模、所要求的技能、经验、能够准时调动的资源等方面讲，大量规划工作都是团队工作。甚至在规划师独立承担工作时，这项工作也是在延续一个历史，处在一个规划背景中，构成一个结果和执行的系列。换句话说，个别人的工作总是处在一个"隐形的团队"之中，有着它的过去、现在和将来。认识到团队成员的责任是成为一名有作为的成员训练的一个部分，这种责任既包括对团队其他成员的责任，还包括完成任务是所承担的责任。我们常常说，一个团队的强项是由这个团队的最弱项来衡量的，团队成员的责任之一是，要努力淡化个别成员。

对于规划的团队工作有许多可能的优势，其中一些如下：

- 团队工作让许多人把思维集中到一个特定的情况上。例如，在一项任务开始的时候，团队成员间的互补能够在理解和完成任务方面发挥重要作用。这种理解常常通过"假定的"规划方法来实现，而"假定的"方法使用团队成员的知识和经验，据此制定了一系列有关任务参数的假定。这些假定随后形成有关整个任务的形式和规模的判断，在这个宽泛的理解范围内，要形成个别任务相对重要性的判断，否则这些判断将在过程晚些的时候出现，进而不可避免地导致整个过程的发展慢下来许多。当然，当这个过程展开之后，有必要检查这些假定是否精确，当一个假定或一组假定明显错误时，要对它们进行修订。按照我的经验，随着规划过程的展开，调整细节常常是必然的，通过这种方式，很快就能认识到轻重缓急的次序，当这种调整依赖于总体方向而不是细节时，便能够很好地确定这项工作。

- 团队工作可以让大量工作并行而不是前后相继的进行。使用以上所说的假定方法能够很好地说明这一点，因为假定方法能够把工作项目确定在一个共享的假定之中，这样，就没有必要等到每一个假定都得到确定或修正，也能够推动工作继续下去。

- 团队工作能够把适合于一项工作的多方面人才和富有个性的人集合到一起，共同从事这项工作，从而让团队的工作超越每一个个人所能做出的贡献。正如我已经说过的那样，大部分人所掌握的技能都不全面；我们每一个人都有强项和弱项，然而，如果能够很好地管理团队的组建，就能够协调好团队中每一个成员的工作，从而使整个团队强大而有力。

- 团队工作给个人提供了很好的学习机会，因为团队所承担的工作范围和重要性比起任何一个个人都要大许多。当然，仅仅把一组人纠合在一起，不一定就会产生相互学习的经历。只有当团队成员有了获取经验的愿望，当然，如果团队管理者和高级成员有意继续学习，认为自己有责任帮助团队成员，一定能够帮助推进团队成员之间的相互学习。

- 团队工作能够成为实现工作满意的一个源泉。团队成员对团队成就的骄傲可能不如对自己成就的骄傲，但是，大量的规划工作都是通过团队方式进行的大规模工作或项目。那些发现自己难以适合于团队工作,不能在团队工作中找到自己工作的乐趣的人,将不会得到承担许多主要规划任务的机会。

工作团队的确也存在一些潜在的隐患:

- 工作团队非常依赖于团队成员间卓有成效的沟通,依赖于对工作任务悉心的分工。那些管理松散、随心所欲和处于半混乱状态的团队有时可能鼓励了创造性,甚至有些人乐于此道,但是从根本上讲,它会面临没有效率也没有效果的危险。团队工作方式取决于团队管理者所采取的方法(如层次性或集体性),以及如何把这种方式转变成为日常工作秩序。如果团队管理方式没有处理好,团队资源不会得到充分利用,团队成员可能会感觉到失望。

- 工作团队对那些具有显山露水个性的人比较容易分配工作,而对那些具有深藏不露个性的人就比较难以分配工作。这不仅对个人而言是一个问题,对整个工作团队来讲,这也是一个问题,因为工作团队非常依赖于团队中每个成员是否全力以赴地工作。由于一些成员感觉到另一些成员没有竭尽全力,从而导致团队成员间的裂痕,形成帮派或其他一些不正常的关系,所以这种状况对团队工作极具破坏性。

- 工作团队规模的算术性增加会导致团队成员间相互作用呈几何性增加,这样成员间的紧张关系会影响到工作团队的效率,成员越多,效率降低的可能性就会增加。团队管理就是有关人际关系的管理,好的团队不仅在技能上实现了某种平衡,而且在人际关系上实现了某种和谐,无论团队成员如何从人品上看待其他成员,至少从职业上会考虑如何与其一道工作。

- 工作团队负责一定的事情并没有明确团队成员的个人责任,所以在团队工作情况下,责任要分解。的确存在从一开始就对团队成员工作和责任分配不当的情况,然而纠正这些不当的前提是划定责任区，这本身就是一个问题。

- 工作团队的建立至少在一定意义上是针对特定任务或承担特定功能的，它并非一定可以看到，当已经不再需要它去完成那些任务或者它完成任务的方式正在变得没有效率，那么改变工作团队的方向非常困难。如果团队形成了一种不鼓励自我批判或自我怀疑的风气，那么团队的行动会变得自我强化，从而加剧了改变工作团队方向的困难。这同样是一个团队管理问题。认识团队行动是否仍然适当，同管理团队常规任务进展（如目标确定和任务分配）一样重要。

- 工作团队的成员有可能分享有关一种情形的一般假定（言传或意会的），而其他利益攸关者并不认同这种一般假定。这可能在与合作者的有效工作上造成障碍，在最坏的情况下，从精神上损害"我们和他们"。以上提到的有关规划的假定方法是一种让工作迅速开展起来的方式。所以，公开提出这种假定，在可能的情况下与利益攸关者一道对此进行查验是十分重要的，其目的是保证从工作团队之外看，这个假定不会成为障碍。

对规划工作中的优势和劣势的认识让我们得到了一些非常简单有效的基本规则：

- 团队管理十分重要。需要有关各方商议一种被各方了解的程序，无论什么样的管理安排，这种程序都既能够允许完成常规的管理任务，还能够维持对团队工作的整体把握，特别要注意规划服务客户对这个程序的反馈。

- 团队的构成不仅需要关注团队成员在技能方面的搭配，而且还要注意团队成员的个性和相互合作的能力。这样做的目的是让一个团队拥有必要的强项并发挥这些强项。许多管理者因为多种原因而不能按照他们的意愿形成团队，而是必须与交给他们的团队一起工作。在这种情况下，应当因势利导，在必要的时候对工作团队作出调整。团队管理者不仅需要看到空缺的位置，而且要从团队整体的需要上去创造新的工作岗位。

- 团队需要把自己看成由所有成员共同承担责任以完成一项任务的团队。这种团队的重要组成部分包括对实现目标、工作方法以及团队采用的内外交流工作的共同所有权。

- 团队需要让每一个成员都确定自己在团队中的角色，确定这些角色和团队整体任务之间的关系。他们需要认识到他们所承担的责任是整个团队工作的组成部分，也是其他团队成员工作的组成部分。

- 团队需要看到自己是在一个学习环境中从事工作的，通过反思经验和这些经验产生的环境，通过发展每一个团队成员的工作，不断努力改善自己的绩效，了解团队工作结果的连续相关性和工作方法是改善工作绩效的重要部分。作为一种回报，反应方式将会给团队每一个成员一个适当的工作机会，从而发展他们的职业训练。

- 团队需要在这样一个原则下工作，寻求团队工作方法所产生的效益最大化，尽可能避免因为使用团队工作方法而引起的沮丧。既了解团队工作的实质，也了解因此而产生的问题，是把这种原则变为实际行动的第一阶段。

- 团队成员需要时刻记住他们是这个整体的一个组成部分。例如，大部分规划部门都是由若干个团队组成的，这些团队在多个层次上以多种方式相互作用，它们处于相互依赖之中，所以应该相互支持。当然，许多规划部门所面临的问题之一是，团队划分或团队组成体制能够成为他们之间沟通的障碍，这种障碍能够降低整个规划部门的工作效率。对团队的忠诚应当与对部门的忠诚同时存在，而不要排斥对部门的忠诚。

许多人在成为规划团队的管理者时并没有受过正式的管理训练；事实上，他们之所以被推到这个岗位上，不是因为已经证明了他们具有管理经验，而是他们作为一个规划师的工作业绩。当然，他们作为一个规划师的业绩可能预示他们具有成为管理者的潜力。有关管理的文献多如牛毛，我的这本书不打算深入到这个领域，芬奇曼和罗德斯（2005）对此做了一般介绍。第七章还将讨论这个主题。

团队成员是工作在公共部门、私人部门和志愿团体的规划师职业生涯的重要部分。甚至那些本质上从事一对一客户服务的规划师，也应当按照团队方式思考自己的工作，特定的一对一关系相当于团队的一个部分。这些经历将会给规划师大量机会去反思团队的成功和失误，同时反思团队工作的内部发展。努力理解究竟什么是较之于其他形式更为有效的团队是一个复杂和微妙的任务，因为与其说它是团队职业分工还不如说是人际关系。因为团队机制在规划活动中发挥了如此重要的作用，所以，理解究竟什么是较之于其他形式更为有效的团队是不断反思我们工作经验的一个部分。

小结

这一章的大部分内容涉及，作为个人的规划师，需要了解和努力做到的那些改善自己工作方式的因素，果真这样做了，他们的工作一定会大不一样，检查和改善自己的交流能力，思考决定他们工作方式的道德和价值，发展方式的技能，考虑如何改善自己在团队工作条件下的个人贡献。那些一直有规律地进行和正在开始做这些方面训练的人都取得了很大的进步，这种进步既发生在升迁意义上，也有我个人对他们工作质量的感觉上。那些打算以这种方式发展自己技能的人都获得了最富有挑战性的机会，而这些最富有挑战性的机会恰恰提供了进行反应的最好时机。所以，当规划师感到他们并不能十分稳定地控制住他们所做的工作，这一章正好说明了他们能够产生影响的事情，即他们自己和用来完成工作的方式。

自我评估的论题

1. 对你自己的交流能力作一个检查。诚实地评估一下你的讲、听、写和绘图的交流能力，你认为它们的效果如何。把你的评估结果交给一个你认为可以作出独立评估的人，讨论他们对你交流能力上的看法和你对自己交流能力的看法之间不一致的地方。针对那些检查出来的最薄弱的方面，编制一个个人计划，努力通过实践活动去改善它们，达到可以接受的水平。尽量找到那些可以帮助你提高这些方面训练的人。

2. 找到地方规划文件的一个样本。谁是这些规划文件期待的客户？你认为这些规划文件在与客户交流时的效率如何？如何对这些文件加以改善？

3. 仔细研究图框 6.2 ~ 图框 6.7 中总结出来的道德和行为原则的关键因素。你认为在多大程度上能在这些材料上签字？你从任何一个原则中能够提出什么样的问题？你在多大程度上认为，这些纲要中的一些因素可能与纲要中的其他因素发生冲突？

4. 以一个最近你正处于其中的团队为例。不需要一定是一个规划团队或者一个处理与规划相关问题的团队。你认为这个团队的工作效率如何？让你作出结论的主要因素是什么？这个结论在多大程度上是与内部机制相关的，在多大程度上是与外部环境相关的，尽量列举这个团队的强项和弱项。如何更多地利用这些强项，如何克服这些弱项？你自己作为团队成员如何有效地发挥了你的作用，满意与否，如何改善了你对团队工作的贡献？你经历了哪些主要困难，如何克服这些困难？

第七章

组织结构、管理体制和政治背景训练

引言

第三章主要涉及规划程序方面的问题，特别与这样一个事实相关，因为规划过程的参与者需要得到有关规划的意见和指导，所以规划师需要是制定规划方面的专家。这一章从不同的角度来研究同样的一组问题——如何在规划体制内提供规划结果。换句话说，第三章是关于告诉人们如何能够最好地与规划系统相联系，这一章则是从规划体制内部出发，讨论如何使规划系统工作起来。

就工作方式和工作结果之间的区别而言，解释这种如何使规划系统工作起来的训练的重要性并不困难。到目前为止，本书的大部分章节基本上都是有关规划结果或规划目的的，而这一章从本质上讲涉及的是有效提供规划服务的方式。规划师是这个复杂的公共组织的内部成员，这个组织在完成工作的过程中存在公司运作性质、管理性质和政治性质等等方面。没有完成规划的工作方式就不会有规划的结果。规划师需要在递送规划方面卓有训练，需要清楚他们所要实现的是什么。所以，这一章涉及，了解在相对大型公共组织里工作的规划师，完成其规划工作的若干关键层面。由于提供规划服务的模式多种多样，所以完成规划工作的若干关键层面不一定是地方行政管理当局，它们可能是有着规划目标的公司性质的组织，它们有管理体制和自身的愿望，它们有做出决策的程序，其中存在政治性的方面，常常包括了非专业人员，他们以某种方式代表着接受规划服务的客户，以一种准"政治性"的方式工作。

在简要研究规划的决策问题之后，这一章讨论组织行为的公司运作以及它的规划意义，作为规划决策者的议员们的工作程序。

最后，我还是提出一些自我评估的论题，使读者能够深入地探索这一章所讨论的材料。

规划的决策

作为公共服务的关键规划决策可能包括：围绕规划性质和内容的决策；帮助执行规划改善目标的决策；由其他方在规划指导背景下提出的与开发计划相关的规划许可决策。大部分社会的这类决策通常由法规控制，这些法规授权一些组织以社区的名义做出决定。这就很简单地解释了为什么规划决策不仅仅是作为专家的规划师的工作，实际上，这些规划决策还有政治的属性，当然，这种具有政治属性的规划决策常常与规划团队的工作框架相关，而不是有关个别决定的。权利是公共的权利，在民主社会，我们期待这种权利以这样或那样的方式由对我们负责的人来行使。这些权利也是授予政治组织的权利，如地方行政管理当局，即使从最狭义和党派政治的意义上讲，这种权利也并非总是"政治的"，但是从本质上讲，这种权利还是"政治性的"。

为什么把作为公共活动的规划看作一种政治过程的第三个理由是，从规划所涉及工作的本质看，规划决定的结果上的确存在利益的获得者和利益的丧失者，有时这种利益的规模相当大。例如，一个开发计划能够让业主和开发商产生大量的经济收益，而让社会的其他群体对此付出代价，如交通拥堵、噪音、视觉干扰和运营时间等等。所以，规划过程旨在（无论有意还是无意地）平衡这些利益。由于规划让一些人占得优势而让另外一些人处于劣势，规划过程本质上是一种政治活动。当然，在理想的世界里，所有的开发计划将只带来收益而没有任何痛苦——经典的"双赢"状态。然而，在现实的世界里，任何一种规模的开发计划并非总是如此，所以必须做出现实的选择。这就产生了规划师惯用的经典词汇"平衡"，然而，事实上在任何情况下，用来作为平衡行动基础的判断，产生于用到这种情形上的价值和假定中性的职业评价，两者至少一样多，决定哪些价值应该使用的过程在本质上也是一个政治过程。

我之所以在这一节的开始讨论这种论点，是因为这种论点的确曾经是我学生时代费尽周折才理解的论点。在与现在的规划专业学生的接触中，我了解到这个论点对许多人来讲依然是一个问题。为什么如此，这些满心狐疑的人们可能提出什么，非规划专业人士的观点难道比我这个受过规划专业训练的人的观点更为可信？我希望以上讨论至少澄清了三个方面的问题：

1. 规划权在法律上属于那些由社区选举出来的人或与此相当的人构成的组织，他们拥有法律规定的决策权。

2. 规划决策的基础是一系列立场，就未来场地开发和在那里生活和工作的人们的需要而言，这些立场涉及广泛的公共利益。由通过某种适当方式对全体居民负责的人最终做出这种判断。

3. 规划的主题是，在什么情况下谁得到了什么，决策的基础在本质上是政治的。

相比较我做学生的 20 世纪 60 年代，这些观点今天得到了更好的理解；也许应当更精确地说：较之于过去，现在的规划文献更好地表达了这些观点。阿兰·阿尔特舒勒在他的案例研究中对这些方面和战略进行讨论时，揭示出规划师习惯声称自己的权利而不承认他们规划行为的政治性质（如那本书第二章开篇的例子），许多人都是这样（阿尔特舒勒，1965）。当然，现在作为公共活动的规划本身，其政治性质已经成为大量规划理论的起点（布鲁克斯，2002，第一章）。正如布鲁克斯所说：

> 规划师提出他们社区面临的最重要的常常也是最明显的问题；这些问题一般都是在定义、原因和解决办法上存在困难的宽泛问题；规划师受到大量外部因素的影响，这些影响规定了他们的作用和责任。当然，换句话说，规划是高度政治性的活动。（ibid., p. 13）

即使采用一种不太明智的方式，从规划师的工作经验出发，而不是从规划任务出发，结果基本相同。布鲁克斯说：

　　　　与一个规划师相处 15 分钟，询问他或她现在花费最多时间的项目，你会非常快的听到与项目相关的政治问题。（Ibid.）

　　这样，对规划的政治方面持有怀疑态度的学生需要调过头来接受这样一种观点，政治是民主社会规划工作不可避免的成分，在这种情况下，规划的任务是政治过程中的工作之一，特别是应当尽你所能地给政治家提出你最好的规划意见。这并非意味着要去否认规划的专业性价值，而是努力与固有的政治过程建立起适当的关系。

　　当然，政治卷入过程的性质随时随地总在变化。我能够拿我从事开发管理决策工作的经历说明这一点。在 20 世纪 70 年代后期，我在新成立的南泰恩赛德（MBC，都市区议会）地方政府工作（1974 年英格兰曾经重组调整了地方政府），居于支配地位的工党议会采用了由被选举出来的地方议员控制这个地方政府全部工作的原则。还有一个原因就是选举出来的议员缺乏对官员的信任，这种不信任并非因为官员在本质上不值得信任，而是那里每一个人都处在新的角色上，还没有建立起官员和议员就开发管理一道工作的传统。这些因素结合在一起意味着，几乎没有在开发管理决策上给规划官员任何授权。而在 20 世纪 80 年代到 90 年上半期，我在曼彻斯特工作时期的情形就大不一样了（基钦，1997，第五章）。这个建立久远的市政府对开发管理决策已经形成了可以信赖的程序，从 20 世纪 80 年代到 90 年中期，授权给规划官员处理的开发管理申请从 55% 发展到 65%（55% 这个起点数字远远高于 1979 年我离开南泰恩赛德时的数字）。实际上，所有非诉讼的申请都授权给了规划官员（Ibid. p. 89）。自 2002/2003 年起，中央政府的政策是，所有地方政府应当把 90% 的规划申请授权给规划官员去决定（001，6.37 款）。这个政策的基础之一是，在一个规划引导的体制中，较之于过去而言，更高比例的决策应该是简单的，当然，我怀疑采用这个政策的主要原因是，人们认识到这样做是提高规划决策速度的最有效方式。我们已经看到，提高规划决策速度是一个基本的政府工作目标。让地方规划管理部门做到这一点不可能是一蹴而就的事情，特别是对于许多议员来讲，这样做被看成是剥夺了他们参与决策的权利，把更多的决策权利交给了地方规划官员。所以，地方政府协会做了大量的工作（英格兰地方政府的代表机构），它提出了给予地方规划部门更多授权的主张，并且提出了做到这一点的若干模式（地方政府协会，2004）。

这三个故事所揭示的是，30年以来，在开发管理决策方面，地方议员和规划官员之间的平衡发生了很大的变化，在开发管理决策上议员的作用实质性地减少了，当然没有完全去掉。议员们仍然参与10%的规划申请决策。这样做的理由是，这些申请可能是复杂且充满争议的，在做出规划决定时，有些判断应当展开政治辩论。

我们可以从有关在地方政府规划委员会工作的地方议员是否应该接受专门的规划训练问题的讨论中，看到有关规划决策政治性辩论如何发生变化的类似过程（在这一章后半部分，我将专门讨论如何与作为规划决策者的议员们一道工作的问题）。这个变化过程所揭示的是，这场争论原先讨论的是对地方议员做这类训练是否可能或有必要，而后变成了讨论对地方议员做这类训练是否应当是强制性的。争论中没有改变的是，承认规划决策的政治方面十分重要。从本质上讲，这种争论承认政治因素现在是而且未来还将是规划活动的重要组成部分，通过做一些规划方面的基本训练，让地方议员们取得承担这种政治角色的资格，所以，这一争论推动了对是否需要形成一个规则的探索。总而言之，规划决策的政治性质已经明确地得到了承认，人们也探索了是否通过创造一个培训要求，让地方议员们接受相应培训。

地方议员进行规划决策过程的另外一个因素是，编制一个指南，说明议员们应当如何对待规划问题，规划问题与第六章讨论的道德问题相关，这种指南也涉及规划师的职业道德问题（地方政府协会，2002，2005）。这种指南的重要意义是，它清楚地接受了规划决策中的政治方面，这样，它试图面对决策者的廉洁和公正等问题。当我们把规划当作公共行动来处理，我们正面对一个具有政治方向的过程。这种情况不可避免，我们不应该回避它，因为这种情形是人们期待的且必要的。承认这种情况，然后对此加以认识，进行训练，以便在这种情况下能够成功地解决规划问题，正是这一章的出发点。

组织行为的企业运作方式

在我从事实际规划工作期间，最值得注意的变化之一是，英格兰地方政府的组织行为变得更为企业化了。也就是说，地方政府不是各种相互独立的公共服务的组合，按个体各行其是，相反的，地方政府是寻求对关键问题和机会采取一个协调一致的观点，跨越公共服务领域的界限，期待市政府提供的各类公共服务在一个统一的框架内运行，按整体协调整个地区的公共服务。在这种背景下，公共服务提供者在多大程度上才能感觉到，这种结合起来的公司运营方式适当地吸收了他们的专业技能，常常成为这些公共服务提供者的一个大问题，或者说，他们是否感觉到这个"中心"在很大程度上施加给公司的运营方式，并没有考虑那些从事实际工作的人们的经验和实践（基钦，1991）。就我的经验来看，这些关系随着企业运行方式的兴起而存在，但是，这些关系几乎没有改变地方政府组织行为向企业方向的转变过程。

长期以来，一直都有关于以企业方式管理地方政府事务的讨论（里奇，1994，第五章；布兰克曼，1995，pp. 25 – 29），这种学术讨论从企业和其他组织的运作方式里吸收了大量积极的因素（阿根廷，1968）。

从非常简单的层次上讲，地方政府的各个服务部门通常都是给同一个行政辖区内居民提供服务的，当然，各自提供了某一方面的服务。这个事实表明，为全体居民的利益服务应当成为所有部门工作的一个因素。我的经验是，这是许多地方政府工作人员的共同看法，但是各个服务部门都倾向于认为，他们这条线所提供的服务最为重要，这就不可避免地产生了从整体出发和从个体出发的立场之间的某些摩擦。企业运营方式的复杂性是存在这种关系的原因之一；卡尔莫纳等（2001，p. 40）提出：

（1）在一个战略远景基础上，协调地方政府范围内的目标；

（2）有意识地分享信息和资源；

（3）在最高层次上承诺联合工作；

（4）寻求对特定问题的综合且协调一致的解决办法。

我的确曾经在这样的情形下工作过，一些关键部门没有完全按照这些要求去做，而丢掉了其中的一些要求，因此，要想按照企业组织行为来工作的确不易。1992 年，我作为曼彻斯特市议会的行政长官工作过半年，所以，我当时说的责任就是负责全盘事务，而不是这个机构中的某项服务。这段工作经历让我进一步感觉到了这种企业组织行为的困难。这也许可以帮助解释，英格兰地方政府组织行为向企业方向转变为什么会不平衡，为什么有些地方政府比起其他一些地方政府更成功一些。

实际上，我第一次经历这种非常不同于常规的做法还是在南泰恩赛德都市区工作期间。按照《城市地区法》（1978）的规定，南泰恩赛德都市区议会采用了"项目主管"的身份。"项目主管"意味着有机会获得大量来自中央政府以"城市项目"名义下发的补贴资金（通常占项目资金的70%），以处理今天所说的内城问题，当然，从中央政府获得这种资金的条件是提出"内城地区项目"（环境部，1977），按项目下发资金。立项时向中央政府提交的项目申请报告中要包括的内容有，对内城地区关键问题的分析，解释通过应用主流资金处理这些问题的方式，在内城地区使用这些资金的重点，以及就"城市项目"资金所要采取的进一步行动。这对于南泰恩赛德都市区政府无疑是一个巨大的挑战，因为报告要求说明的问题横跨了地方政府的各个方面；地方政府中没有哪个部门曾经做过此类综合性的工作。然而，地方政府当然不愿意放弃这个机会，所以它建立了一个新的企业性团队，承担编制第一个南泰恩赛德内城地区项目计划，这个计划涉及地方行政当局的若干部门，当时，我发现自己身处这个团队的日常领导岗位上。不用假装谦虚，规划服务寻求这项工作领导权的原因是，规划服务所做的工作本身就是非常综合的，它最具有承担地方政府这类工作的能力。尽管住宅、教育、社会服务等部门所提供的服务同样也是解决内城地区问题的重要方面，但是，规划部门的角度是行政辖区整体以及各个组成部分的福利，而不是像住宅、教育、社会服务等部门所提供的功能性服务项目那样。抓住这个新的机会，编制内城地区的发展政策，以综合协调的方式为这个地区提供公共服务。这样，以企业组织行为运作的公共服务机构的目标就十分重要了，进而其组织体制也必须适应于这个目标，在这个过程中，规划服务成为市政府最重要功能。

过去 20 ~ 30 年，英国许多从事实际规划工作的规划师也会告诉你相似的故事。由于规划工作具有空间发展的工作重心，使它有别于那些以功能为工作重心的其他政府公共服务部门，也许这就是为什么规划部门最能够接受跨越个体分割的传统政府体制，采用以整体为基础的工作角度。事实上，规划和规划师常常在这些体制改革过程中发挥重要作用。发展规划也是以场所为重心的，而地方政府编制的大部分其他关键政策文件缺少的就是这种空间性的重心。当然，正如我们已经在书中看到的那样，空间重心常常让实际开发规划寻求多种理论上和操作上的理由。《规划和强制购买法》（2004）在英格兰引入的新型规划在一定程度上就是重新找回规划在提供战略和空间重心方面的功能，当然，与原先的情况相比，已经出现了很多重大变化。对于现在的目的而言，最重要的两个区别是，每一个地方都有了有关整个社区的战略，编制这种框架文件的过程不仅仅只是地方政府的工作，还包括了广泛的合作过程。所以，下面我再对此做更为详细的讨论。

《地方政府法》（2000）把编制社区战略规定为英格兰地方政府的工作。图框 7.1 依据地方政府当前指南（DTLR，2000），总结了这种社区战略的基本点。从这个总结中，我们可以明显看到如何期待这种社区战略，直到这个要求提出时，我们还没有看到过如此完整的单一文件。最接近这种模式的文件可能是一些城市在 20 世纪 90 年代编制的"城市简介"，这种文件旨在为城市发展设定一个总体战略，如何实现城市更新（如曼彻斯特市政府等，1994）。

图框 7.1　英格兰的社区战略

社区战略的任务是"通过改善本地区及其居民的经济、社会和环境，提高地方社区的生活质量，致力于实现英国的可持续发展"。

为了达到这个目的，社区战略必须满足 4 个目标：

(1) 允许地方社区（当然需要界定）提出他们的愿望、需要和首先要做的事情；

(2) 协调市政府和其他在当地进行的公共的、私人的、志愿的和社区组织的各项活动；

(3) 集中和安排这些组织现在正在进行和未来将要进行的活动，以便有效地满足社区的需要和愿望；

(4) 致力于实现地方和更大范围地区的可持续发展。

所以，社区战略必须包括 4 个关键部分：

(1) 集中体现期待实现具体成果的长期远景；

(2) 与短期首先要做的事情和活动相关的行动计划，这些短期内实现的目标有助于实现长期目标；

(3) 对执行这个行动计划的共同承诺和具体的计划；

(4) 对行动计划执行实施监督的安排，周期性地对社区战略进行评论的安排，以及对地方社区报考进展情况的安排。

在社区战略以相互不同的方式反映地方情况时，它们都应当以 4 个原则为基础：

(1) 密切联系和深入地方社区；

(2) 让社区内外的议员主动参与；

(3) 通过地方政府与地方其他组织形成的"地方战略合作伙伴"制定和执行；

(4) 以适当的需求和有效资源评估为基础。

资料来源：根据交通、地方政府和区域部的建议标准（2000）编制。

图框 7.2 是按照这个框架编制出来的社区战略的一个例子，这个社区战略由赫尔市的地方战略合作伙伴"赫尔城市远景"具体编制。对赫尔 8 个战略论点的考察显示出，规划能够以多种方式对这些战略产生影响。实际上，在《规划和强制购买法》（2004）引

起的改革下，制定规划所面临的挑战之一是找到有效的方式，即帮助实现社区战略设定的目标，也帮助进一步发展社区战略本身。正确处理好这种关系的意义包括：

（1）规划制定过程需要重新理解社区，社区战略期待以此为基础。

（2）以更为整体和综合的方式看待未来的发展。

（3）采用把社区规划在战略尺度和地方规模上的方式。

（4）认识地方发展框架的价值，以此作为提供公共服务的机制。

图框 7.2　赫尔社区战略

赫尔社区战略在三个层次上展开。最高层次是一般战略远景，包括 8 个战略论点，每一个战略论点形成一个行动计划。

远景：

赫尔社区 15 年的远景战略是发展成为"一个充满信心、充满发展活力和包容的社区，人们要在这里生活、学习、工作，要来这里访问和投资"。

关键论点：

这个战略寻找出 8 个论点：

（1）维护和改善社区安全；

（2）改善健康和社会福利；

（3）更新城市经济；

（4）保护和改善环境；

（5）提高城市形象和城市精神面貌；

（6）创造学习型城市；

（7）重新振兴住宅市场；

（8）改善交通。

行动：

8 个关键论点分别有一个行动计划，并由 4 个因素构成：

（1）目标；

（2）如何衡量成功与否；

（3）我们的出发点是什么；

（4）具体采取什么行动。

资料来源：根据"赫尔城市远景，2002"总结。

（5）在研究和编制文件中通过分享资源实现经济合理。

（6）通过让利益攸关者参与到社区战略编制和规划过程中来，以解决有冲突的目标。

中央政府就这些问题所做的研究也包括了规划师在实现这些潜在效益方面可能开展的工作（ibid）。我在图框 7.3 中对这些研究做了一个总结。这个总结的大部分内容都是关于如何处理复杂问题的——一个复杂的组织体制，多个重叠的战略和行动，参与组织可能像一个迷宫一样。所以，为了让社区战略有效地落到实处，一些战略所要求的合理范围就成为开展工作的基础，在我看来，减少覆盖的空间，必然会减少一定程度的复杂性。在管理过程中，组织行为的企业运作方式和合作方式的复杂性不可避免地会增加，这种复杂性的增加会引起一些程序性的问题，如规划这类活动都有完成其工作任务的程序。图框 7.3 中包含了有关处理这类程序性问题的意见，不难理解，有些程序的执行相当耗费资源，并非履行所有程序都是有效率的。但是，我们无论如何还必须执行。

地方政府组织行为的企业运作方式和合作方式产生的复杂性问题，并不仅仅是因为有了大量的战略和行动计划，每一种战略和行动计划分属不同的组织，需要对这些组织进行协调，而且还因为新出现了一些过去没有的组织形式，如现在强调地方政府通过与地方合作伙伴建立起一种合作组织，通过合作伙伴开展地方工作。这些新的组织本身就非常复杂。图框 7.4 以"谢菲尔德第一"为例说明了这种地方政府与地方合作伙伴建立起来的合作组织。"谢菲尔德第一"是谢菲尔德市的"地方战略合作伙伴"（LSP）。英格兰的 88 个地方政府必须与地方合作伙伴建立起一个"地方战略合作伙伴"（LSP），以接受中央政府街区更新基金（社会排斥单元，2001），"谢菲尔德第一"就是其中之一。现在，大部分英国地方当局都与地方上的合作伙伴一起建立了地方战略合作伙伴组织，以便发展地方管理的合作。这个例子所说明复杂性问题现在十分普遍。

图框7.3　关于如何把社区战略与地方发展纲领有效衔接给规划师的意见

NB：CS = 社区战略，实际上是这个地区的执行计划　　LDF = 地方发展大纲，是这个地区的发展计划

政策内容衔接	程序衔接
• 把 LDF 看成 CS 因素的空间表达，这些 CS 因素与土地使用和开发相关 • 适当的共享远景 • 把可持续发展看作一个共同框架 • 把 CS 的战略目标与 LDF 应该包括到核心战略要求联系起来 • 在可能的时候，把两个文件的地区行动计划联系起来 • 解释 CS 行动计划的空间方面 • 在可能的地方使用共同目标和指标，保证它们是： 　S——特定的 　M——可以衡量的 　A——可以实现的 　R——相关的 　T——以时间为基础的	• 项目和管理程序相连接 • 通过尽可能多的渠道直接把 CS 远景和战略目标联系起来 • 与其他战略相协调 • 把 CS 和其他关键战略文件包括到地区规划方面的工作中 • 把 LDF 工作与广泛的社区参与活动结合起来 • 使用共同或衔接起来的评估程序 • 提出跨领域或（在那些采用双轨制地方政府的地区提出）双轨制问题 • 分享信息收集和监控 • 采用共同的名义推进对社区的了解和参与 • 把组织结构和工作结构联系起来

资料来源：恩特英国公司，2003，pp. v – vii。

　　看看图框7.4所显示的结构，图示右侧边的整个战略合作负责城市战略。图框中间的8个平行功能合作伙伴有他们自己的战略和行动计划。他们大部分的名称已经明确表示了其功能，当然，"谢菲尔德一号"的名称可能不能明确告知其功能，实际上，它是一个负责城市中心地区城市更新工作的公司。图示左侧代表了城市管理的其他因素，期待与之发生有规律的接触和咨询。所以，为了覆盖合作关系需要包括的基础，"谢菲尔德第一"合作"大家庭"的结构不可避免是复杂的，"大家庭"是他们自己使用的词汇，选择这个词汇是因为它本身是一个温暖且相互支持的协会。这种复杂性可以由这样一个事实来说明，其中间的每一个因素都需要与其他所有因素在某些问题上发生联系，产生出大量的相互

作用。我曾经担任"环境谢菲尔德"的主席，就我的经验来看，相互作用的数目完全不与工作联系的数目相等，似乎这种潜在联系的紧密性质对于外部各方也是一个问题。例如，这个城市的规划服务并非在这个正式体制之中（尽管"环境谢菲尔德"代表了城市规划服务），然而，规划服务还是需要与图框 7.4 中的所有部分发生联系，以便了解每一个专门合作伙伴自身战略在空间层面上的问题。

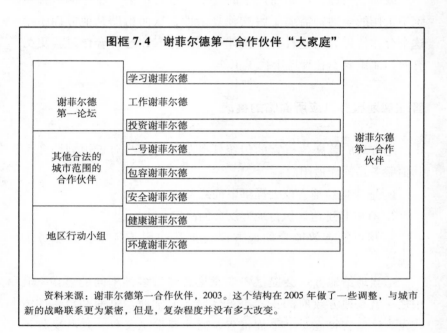

图框 7.4　谢菲尔德第一合作伙伴"大家庭"

谢菲尔德第一论坛	学习谢菲尔德	谢菲尔德第一合作伙伴
	工作谢菲尔德	
	投资谢菲尔德	
其他合法的城市范围的合作伙伴	一号谢菲尔德	
	包容谢菲尔德	
	安全谢菲尔德	
地区行动小组	健康谢菲尔德	
	环境谢菲尔德	

资料来源：谢菲尔德第一合作伙伴，2003。这个结构在 2005 年做了一些调整，与城市新的战略联系更为紧密，但是，复杂程度并没有多大改变。

在很大程度上讲，这种复杂性不可避免地确定了形成规划任务的方式。规划工作可以看成是通过合作伙伴关系，试图表达、服务和面对现实世界复杂性的概念性反映。通过其变化的性质，使合作伙伴包括了比其他组织形式更为广泛的利益攸关者，它把各方利益带到了一个管理过程中来。卡蒙纳等（2001）对合作伙伴方式做了如下简单地总结：

合作伙伴方式建立了一种共享知识和理解的文化，以一种创新的方式分享和管理信息。——合作伙伴还能承担起论坛或审查小组以及反馈和推进参与的功能（Ibid.，p. 37）。

这些功能都是值得拥有的。在我看来，由这种相互作用方式所形成的规划服务可能更好且更有效率。从另一方面讲，合作伙伴可以看成第五章所讨论的以客户服务为导向的规划服务的另外一个载体。当然，由此而产生的复杂性也会增加。在这样一种系统中工作的规划师需要了解这种复杂性，从而帮助其他方面了解这个合作伙伴，与这种合作伙伴一起工作，让这种合作过程更为有效，而不要不合理地干扰了工作。

管理规划服务供应所面临的挑战

地方政府首席执行官的传统任务如下，这些对于规划服务和其他服务是同样适用的：

1. 适当地给地方议会提供咨询意见；
2. 有效和迅速地执行地方议会的决定；
3. 尽可能有效地管理地方议会批准的用于各项公共服务的资源。

适当地给地方议会提供咨询意见意味着多种不同的事情。其中之一就是地方政府的正式决策体制，通常通过书面和口头的方式发表这些咨询意见。书面报告常常也是公共文件，这些文件不仅仅是关于某次会议的书面报告，也是一种记录，还涉及与未来发展问题相关的主题。特别是在规划领域，有关开发管理问题的报告能够成为未来规划诉讼中使用到的关键文件。根据我的经验，与规划委员会作出决定所使用的材料相比，这种报告所使用的材料都是经过仔细斟酌的，规划委员会的决定会成为诉讼的主题。特别是从事后可能出现的问题看，这种经验对于规划师能够造成重大影响，因为这些报告需要面对未来可能发生的诉讼挑战。所以，我发现有经验的开发管理者在写作这种符合要求的报告时，会很好地把建议开发的描述和评估协调起来，找出关键的规划政策问题，以及已经对此计划做出的说明，对做决定时可能的选择做出评估。实际上，应当在这样一个基础上写作这种报告，报告的目标是让内容能够对那些不支持报告推荐意见的人们有帮助，所以，报告依然给不支持报告推荐意见的人们提供一个完整的基础。

但是，给地方议会提供咨询意见并不仅仅是这类正式的书面报告，实际上，还包括以口头的方式给同事和议员们所提供的意见，这常常发生在非正式的会面或讨论中。许多意见具有探讨的性质，规划意见有机会对未来的可能性产生影响，当然，它也很难给那些最终需要做出决定的问题提供明确的意见。所以，当前存在的规划政策应当相对容易地在讨论中得到表述，但是，那些需要重新审定的可能需要变更的政策指南，在一定程度上和一定方面，可能比较难以表述。例如，发展规划正处在审定阶段时就是这样。相类似的情况还有，是否接受一个开发计划不仅仅依赖于它本身是否符合战略政策，也依赖于这项开发本身的品质，而这一点在讨论时常常并不清晰。当大部分规划师以有助于开发的态度来讨论这种开发计划时，这种主观愿望不能支配他们对开发计划客观的看法，甚至不能根据自己的主观愿望而误导了其他人，十分重要的一点是，似乎没有开发风险存在。例如，当我们正在考察各种政策选择，还没有对此进行公共咨询时，就预测一个政策审定过程的结果是不明智的，因为这个过程可能改变原先的选择。在这些情况下，规划意见常常需要附加条件，需要把有关这个问题的观点与有关评论程序方面的意见结合起来。从我的实践经验来看，只要能够尽可能地提供清晰的时间表，同事、官员和议员们通常并不介意这样做。换句话说，他们认可规划师并非总是有可能覆盖他们希望得到的清晰的咨询意见，他们所要知道的是这些问题究竟需要包括什么，在什么时间范围内，可以获得清晰的咨询意见。

　　要让地方议会的决定能够得到有效和迅速的执行，首先需要注意的是，规划官员是否与他们看法一致与提供什么样的咨询意见没有关系。的确存在规划师把他们的意见提交到决策过程中的时间和场合，原则上讲，规划师提交意见的时间是在决定做出之前，而不是决定做出来之后。作为地方最高权力机关的地方议会有权期待它的决定得到贯彻，规划所服务的所有客户也同样期待议会的决定得到执行，不存在因为规划师对议会的决定持有不同意见，所以将对这个过程做出调整。因为规划师确实有机会帮助形成决定，所以说"我只是服从法令"，不会解除别人的怀疑。在这些情况下，并不是说规划师必须与这个决定有一致的看法，或者把这个决定看作是他们从专业角度所做出的选择（正如我们在第六章所讨论的那样，无论在什么情况下，这样都是违背英国规划师职业道德的），而是说规划师必须以一个就业者的身份按照雇佣者的愿望行事。可以用中性的语言而不是个人的语言（如市议会的希望），反对用个人的好恶来说明这一点。在我看来，大部分规划决定都是灰色而不是黑色或白色。所以，在规划师个人做出不同选择的时候，规划决定通常可能突出了积极的因素。如果个人真的不适应这种情形（我的确几乎没有看到过这种情形），的确是另找工作的时候了，当然，对于大部分从事公共服务的规划师来讲，不会感到他们的雇佣者一次又一次做出与他们意见相左的决定有多么难受。

　　规划师在决策中发挥重要作用的问题与大部分规划实施行动相关，这些必要的行动常常是规划师在规划决定过程中提供了咨询意见之后的结果。这应当是相对容易理解的。实际上，我在这个领域面对的最大问题常常不是需要采取的行动，而是需要保证规划部门的所有工作人员都懂得这一点。在这个体制顶端的人们能够错误的假定，因为他们非常紧密地与决策过程相联系，他们在决定如何做方面发挥了重要作用，所以，所有的人都与他一样。实际上，规划部门的工作人员并不了解某些情况，因为他们的日常工作不同于规划部门的领导人，所以规划部门的管理体制需要有效地把这些情况通报给需要知道这些情况的工作人员。

我举一例来说明这类问题。20 世纪 80 年代中期，曼彻斯特市的议员们要求扩大规划咨询领域，他们认为，我们规划工作团队决定的那些需要就已经提交的规划申请进行协商的领域太窄了（因为选区的人们认为他们应该得到规划咨询，然而却没有得到这样的咨询）。市政府规划部门需要保证我们团队的工作人员都了解到这样一个事实。实际上，咨询协商必须根据地方实际情况做出判断，所以需要给四个分地区的工作团队增加大量工作人员，几乎没有疑问，这些成员在认识问题上总会存在一定程度的不一致性，咨询协商过程恰恰由他们来承担，这种不一致不仅仅来自议员们的反馈，因为使用的原则是以各式各样的术语来表达，所以给每一个个别案例的判断留下了大量的空间。把议员们得出的看法告诉我们的工作人员不仅仅是下达一个指令的问题，而是要解释议员们究竟期待我们做什么和为什么期待我们这样做，努力澄清我们的规划原则，鼓励对规划申请保持一致性，努力让工作人员按照这个反馈积极地对实践做出评定。换句话说，议员们是希望更多的工作人员进入到咨询协商过程中，实际上，这是要求规划工作人员做更多的工作，因此，有些工作人员会有不同的意见；比较宽泛的咨询协商领域意味着更多的咨询协商工作，以及对这些过程产生的观点加以考虑。为什么采取以上方式的理由是，在实践中，执行扩大咨询协商范围决定的关键并非高级规划官员；曼彻斯特市政府规划部每年接收到的规划申请高达 2000 份以上，规划决定必然是由每一个处理个案的规划师来承担，别无选择。所以，让规划师了解这种方式对规划工作的成功十分关键，按照我的经验，执行政策的过程发生变化通常是一个事实，于是，就要求对规划服务的提供方式进行重新评审。当然，由于扩宽咨询协商领域并没有堵住议员们的说法，人们感觉到他们应该得到咨询和协商，可是他们并没有得到，所以，很难评估我们的目标成功与否。所以，在 20 世纪 80 年代和 90 年代早期，我们一直在逐步推进这个过程，毫无疑问，曼彻斯特的开发管理咨询协商过程的规模因此日益扩大（基钦，1997，pp. 86 - 87）。也许这个例子也说明了第一章所讨论的一种现象，公众日益增加了参与规划的愿望。

　　在一定意义上讲，尽量有效管理议会提供给规划服务的资源与其他类型的管理工作并无二致。例如，图框 7.5 是从一本标准管理教科书上摘取的有关一个组织的基本管理功能（莫尔赫德，1995），不难看出这个模式如何在规划组织中得到应用。

图框 7.5　组织的基本管理功能

资料来源：穆尔黑德和格里芬，1995。

　　把穆尔黑德和格里芬提出的这个组织基本管理功能应用到规划组织的管理上，可以看到图框 7.5 的五个特征：

　　1. 一个有计划的组织应该确定要怎样改善自身，以及希望如何实现对自身的改善，把计划落实到相应的各方面。现在，大部分地方政府都有自己的服务或事务计划过程，这个过程通常持续 1 年或 3～5 年期，考虑到这类问题，需要清晰地建立起与服务相关的发展目标，并公开对此进行讨论，同时要包括那些受到直接影响的工作人员。

2. 在规划组织中，领导是一个格外重要的特征。在这种专业组织中，不缺少对这个组织可以做什么的看法，但是，还需要把所有要做的事务协调到一起，创造一个共同目标的感觉，如果没有这种共同目标，很容易让人认为这个组织具有多种方向。这是领导的关键工作。

3. 规划组织应当寻求的重要反馈之一是，规划服务客户对规划部门提供服务的看法。如果一个规划组织以客户为导向的话，重要的不仅仅是关注他们正在进行的活动和进行周期性的专项研究，而且还要按计划行事。

4. 大部分规划组织最重要的资源就是工作人员本身。这一点没有问题，但是，除开付给工作人员的工资外，没有多少经费和设施可以用于对工作人员的训练、激发他们的积极性和进行各种感情联络。所以，管理人员如何使用工作人员可以在规划组织的工作中产生很大的不同。

5. 除开人力资源外，规划组织第二个最重要的资源通常是信息资源。以空间和生活在其中的居民为中心，意味着规划组织为了工作需要收集与此相关的信息，这些信息同时也对其他类型的工作有用，能够对其他需要这些信息的部门给予帮助同样使规划组织本身在一定情况下获得回报。

为了成功地执行图框 7.5 中描述的关键功能，穆尔黑德（ibid.，pp. 32，33）对卡茨（1987）的观点做了进一步的说明，认为最成功的管理者应当把 4 组技能很好地结合起来：

技术——与完成专门任务相关的那些必要的技能。

人际关系——管理者要能够与该组织中的个人或群体进行交流，对他们有所了解，激励他们。

理论化——管理者要能够做抽象思维。

诊断——管理者能够理解因果关系，认识到问题的最优解决办法。

我要重申，这些训练都与管理一个规划组织直接相关，当然，有意义的问题是，规划师是否能通过展示自己具有这类素质而获得规划师的岗位，或规划师是否通过证明他们是一名好的规划师而必然拥有这样的训练。当然，规划师证明自己是一名好规划师将意味着他们无论如何都具有某些这类训练。例如，一个成功的规划师至少可以证明他具有某些技术训练，一些很好的人际交往训练（假定他们是成功的意味着能够与客户一道有效地工作），一些理论概括能力（如可以看到"远景"或发现期待的目标，并努力去实现它），可能也具有一定的诊断能力，即发现解决问题的办法。然而，就我的经验看，仅仅是一个成功的规划师并不保证他能够成为一个成功的规划师管理者。当然，一个成功的规划师在成为一个管理者时，会得到同事对他的尊重，这也是他成为一个管理者的优势。我认为有两个特点可以成为成功管理者的标志。成功的规划师管理者的第一个特征是，有能力牢牢把握住设定的远景，不丧失掉规划组织试图实现和规划工作最能够体现其价值的东西，在给定资源的情况下，坚持不懈地朝着这个远景迈进。成功的规划师管理者的第二个特征是，能够鼓励和推动人们继续发展自己。我曾经看到某个人在某个经理手下工作时，工作业绩平平，但是，当他在另一个经理手下工作时，却工作成绩突出。这就常常让我感觉到后一个经理的方式让他手下人的能力得到充分地发展。这一点是特别重要的，因为大部分情况下，经理都是任命给一个特定的团队，他们没有机会自己构造自己的团队。

在管理文献中还有另外一个重要的区别，即领导和管理之间的区别，这一区别对于理解关键公共部门岗位上的规划师的任务至关重要。图框 7.6 源自胡克泽尼斯基和巴赫那纳（2001，p. 704），他们探索了这种区别。

图框7.6　领导和管理功能比较

胡克泽尼斯基和巴赫那纳从四种组织活动上对领导和管理做出了区别：

（1）就编制一个纲领而言，领导者的任务是建立起有关未来的宽广远景，建立方向；相反的，经理的工作则是把这个纲领转变成为具体的行动，如规划、预算和资源分派，有效地运行起来。

（2）就推动人的发展而言，领导者把一个团队聚合在一起，对远景和战略进行交流沟通，保证团队的各个部分相互协调；相反，经理组织团队成员，建立起一个制度和适当的工作程序。

（3）就关键任务的执行而言，领导者激励人们，给予人们以精神支持，激发他们的能力去克服困难；相反，经理控制任务的执行，解决出现的问题，监督，在需要的时候对任务做出调整。

（4）就执行行动的结果而言，领导者能够产生积极的、有时甚至是巨大的改变；相反，经理更有可能产生出秩序、一致性和预期。

大部分组织（和规划组织没有什么区别）需要领导和管理两个方面的相互补充和相互协调。

资料来源：胡克泽尼斯基和巴赫那纳，2001，p. 704。

图框7.6提出的也许是，领导较之于管理具有更大的变革性和较少的常规性，组织的确需要两个方面能够协调起来。所以，我认为成功的规划师管理者既需要是一个领导者，也需要是一个经理。

最近这些年以来，英国的规划师经理所面临的一个特殊挑战是，在政府压力下，改善规划制度的绩效。通过执行规划官员对究竟是什么构成最好的规划服务的思考（例如，规划官员协会，2002，2003），英国的规划师经理已经获得很大的帮助。政府的主要压力集中在改善开发管理绩效方面，而这一绩效是通过决策速度来衡量的。正如我们在前边已经看到的那样，这一点产生于英国中央政府对规划服务速度因素近乎于痴迷的关注，与此相关的还有一组大棒（一组目标，如果地方政府不能满足这些目标，中央政府将对此进行干预；ODPM，2003a）和胡萝卜（奖励在绩效方面有所改善的地方规划部门，即"规划服务奖"，ODPM，2003b）。从管理的角度看，实现这些绩效目标并不太困难，只要把更多的人力资源投入到开发管理上，辅以更为不讲情面的执行程序，是能够做到这一点的。当然，困难来自其他相关服务的目标，受到资源转换影响的其他相关服务（如按照《规划和强制购买法》（2004）的要求，需要制定新的规划），以及与开发管理发生冲突的其他服务目标（如提供客户认为的服务具有一个可以接受的标准，发展与开发管理相关的公共咨询协商）。有效率的规划管理包括在这些目标之间的协调，考虑到地方上关键利益攸关者的开发（即不仅仅考虑中央政府的看法）。当然，对于许多地方规划部门来讲，务实的规划管理意味着去做必要的事情，以便获取合理的"规划服务奖"，在获得此项资源的基础上，通过一段时间建立起这项服务。到我写作本书时，我还很难对这种挑战的长期意义做出判断，当然，有两件事是可以说的。首先，一般来讲"规划服务奖"机制的出现还是积极地影响了开发管理绩效，规划经理们实际上努力想抓住这个胡萝卜。第二，高级规划管理者似乎对这个挑战与改善公众对规划工作的参与存在的冲突十分了解，但是他们感觉到，实现公众更广泛地参与到规划中，需要额外的资源来支撑，因为这些资源将用来改善整个规划服务，而不仅仅是开发管理一个因素（基钦，2004）。从长远的观点开，依赖于这种资金资助方式能够维持多久，对于许多地方规划部门来讲，这是改善多年以来规划服务衰退的现实机会。但是，这本身也产生了一个重要的问题，这种财政干预在多大程度上扭曲了规划服务的优先项目，又在多大程度上为了与中央政府目标协调而取代了地方政府的目标。

与作为规划决策者的议员们一道工作

　　一个在公共部门工作的（通常高级）规划师所面临的最困难的任务是"对权力说真话"（韦德阿夫斯基，1979），"权力"代表处于政治领导地位的人。"对权力说真话"也是最必不可少的任务之一。为什么"对权力说真话"可能是困难的？本维尼斯特

（1989，pp. 9 – 18）把规划功能分成两大组，然后回答了这个问题：权力对规划师和规划服务于权力的功能；规划师对权力说话和改变权力的功能。两种功能同时存在于从事公共服务的规划组织中，这就意味着，规划师有时必须按照政治领导的指示行事，有时为了处理变化的过程而从政治领导那里寻求指导。可以这样讲，对权力说真话有时不易但也并不困难。如果政治领导的指示在某些方面不能接受，或者不放弃一些现存的极端难以执行的指示怎么办？如果给政治领导提供咨询意见，而这种意见是政治领导不愿意听到的怎么办？例如，我曾经处于这样一种境地，我必须告知政治领导，规划服务会有无法实现的事情，而一个议员在没有与我核对事实的情况下，公开说他将保证规划部门将做到这一点。他对我的意见的反应是，我没有服从政治指导；换句话说，问题是我的意见，而不是他的站不住脚的位置。所以，我与这个议员在他任期内的关系始终存在问题。尽管我的经验是，说话的人通常不一定必须面对他们所说的情况，但是，有道德的规划师应当继续而不要计较这些，采取这种规范的立场并不困难；给别人建立标准而没有得到执行的情况比起完成我们期望看到的情况要普遍得多。对于这种情况，我的经验是，因为各种理由，没有完成的任务一定是极端困难的任务，特别是当政治家打算试图借此在媒体上提高自己的地位。

本维尼斯特使用了"王子"这个概念来表达政治领导的位置，他特别提出了四个理由来说明，为什么规划师和"王子"之间的关系可能会有冲突。图框7.7对此看法做了一个总结。所有四个理由都有与实践相关的理由，许多具有与议员相处经验的规划师同样这样看。

在形成规划和政治领导之间不可避免地充满着冲突这一印象之前，我要对此种看法提出三点校正：

1. 我对这种关系的经验是，规划过程是否能够产生影响依赖于是否能够维持信任。这种信任可能是双向的过程（规划师对政治领导的信任，反之，政治领导对规划师的信任），特别是当这种

图框 7.7 按照本维尼斯特的观点

"政治领导"与规划师之间的关系为什么可能存在困难

本维尼斯特使用"王子"这个概念来描述政治领导。他提出了四组理由来解释为什么规划师和"王子"之间的关系可能会面临困难：

- "王子"要让自己与规划师保持一定距离，特别是当"王子"正在提出还没有成为普遍看法的观点时，"王子"要与规划师保持一定距离。如果这个观点面临困难，"王子"能够把自己与规划师分开（实际上，在需要的时候，会雇佣一些新的规划师），而如果这个观点获得成功的话，"王子"非常可能声称这些观点出自于他自己。

- "王子"认为他自己是冲突的主裁判，实际上，这是他的权利之一。他不要规划师们扮演这样的角色，他不希望人们形成这样一种印象，规划师而不是他自己在与谁做交易。

- "王子"可能认为规划师是在为他做技术工作，而不是必须以他的名义做出最终政治判断的行政官员或经理。"王子"认为他自己（和他的顾问）而不是规划师处于更有利于做出政治和管理判断的位置上，他不鼓励规划师按照这种方式扩大他们的作用。

- "王子"的利益和规划师们的利益不会完全吻合。"王子"的基本关注点放在现在，放在即刻可以实现的东西上，相反，规划师关注的是比较长期的发展。"王子"可能对比较长期的东西持怀疑态度，因为长期的东西不会见到即时的效果，未来的承诺能够成为一种责任。

资料来源：本维尼斯特，1989，pp. 191 – 192。

信任几乎是完全单向的：对规划过程和规划领导中的政治领导部分的信任。这是一个十分重要的事情，规划部门的领导官员需要坚持投入一旦失去就很难再找回的东西。在我看来，规划意见，甚至是一种在内容上充满困难的意见，只要听取意见方对提出意见的人和这个意见的来源给予广泛的信任，这种意见会得到高度重视，否则，在没有这种信任存在的条件下，这种意见可能会被忽视掉。

2. 认识到能够非正式的做什么和必须正式地做什么之间的差别。作为曼彻斯特市的规划官员，我都是在非正式的讨论中，而不是在规划委员会正式会议上，提出大部分最具影响力的规划意见，规划委员会的正式会议是讨论已经事前准备好的文件，然后对此做出决定。规划委员会的正式会议通常都是在媒体参与下在公众面前展开的。由于这些特征，在这类会议上提出新的或政治上充满困难的意见都是不合适的，除非不可避免。最具影响力的规划意见最好是在私下和不太正式的场合提出来，这样，有时间和空间进行争论和思考。从我自己的经验看，无论怎样强调这种非正式对话的重要性都不过分。它是对即将发生的公共事件所做的适当准备。

3. 认识到相互之间发挥作用的适当领域。确定这些领域的边界可能不是非常精确的，但是，从我的经验看，认识到这一点，不踏入政治领地，对于给政治家提出相关政治决策的意见是至关重要的。同样，规划师清楚地认识到什么是规划意见应当涉足的领地，讲清这个领地的含义和意义，也是十分重要的。假定高级规划师和关键政治家之间的工作关系仍处在发展中（也就是说，他们已经有了一段时间的工作关系，而不仅仅是因为一个特殊事件而建立起的临时关系），对规划服务和规划部门高级官员形成信任的重要途径就是发展这种性质的理解。例如，我在曼彻斯特做规划师期间，基本上是与担任规划委员会主席的两个政治家一道工作，发展这类有关工作领域的理解对开展工作很有帮助，而这种理解通常都是在非正式的讨论中获得的（基钦，1997，pp. 50－52）。

在公共部门工作的任何一个规划师，如果要完成工作，都必须学习如何伴随政治过程而工作。正如以上所说，这并非易事。政治家的动机和行为也不是很容易理解的，规划师认为应当做什么和如何去做的看法必须得到共享（希勒，2002）。所有这些对于规划师可能都是困难的，特别是当规划师对这种政治过程已经有了成见，与他们对现实世界的经验不相一致时，所有这些对于规划师就更困难了。布鲁克斯（2002，pp. 16－18）记录下了美国规划专业学生对这些问题所做出的负面反应，与在私人部门工作而避免卷入政治上的相互作用相比，他们怀疑是否值得做公共服务规划工作。他对此做了如下结论，我完全同意这种观点。政治并没有远离规划，反倒是规划师要学习如何与政治一道工作：

显而易见，这种情况需要加以注意；事实上，规划师需要对这种相互作用和干预有所准备。要做到这一点，需要认清政治体制不是一个外部干扰，有时，这种政治制度让我们有效率地工作，发现和采纳规划战略，要创造性地利用这种政治制度（Ibid.，p. 18）。

到目前为止，我们的讨论涉及了规划师如何能够与政治家和政治过程联系起来。但是，最近这些年，有关朝着另外一个方向发展的规模和必要性的讨论正在英国升温；议员们是否应该接受规划训练以便他们能够在地方议会规划委员会里工作。许多年以来，对此问题的回答是没有必要。人们基本上认为，议员就是把他们的政治训练和代表训练带到桌面上来，他们在那里听取规划意见，没有必要接受更多正式的规划训练才能承担规划委员会的工作。我们不在这里全面讨论为什么这种观点发生了变化，然而，这种变化的一个重要基础是著名的"康沃尔调查"（环境部，1993）。开发管理过程已经形成了一个决策模式，那就是通过地方议员，特别是作为地方议会规划委员会成员的议员，以及另外一些虽不在规划委员会里工作，却能够给规划委员会造成某种压力的议员的不适当行为，反对已经实施的发展计划原则，支持地方特殊利益群体，所以，"康沃尔调查"的推荐意见之一是，应该对议员进行系统的训练，让他们了解规划制度运行的基础，他们在这个制度中的角色（Ibid.）。这样，鼓励地方规划部门安排专门的训练计划，鼓励议员们参加这些训练计划。当然，这种训练的强制程度在地方议会之间是有差别的，当然，诺兰委员会（公共生活标准委员会，1997）还是推荐这样的训练应当是强制性的。中央政府签署了一个建议性质的训练计划（环境、交通和区域部，1998b），这个计划至少提供了开展议员规划训练的一个起点。我经历了制定和执行地方议会议员规划训练计划的时期，在出勤和在主动接受训练方面的确颇费周折，其他工作同样要争夺他们的时间（例如，处理其他的议会文件）。有些人来参加训练是因为议会告诉他们必须参加，而不是他们主动地要求参加。中央政府在《规划绿皮书》中再次重申了这个观点，议员们应当在经过规划培训之后才能进入规划委员会工作。当然，埃根委员会不支持强制议员们参加规划训练（埃根委员会，2004，4.36 - 4.38 款）。这样，这场争论从讨论是否这种培训是否有必要，逐步发展到讨论这种培训是否应当是强制性的，现在，人们普遍同意，原则上讲议员们应该接受专门的培训，规划本身不应该仅仅依靠他们在政治和代表方面的训练。

许多相信对议员进行培训的地方规划部门已经认识到，依靠它们自己的工作人员来进行这种培训是很困难的，所以要寻求独立机构来承担这种培训。对议员们进行规划培训包括以下有关议员和官员关系的论点：

规划官员和规划委员会成员之间的良好关系对于成功地提供规划服务是十分关键的。理想的关系应该建立在专业、相互尊重和信任的基础上。议员们必须相信规划官员给他们提供了全面、专业和客观的规划指南，规划官员必须相信议员们在证据的基础上做出了理智的决定。在我们访问的绝大多数地方议会中，这种条件的确存在。在相当数目的议会中，我们发现官员和议员之间的关系非常不好，官员发现他们自己处于规划委员会的"攻击状态下"。在一些议会里，规划官员表现出对议员的紧张和担心情绪。在一些情况下，规划官员放弃了专业信念而采取"事不关己"的态度。在另外一些议会，规划官员站在他们的立场上，警告议员们，如果拒绝他们的推荐意见而去批准一个规划申请的话，可能导致开发者的起诉（可能会引起议会的诉讼支出），从而面临挑战。议员们能够做出法律性的警告，声称威胁了他们作为决策者的权利和身份。另一方面，国家规划政策框架内的压力已经让一些议员感到他们不过是规划官员推荐意见的"橡皮图章"而已（韦斯顿和达克，2004，p.430）。

韦斯顿和达克提出了以下方式：

在规划官员和议员的作用之间做出适当划分，并在他们之间建立起一种建设性的关系是困难的。做到这一点常常取决于组织体制，文化和程序。个人（规划官员和议员）也能很大地影响作用和关系。最大的问题似乎是双方都缺少有力的领导。对于议员来讲，改善关系的关键是接受这样一个观念，规划官员不仅仅是为他们工作的雇员，也是一种具有广泛一致性的专业服务人员。专业服务人员包括参与规划过程的所有人员：反对者、申请人、法律咨询者，以及以国家规划政策形式出现的广泛的公共利益。同样，规划官员必须接受规划的政治背景，议员在城镇规划决策方面提供的民主合法性（Ibid.，p. 431）。

这些观点再次强调了以上所说的议员和规划官员之间关系的性质，确认了真正的困难实际上是双方对各自权利和义务的相互承认。

小结

这一章是关于规划师需要发展的组织、管理和政治背景的训练，以便能够有效地提供公共服务。这里所讨论的训练基本上是关于在复杂情况下如何提供规划服务的问题，在这种复杂情况下，可能发现企业性、管理性和政治性的规则，它们不一定朝着同一方向。正如我们已经看到的那样，这种复杂情况可能让规划师处于非常困难的境地。最近这些年以来，英国在企业和合作伙伴的工作方式有了长足的发展，从而也导致了规划过程日趋复杂，当然，通过新的战略和行动计划与更大规模的咨询协商联系起来，这一发展还是充满希望的。英国地方规划部门已经感觉到了改善工作绩效的压力，同时也受到了考虑多种规划发展创新的压力（如不仅在公共参与规划规模上，也在公共参与的意义上，公众对规划的参与日益扩大），这些创新并非总是与这些绩效规则相适应的。政治是作为公共活动的规划的永恒元素。从规划的性质上讲，也必然如此，这就意味着，无论规划师的好恶如何，都必须开展在政治制度范围内有效进行规划工作方面的训练。

对于我来讲，所有这些都是向前发展的。作为公共活动的当代规划，身处民主社会的框架之内，它还将继续在这个框架内发展。过去 20 年以来，英国当代规划的经验是，规划工作的困难程度越来越大，正如我们在第一章讨论的那样，这种倾向还将继续下去。所以，如果从根本上讲是，规划实际上是要为居民设计出更好的场所，而不只在嘴上说我们乐于为居民规划更好的场所，那么，从事公共服务的规划师就必须卓有成效地面对规划行动的企业式工作方式，面对组织管理和政治背景。J. 戴维斯（戴维斯，1972）30 年前就用"传递福音的官僚"来描述他在纽卡什尔看到的规划工作，这并非是一种赞美。对我来讲，这实际上是对当代世界从事公共服务的规划师的一种描述。从事公共服务的规划师不可避免的是官僚，因为他们是在大型官僚机构中工作，为了完成工作，他们需要让这些机制运行良好。他们应该是传递福音的，因为他们需要保持和推进他们行动的基础，比戴维斯所描述的规划师更期待聆听规划服务客户的声音，期待与规划服务的客户一道工作。

自我评估的论题

1. 在规划和城市更新领域找到一个合作伙伴。这个合作伙伴的目标什么，它如何实现这个目标？这个合作伙伴中有谁（没有谁）？这个合作伙伴如何在地方上与公共规划服务相联系，规划服务如何与这个合作伙伴相联系？

2. 努力找到你附近城镇最近这些年来采用的主要公共政策目标。这个目标如何组织、管理和安排资金？这些因素在什么程度上以何种方式决定了这个目标的特征？在这个目标中，规划过程正式（即法令性规划过程）和非正式（通过其他方式）的部分发挥了什么作用？

3. 在你选择的地区，公共规划服务的管理体制是什么？在什么基础上决定了这个管理体制？你认为这个管理体制的优势和劣势是什么？

4. 与你所在地区与规划有关的政治家和关心规划服务管理的高级规划官员进行一次访谈。问问他们对规划是什么和在地方如何有效运行的看法，以及他们如何看待议员和规划官员在地方规划问题上的工作关系。比较他们的看法，努力找到你发现的任何差异并解释。

5. 找到一个可以称之为"规划矛盾"的地方案例，把这个案例中议员的作用和规划师的作用分开来。究竟是什么让这个案例充满矛盾，在解决这个问题中出现了哪些关键性的影响因素？

第八章

概括能力和综合能力训练

引言

我们不会单独使用前面各章所讨论的任何一种技能或训练，规划师总是根据具体情况综合地使用它们，这些技能或训练在任何情况下几乎都不会单独存在；例如，技术训练、客户服务训练、场所训练、体制和程序训练，都有可能出现在规划师和客户讨论一个地方可能发生什么的时候。这一章所要讨论的是，规划师不仅仅是把所有的规划因素结合在一起，而是使用一个纲领去把所有的规划因素结合在一起，在此基础上完成规划任务。我们可以使用许多种术语来描述这种纲要，然而，我在这里所要说的是，在完成一个规划任务时，规划师需要有一种目的感。例如，这种目的感可能来自完善的战略规划政策，来自对如何把发展规划的政策用于一个特殊问题或机会的理解上，来自一个在形体上可以期待和实现的城市设计工作，或者来自以上所有事情的任意组合。我把这种建立和维持一种目的感的过程称之为概括能力训练，以区别于对规划问题不同角度的理解及其产生相关意义的技能，我把这种技能称之为综合能力训练。我认为，规划师在任何情况下都应该同时具有综合能力和概括能力，所以，我把这两种技能放到一起讨论。

在我的经验中，所有的规划师不可能在本书讨论的七种技能或训练方面都具有相同的水平。与我一道工作的大部分规划师在他们掌握的技能方面都是有长有短参差不齐的，我想这应该是我们对人的一种期待。当然，我还要说，大部分杰出的规划师都在概括能力和综合能力方面很突出；无论他们的其他能力如何，他们的概括能力和综合能力通常都是很不错的。另外，把我们这里的讨论与原先讨论的规划管理联系起来，我的经验是，成功的规划师加经理通常都会把这种技能用到管理工作中。规划师的目的感常常有别于从事行政管理工作的管理者；规划师的目的感不仅使规划工作有效运转，而且把规划工作向特定的方向推进。当成功的规划师加经理有机会建立起他们的工作团队时，他们也以这种方式去实现其任务。什么是我的团队的强项和弱项？我如何使用这个机会去改善一些弱项和进一步提高强项？怎样保证我的团队在整体上比较好，内部机制得到改善？所以，这一章不仅仅是把所有其他技能粘在一起的粘合剂，也是一个杰出规划师所具有特质的标志——总是能够看到远景，把每一件事都聚集在一起，朝着期待的方向发展。

最后，这一章分别探讨这两种技能，首先探讨概括技能，然后，考察概括和综合技能如何在实践中得到运用，并对此做出比较一般的结论。最后，我还是提出一些自我评估的论题，使读者能够结合他们自己的特殊情况探索这里所提供的素材。

概括能力训练

我在这里集中讨论概括能力训练的三个因素。第一个因素是涉及规划活动方方面面的战略规划观念，包括两个要点：不仅仅从广大的空间尺度上看待战略规划，战略性和战术性的东西不是对立的而是相互补充的。当积极的规划实践者还在试图确定战略规划活动的基本原则时，我们不妨通过回顾我曾经的工作方式来讨论这个问题。这里的讨论与第二章所讨论的制定发展规划的背景等问题有着特殊的联系。这里要讨论的第二个因素是，规划的时限性，我要从三个方面来看待这个问题：规划的时段；这些时段与管理开支的分项（通常要短得多）之间的关系，这些分项对于规划的执行是必不可少的；制定规划所需要的时间。这里要讨论的第三个因素是，表达规划师广泛方向的一些方式，我将在"远景"的标题下讨论它们。

规划的战略层面

正如我在第二章提出的那样，从我的实践经验中得出的观点是，所有的规划问题都有与它相关的战略层面，这些规划问题可能出在一块土地的层次上，或者发生在整个城市、城市群或区域的政策层次上。这样，规划问题不是在这个空间尺度上由这个规划问题本身表现出来的功能，规划问题是，询问我们正在这里努力做什么，这样一个简单问题的产物。所以，在战略规划和比较大空间尺度上所做的规划之间做出区别是十分重要的，战略规划本质上是提出我们正在这里努力做什么的问题，而人们常常把比较大空间尺度上所做的规划与战略规划混为一谈，不适当地把它称之为战略规划。实际上，所有的规划都有一个战略层面；有些规划活动发生在比其他一些规划活动大的空间尺度上，发生在最大空间尺度上的那些规划活动可能没有人们希望在地方尺度上看到非战略性的细节。毫无问题，非战略性的细节通常也是特别重要的。

在这个背景下，在战略规划和比较大空间尺度上所做的规划之间的第二个重要区别是战略性和战术性的区别。从通常意义上讲，战略是关于正在努力做到什么，而战术是关于如何控制住这个方向，特别强调需要在很短时间内完成。"立竿见影"可以用来说明这种战术性思考希望实现的东西。也就是说，为了证明这种战略方式的价值，有必要做一些"短、平、快"的事情，这样，让利益攸关者能够看到这个计划的好处，规划执行的直接参与者受到鼓舞而继续努力。有时，这种思考实际上扭曲了本应做的事情，但是，这样思考通常是以现实的需要为基础的，那就是相对快地向关键方面证明其效果，以便他们摆脱在长期愿望上裹足不前的态度。尽管这种对战略和战术所做的一般区别并非完美无缺，但是它至少区别了两个概念。从许多方面讲，战术是战略的一部分。如果我们对如何实现一个远景没有实际的观点，那么，这个远景并没有什么用途。同样，成功的战术性思考总有战略的层面，因为战略让我们不会失去对长期愿望实际上是什么的看法。如果战术性的思考果真没有一个战略性的层面存在（在我的经验中，的确有时出现过这种情况，我假定这并非偶然），那么，管理这个系统的方式事实上替代了引导规划的方式，管理这个系统的方式通常围绕如何以最安逸的方式求得自己生存的原则而展开，这当然不是我这里所要讨论的方式。当然，我能够想像一些规划师的境界不过是求得一个安逸的生存而已。所以，对我来讲，战略和战术的一般区别可能不足以让我们把它们二者看成相互消长且没有清晰界限交融在一起的一对。

当我回忆作为曼彻斯特城市规划师的这段经历，究竟是如何思考战略和战术这类问题时，我把规划过程中的战略部分看成一个无处不在的东西，而不是看作约束在较大空间尺度上和有别于战术的东西（基钦，1996）。以这段经历为基础，我找出了 11 个命题来说明战略规划的特征（ibid., pp. 125, 126），图框 2.3 对此做了说明。我没有对此做多大改动，也没有试图使用学术语言来表达它们，因为我想以一个实践者的方式来反映我的经验。我的中心观点是，战略行动是规划过程一个无处不在的部分。这样，战略行动就成为有关概括能力和综合能力训练的核心。弗雷德和约瑟夫（1969）以及最近弗雷德和希克林（1997）都对此提出过意见，他们认为，规划必须做的大部分对结果的选择实际上都是战略性的选择。弗雷德和希克林提出了五种"协调判断"，在控制战略选择的持续过程中，通常会出现这种判断，我的经验支持这种看法，图框 8.1 就是他们提出的这五种"协调判断"。

图框 8.1 的价值在于它使用了非常简单和直接的术语来表达构成规划决策战略层面的关键因素，同时也证明了大部分规划行动都包括了决策的战略因素。即使这种战略因素没有正式地写在书面分析报告中，不过基本上是一种直觉，大部分规划决策过程实际上都要求仔细考虑范围（在多么宽泛或狭窄的意义上设想一个规划问题）、复杂性（我们能够把这个规划问题约减到它的本质，或

图框 8.1 战略选择过程中通常对选择做出的判断

弗雷德和希克林提出，在战略选择过程管理中存在五种常见类型的问题，每一种问题的判断都有需要协调的两端——在一个特定的时间点上，在多大程度上考虑到这样一个因素？随着情况的变化，这些判断可能做出调整，但是，在任何情况下，对每个问题采取的立场都要维持一个适当的平衡。这些问题是：

比较具体 ← 范围 → 比较概括
比较简单←复杂性 →比较详尽
比较具有对抗性←冲突 →比较具有相互作用性
比较多的降低←不确定性 →比较容忍
比较具有探索性←推进 →比较具有果断性

资料来源：弗雷德和希克林，1997，p.6。

者它不可避免地具有错综复杂的特性）、冲突（我们必须知道，规划决策常常包括了尖锐的对立面，也包括输家和赢家）、不确定性（规划师关于自身具有不确定性的未来规划）和进展（我们如何推进这个问题向前发展以及我们期待在不同的时间点上实现什么）。在战略决策层面上，规划师需要做出的平衡协调常常可能十分微妙，然而，杰出的规划师一般是那些能够有效处理这些问题的规划师。

规划的时效性

理解规划中概括性思考的第三个关键因素是规划编制方式和规划对时间概念的使用。正如我们在第六章研究规划活动的道德方式时所看到的那样，人们日益增加了对规划在保障长期利益方面重要作用的认可。特别是近年来有关可持续发展社区和全球变暖问题的讨论，对此起到了推波助澜的作用。从另一方面讲，规划还必须处理项目问题（由私人部门提出的开发计划或由公共部门提出的社区改善计划），期待执行的时间表都是相当紧迫的。规划师编制的规划通常居于最长时期和最短时期的时间间隔之间，如 5～20 年，当然，可能会有立即开始的成分（例如，开发管理的过程将立即开始考虑到一项特殊政策），5～20 年的长期规划也应该对一项行动所产生的长期后果有所认识，进而控制这类行动。对规划时间层面的理解存在三个特殊的因素，这些因素是我们对概括能力训练进行分解过程的一个部分。

　　第一个因素是这样一个简单的观点，许多规划的典型时间框架是在 5～20 年之间，这个时期的开始和结尾存在着巨大的差别。拿人的成长做个比喻，这个时间段的开端是一个小孩的出生，而这个时间段的结尾是他成为一个少年，在这两个端点上，需要和对世界的认识都是很不一样的。对于规划服务的客户来讲，这个时间框架甚为重要。在我的经验中，许多客户竭力去思考他们期待的 5 年里的事情，而把 20 年里的事情高高挂起。实际上，许多人能够抽象地思考希望他们的地区得到改善，但他们却不能用时间把这个过程覆盖起来。所以，规划工作的一个非常重要的部分就不仅仅是提出一项计划，而且还要有效地对执行计划过程实际可能意味着什么进行交流沟通。努力有效率地完成这个任务，清楚地解释为什么要花费这个时间。例如，一个特定规模的开发需要花费多长时间，或者，由于可以利用的资源问题或需要首先完成一种特殊的基础设施，这项开发计划只有等到它们得到解决才能开始。分层容易理解，人们常常关心后者，因为他们认为开发过程中断了，他们可能非常支持计划的最终目标，然而非常不高兴只有等待某些事情完成之后才能进行这个过程。所以，开发需要时间和有效地得到管理，以便减少实施期间的中断，这些都是人们对开发计划做出反应的非常重要的部分。然而，规划师给这个过程赋予一个比较长期的意义是十分关键的，因为其他人几乎不这样做。事实上，对发展长期意义的思考是规划师对规划制定过程最具特色的贡献之一，它的价值就在于，无论什么事情日益变得重要而需要规划去加以控制，可持续发展是首先需要把握的事情。

　　理解规划活动时限性质的第二个因素是，需要考虑规划和项目如何与管理开支的常规项目相联系。如果一个规划的时间是 5～20 年，那么，一项公共财政开支项目的时间要比这短许多。人们通常只能提前一年计划下一年的开支项目，甚至只有在预算决定下来之后才能做计划。最近这些年来，英国做了很大努力，通过长期财政承诺，至少通过编制长期的指标性预算，来处理这类问题，这样，让地方政府开支的项目至少有一个合理程度的确定性，这些项目可以延续下去，而不要突然暂缓。然而，管理执行项目的过程常常比项目所在规划的时限要短得多。这就产生了规划师向他们客户证明其可信度的重大问题；我过去曾经接到过的反应之一是，"那压根就不会发生"，简单地讲，人们不相信无论是来自何方的必要投入，只有到位才能在他们能够联系起来的任意时间范围内让项目开工。在这种情况，"压根就不会"实际上并不意味着"根本就不会"；"压根就不会"真正意味着的是"不在可以预计到的未来，按照我认为可行情形所约束的预测的理解"。所以，规划和规划师的一项很大的任务就是解释怎样期待事件向前发展，超出他们对承诺项目的理解，朝着实现计划中的目标。规划师需要能够展示，这两个因素之间的空白实际上是可以实现的，这种情况如何发生，在什么时期内，能够期待关键因素到位。按照我的经验，这是规划师的信用度受到挑战的领域，如果他们打算让规划受到信任，就需要有效地说明这些层面，而不要仅仅只是集中到期待的最终状态。

理解规划活动时限性质的第三个因素是这样一个简单的事实，规划活动需要时间。以我在曼彻斯特工作的经历为例，编制一个新的发展规划的过程，从开始到批准大约需要五年半的时间（基钦，1997，第四章）。这似乎太长了，从许多方面看，它的确是长了些，但是，有两个看法可能帮助我们理解这一点。首先，大曼彻斯特地区的 10 个地方规划部门同时接到中央政府开始编制发展规划的指令，曼彻斯特则是第一个走完所有过程的规划部门。换句话说，五年半实际上在大曼彻斯特地区还算是时间上最短的一个。其次，五年半的时间中，有不到一半的时间是在编制新的规划，而另外一多半时间是履行所有的法律程序，包括向议会提交规划草案直到最终得到批准。不要小看这些过程，因为必须进行公共咨询协商程序，必须提供机会去面对对立方对规划草案的挑战；需要对此偿付的代价就是所消耗掉的时间和资源。对此我可以提出两点意见，第一，在制定规划的这五年半时间里，许多事情会发生变化；事实上，时间越长，可能面临的困难就越大，现实发展不会因为在做规划就停止下来。对此一个很好的说明就是，如果编制规划的时间不是五年半而是六年半的话，哪怕多一年，正好遇上 1996 年爱尔兰共和军在曼彻斯特市中心所进行的毁灭性炸弹攻击。如果真是如此，符合当时情况的规划大纲就会成为重建被爱尔兰共和军摧毁地区的基础，而且成为曼彻斯特市中心在最困难情形下开展工作的资料库（基钦，2001）。第二，正如我们在第二章所看到的那样，公众期待主动参与到规划制定过程中来，也会影响到制定规划的时间，图框 8.2 说明了英国规划师对此表示关切的情况，这是 2002 年下半年"地方政府协会"进行的一项调查结果（斯克斯，2003）。这项调查测试了在地方政府工作的规划师是否既可以满足中央政府关于提高发展规划编制速度的要求，又能改善社区对规划过程的参与。图框 8.2 所揭示的是，70% 的地方政府认为"不是很容易"或"完全不容易"，对每一种类型的地方政府来讲，50% 以上的回答是相同的。换句话说，必须要做到这些的大多数地方政府，对是否有可能加速规划制定过程，同时改善社区对制定规划工作的参与，持保留态度。

这对于规划是一个十分重要的问题，认识到为什么是这样并非十分困难。一个发展规划要花费如此长的时间去编制，到它得到批准时，一些重要方面已经过时了，不仅仅是没有什么价值，而且可能失信于规划的利益攸关者。长期以来，我一直感觉到，解决这个问题的一个现实矛盾应该是编制规划的努力和来自规划的收益之间的矛盾。总而言之，消耗公共资源去编制一个价值不大的规划是完全没有意义的；最后，从投入产出角度讲，还可以提出很有力的命题，用来制定规划的资源要小于它产生出来的结果。我曾经用一个方程表达这种关系：

规划有效的时间/用来制定规划的时间 ≥ 1

图框8.2　规划编制时间尺度

相关于《规划和强制购买法》（2004）引入的新型发展规划，英国中央政府希望，新型发展规划的编制时间为三年，在规划编制过程中要比过去更为有效地鼓励社区参与。地方政府协会要求听取地方政府对这个任务的反应。下表所列举的数据来自193个地方政府，这大约是英格兰地区全部地方政府总数的50%。

问题：在三年内，维持和改善社区参与并满足
规划编制目标（新型发展规划）容易吗？

反应	地方政府类型（%）					所有政府（%）
	都市区自治政府	伦敦地区	统一地方政府	县政府	区政府	
非常容易	0	6	0	0	3	3
容易	37	19	42	12	24	26
不是很容易	63	69	35	63	53	53
很不容易	0	6	23	25	20	18

这样，29%的地方政府感觉到这样做很容易或容易，71%的地方政府感觉到，它不是很容易或很不容易。

资料来源：斯克思，2003，p.23。

这个方程意味着，我们至少要从制定出来的规划中得到我们投入到制定规划过程中的价值，这似乎只是最低要求。当然，我当时的看法是，我几乎没有看到几个规划能够通过这个测试，自那以后，我也没有看到多大的变化。这里我要说的羁绊观点是，我们需要非常现实地看待规划制定过程的时间尺度。如果规划需要广泛而深入地公共参与，这是一个社会选择问题，那么，我们需要调整规划程序，还需要调整对最终成果的期望。我们还需要观察由《规划和强制购买法》（2004）所引入的新型规划是否能够更好地处理这些问题，或者，图框8.2所总结的角度是否能够更为确切。时间将对此做出回答。

远景

我使用"远景"这个术语来表达各式各样的建立长期未来的

方式，它们都是针对地方待解决问题的一种愿望。远景能够采用多种形式。我在这一章的引言中列举了六种表达远景的方式：广泛的战略规划活动、发展计划、想像、从整体上研究一个地区、城市设计或这些形式的结合，当然，远不止这些。所有这些远景表达方式的特征是，它们努力以各自不同的方式来传递一种有关未来目标的观点。规划过程应该能够成功地做到这一点，以此作为公众讨论这是否就是他们要求的未来的基础，或者以此作为在个别项目和所有项目目标之间联系的载体。实际上，我们使用的"规划"这个日常术语本身就是关于组织安排各项事务以实现期待的结果，所以，规划师必须有效地对他们正在组织安排的各项事物以实现的结果做出表达。同时，远景就是规划客户期待规划过程所要产生的那些东西——多种计划。

在我看来，这个领域最重要的问题之一是，这个远景所具有的可以相信的程度。我多次听到过"天上掉馅饼"这类的说法，这种说法可能反映了一种对未来远景的消极看法，但是，我认为产生这种说法比较常见的原因是存在这样一种困难，我们如何从现状到达远景所描述的未来状况，也许怀疑我们是否真有这样的资源来支撑我们走完这个过程。在我看来，当我们展示一个远景本身，而没有提出我们如何实现它的途径，那么，缺少现实性的感觉就会油然而生。尽管许多远景都是对什么是有可能的支持，同时还可能产生期待，但是，如果我们理解了如何去实现目标的话，远景更有可能被看成是现实的。

"艺术家的想像"可以用来描述这类困难之一。非常多的开发计划都有相关的图示或其他类型的视觉表达，它们旨在说明这些开发将如何在完成之后与周边地区相适应，这一点常常是非常重要的决策标准，所以，这类图示很有价值。从我与议员和相关居民接触的经验看，当我们向他们展示这类图示时，他们常常表现出怀疑，或者更精确地讲，他们不相信这类描述。实际上，这种图示从最好的角度说明了开发计划，特别是出自开发商之手时，的确不能依靠这种图示来做决策。我认为，人们对计划开发中的任何一件事是否值得而表示怀疑，这种性质的怀疑是很有道理的。议员们以前看到过这类事情，开发的实际结果与图示并非完全一样，所以他们并不相信这类材料。同时，从我的经验看，开发商和他们的代理人一般不是刻意去欺骗人们，因为他们非常清楚地知道，欺骗实际上并不符合他们的利益，特别是当他们希望将来还要在这个地方继续工作下去，这类欺骗最终会影响到他们的利益。所以，这里的确存在一个信任空白，所有参与这项工作的专业人士都需要尽量紧密地在一起工作。许多人都在努力通过阅读用文字表达的计划，他们需要通过精确地视觉表达来理解这个计划，所以使用图示还是很有价值的。在不久的将来，技术发展将使我们能够在网络上获得这类资料，当然，存在怀疑并不会忽略这类工具的潜力。

也许在一定程度上因为存在以上所谈到的困难，英国规划对视觉表达的注意日益淡化。十分有趣的是，中央政府的《规划绿皮书》对英国规划体制的绩效做出了批评，在对地方规划的批判中，做了如下描述：

> 规划太长了。地方规划倾向于提出地方每一个部分的发展状况，它们常常试图预测每一个开发管理的最终状况。地方规划不是形成一个清晰的发展战略，而是形成一个累赘和缺乏弹性的开发管理规则手册（Ibid.，p.12，第4.5款）。

这等于说，规划以细节替代了战略。为了说明问题，对地方规划状况的这种批判有些夸张，特别是这种批判低估了那些有清晰的战略和没有用细节替代战略的规划本身所具有的实际贡献。当然，我们必须承认，这段文字的确指出了一个实际存在的问题，那就是我们十分容易用细节取代战略，对于那些正面临开发压力的地区更是如此。当《规划绿皮书》把规划置于最近引入的社区战略（参见第七章）背景下时，这个观点在《规划绿皮书》中就更为突出了，社区战略的特征就是有"一个地区发展的远景，即集中关注打算实现的结果"（Ibid.，p.13）。地方发展框架（《规划和强制购买法》（2004）引入的新的规划方式）将包括"表达地方政府远景和战略的核心政策陈述，用于推进和控制整个地区发展"（Ibid.，片3，第4.8款）这样一个关键因素。中央政府坚持这个观点的基础就是以上这类看法。

在有关地方政府开展新的"地方发展框架"工作指南中，中央政府进一步强调了这个规划战略或远景层面上的因素：

> 核心战略应当提出这个地区规划框架的基本因素。核心战略应该包括这个地区的远景和战略目标，同时包括空间战略、若干核心政策、监督和执行纲领。核心战略必须保持不断更新，一旦得到批准，所有发展计划文件必须与核心战略一致（ODPM，2003d，p.15，第2.2.2款）。

这个陈述至少清晰地重申了原先发现的问题（细节替代了战略），当然，它也清楚地提出这个陈述的目的，除开控制发展管理的政策之外，保证"远景和战略目标"同时也推动着法定规划过程。

英国政府在谈论城市设计地位的同时，也强调了远景和战略的重要意义（有些人会说，重新发现了规划应该具有的功能）（ODPM，2005a，pp.14，15）。自20世纪90年代以来，政府已经承认了城市设计在规划中的重要作用。作为约翰·格默"质量"目标的一个结果（环境部，1994），1997年中央政府发布的指南（环境部，1997，第13-20款和附录A）较之于以前有了提高。然而，2005年的指南更为清晰地提出了这个基本原则的重要性，但没有涉及细节的问题：

> 设计政策应当避免不必要的描述或细节，应该集中到街区建筑和地方开发的整体规模、密度、体量、高度、景观、布局和道路等问题上（副首相办公室，2005a，p.15，第38款）。

重新提出城市设计重要功能的方式已经引起了一些人的注意，比较具有地方尺度的城市更新过程实际上应当是由设计引导的。罗杰爵士在介绍他的"城市工作组"的报告中提出了以下观点：

> 我们访问了英格兰地区的所有项目，考虑了德国、荷兰、西班牙和美国的经验。我们的城市设计和战略规划品质可能落后于阿姆斯特丹和巴塞罗那20年。通过这些调查我们得到看法是，城市更新必须是以设计为导向的。当然，为了实现可持续发展，城市更新也必须置于它的经济和社会背景中（城市工作组，1999，p.7）。

以设计为导向的城市更新过程可以采取多种形式，当然，在我看来，当我们把城市更新的设计形象与对地方经济社会现实的了解结合起来，城市更新最为有效。西约克郡沃克菲尔德所承担的工作就是一个很好的城市更新设计例子，它创造了一个复兴战略，构成"约克郡前卫"（区域开发机构）提出的"复兴城镇"目标的一个部分。图框8.3对复兴战略是什么做了一个概括，特别清楚地说明了城市设计在城市更新过程中的作用。图框8.3内容取自K.金的报告和相关材料（K.金，2005a，2005b，2005c），这份报告质量很高，使用了十分令人鼓舞和富有激情的语言，形式多样的图示，都给可能的投资者产生深刻的印象，刺激地方各界给予支持，这与那些以文字为主的采用很少图示的规划文件大相径庭，这份报告不仅作为形成远景的手段，也是推动西约克郡沃克菲尔德城市更新的手段。K.金城市规划和设计公司来自北美，邀请他们来到英国为区域和地方州政府工作是很值得的，他们的工作证明了新鲜的视角和观念与地方知识相结合的价值。这种远景工作在推进详细的开发项目中发挥着相当关键的作用，它展示什么是可能的，有优势鼓励人们去相信这个远景，从而努力使其成为现实。

图框8.3　沃克菲尔德复兴战略

沃克菲尔德复兴战略具有如下特征：

- 沃克菲尔德复兴战略旨在提高读者对地方发展潜力的信念，所以使用诸如"创业"、"乐观"和"增长"这类概念来表达新的可能性。
- 沃克菲尔德复兴战略具有"准备行动"的重心，这样不仅仅关于广阔的远景，而且也涉及为了把远景变为现实而需要做的事情。
- 沃克菲尔德复兴战略不隐瞒沃克菲尔德已经具有的积极的财富（如资源和设施，沃克菲尔德复兴战略把它们表述为"值得注意的"），也不规避需要克服的困难和障碍。
- 除开一般的政策立场，沃克菲尔德复兴战略认定了特殊项目区，提出目标、设计原则，在一些情下，研究尽可能快地把这个设计推进到可以执行的水平。
- 设计研究的目的不一定是为一个特殊的问题做出设计，而是说明如何去解决它，展示究竟什么是可能的。

除此之外，这种设计导向的城市更新设计所要实现的是，提高业主的品位，鼓励他们相信有可能成功地实现远大的目标。

资料来源：K. 金，2005a，p.7。

综合能力训练

如果规划师在他们的规划教育中还没有了解到，许多不同的专业技能共同发挥作用才能使发展成为现实，那么，只要他们进入规划实践，首先了解到的事情之一就是这一点（西蒙斯，2002，第四章）。例如，西蒙斯描述了一个团队的核心成员（据说是一个为开发商工作的团队），这个团队正在一个再开发的褐色场地项目上工作，可能需要建筑师、工程师、景观建筑师、预算员、项目经理、环境咨询者和房地产代理人，还有可能需要律师、城镇规划师、考古学家、市场研究人员和经济咨询者在一定阶段参与（ibid., pp.69-73）。在这种情况下，规划师需要做的第一件事就是承认和尊重这些人的工作，了解如何有效地与这个团队一起工作，而不能认为规划师实际上能够做其他专业的工作，或者认为规划师的工作高于其他专业的工作。规划工作的性质，特别是在试图实现什么发展目标方面，意味着规划师需要在多个时间点上与所有专业人士进行协商，理解其他专业的工作意义，并把它放到适当的地方，无论这些工作是个人的还是集体的。这里强调的是，在实现项目整体目标的背景上，聆听、了解和理解这些专业工作所提供的观点，特别关注那些可能引起对规划框架重新做出考虑的因素。

在以上描述的情况下，规划工作的贡献与其他大部分专业工作的贡献没有太大的不同，无非都是从特定角度做出特殊的贡献，所不同的是，规划工作着眼于项目的整体。这种从整体出发的方式应该是规划工作的基本特征之一。一个项目究竟要实现什么？它与这个地区现存的规划框架如何联系起来？我们如何保证整个项目构成可持续发展，包括建设和未来的运行？什么样的设计要求能够让整个项目与周围地区"相适应"？整个项目的交通需要如何与周边地区私人和公共的交通系统相联系，以及这些需要可能受到任何质疑吗？这些问题都发生在项目确立的开始阶段，对这些问题的回答实际上提供了更为详尽的开发工作的框架。作为开发团队一员的规划师常常通过找到这些问题的答案而形成发展战略，这种战略成为详细开发工作的纲领，以保证这项开发工作的方向不会偏离已经制定出来的基本战略。

在这种情况下，需要考虑更多方面的问题。例如，10 年以前，在英国不大考虑犯罪预防方面的问题，犯罪预防可能对项目的设计和布局产生影响。然而，现在这个问题已经成为设计过程一个不可缺少的部分（副首相办公室和内政部，2004），如果警方建筑联络办公室在检查项目时发现没有做这项工作的话，将会要求重新对项目做设计。地方警方建筑联络服务是考虑规划申请时的一个部分。图框 8.4 说明了贝德福德郡地方规划部门与警方合作的安排，警方需要对规划申请做出相关考虑。

实际上，按照图框 8.4 的咨询安排，大部分开发都包括在咨询范围内。这样做是希望有开发兴趣的人们在编制开发计划时要考虑地方规划部门的详细指南（贝德福德郡地方规划部门编制的新的地方发展框架将收入这些支撑详细指南和与详细指南相关的政策）：

图框 8.4　贝德福德郡警方对规划申请提供咨询意见的新安排

1. 以下类型的规划申请将与警方进行咨询：
- 包括 10 个住宅单元以上的住宅开发；
- 大型商业办公、工业、零售或娱乐分区规划；
- 街区或区级新社区设施开发；
- 重要的开放空间/景观区开发计划；
- 重要的沿街停车场开发；
- 交通交换站或其他重要的高速公路基础设施修缮计划，如自行车道、新建或维修人行道；
- A3 类食品和酒类使用申请。

2. 另外，贝德福德郡地方规划部门将每周规划申请一览送递贝德福德警方，警方在接到这个一览之后一周内通知规划部门是否需要对一览中的任何申请和以上类型项目提供咨询。

资料来源：贝德福德郡社区安全工作组，2005。

　　寻求规划许可的人们和他们的设计师在提交申请前最好与多种利益攸关方讨论他们的开发计划。这将帮助他们解决任何可能发生的冲突，保证在设计的最初阶段就已经设计出了减少犯罪发生的措施。(Ibid. ，第 3.6.2 款)

和

　　在提交规划申请时，希望申请人说明，开发设计如何减少了犯罪和违法风险，这种说明构成设计陈述或支持陈述的一个部分。(Ibid. ，第 3.6.3 款)

以上所说的处理防止犯罪问题的方式与 10 年前非常不同，处理防止犯罪问题的方式展示了，过去考虑不多的问题正在成为开发项目计划的一个需要综合考虑的因素。在这个问题上进行协商的人可能是一个规划师或者其他专业的人，这取决于开发团队自身的人事安排。但是，几乎无须怀疑的是，以上例子里所说的那种安排，要求规划师理解需要讨论的问题和它们对设计过程的可能意义。将来，当像贝德福德郡那样的文件被编进地方发展框架中，更为正式地成为地方发展规划框架的一部分时，开发团队中的规划师需要把这个特殊问题与理解发展规划相关内容的意义综合在一起，以此为基础制订开发计划。

　　土地开发过程根据土地条件和特征有很大差异，正如我们在第四章中所看到的那样，这是规划师需要知道和理解的，既看到由它引起的问题，也看到它所存在的机会。如形状、方位、现存的植被覆盖、排水等等因素，需要成为场地评估的组成部分，从而认识到在开发过程中如何考虑它们，这通常称为准备开发草案的重要组成部分，规划师对此过程发挥主要作用。当然，在准备开发场地的土壤已经受到污染的情况下，需要使用特别专门的知识去了解如何适当地开发这类场地（西蒙斯，2001）。因为英国政府鼓励使用原来使用过的城市土地做开发，而不要再消耗绿色土地，于是这个问题在英国越来越突出了（西蒙斯，2004，pp. 10－12）。除非规划师本人对此经过专门训练，并对此有经验，否则他们不可能承担这项专门工作。在这种情况下，规划师对土壤修复过程有所了解还是相当重要的，因为这样，才能知道未来开发这类场地的意义，据此提供自己的咨询意见。图框 8.5 说明这种工作的复杂性。在承担再开发原先使用过的土地方面具有相当程度的经验的专家认定了 45 个重要因素，随着时间的推移，这项研究所认识到的因素还会增加。在这种情况下，规划师的工作通常不是去承担与这些因素相关的详细研究，然后提出咨询意见，而是认识这类研究所发现的问题对项目整体的意义，特别是认识决定未来对这块场地进行开发设计和布局的原则，认识为了满足规划要求所需要采取的程序。如果要求提供环境陈述或环境影响评估作为决定规划申请程序之一的话（副首相办公室，2004g），那么这类工作可能是准备这些文件的关键。作为开发团队成员的规划师可能在综合和提出建议方面发挥重要作用。在地方规划部门里工作的规划师要接受这类材料，如果规划师不能够独立处理这些材料，那么规划师必须能够认识到这类材料的意义，知道什么时候在什么地点听取专家对此类材料的解释和意见。在这种情况下，规划师并非去做专家要做的基础工作，而是发挥综合性的作用，这一角色在规划系统中是至关重要的。

图框 8.5　棕地再开发中需要考虑的因素

西蒙斯和他的同事们承担了约瑟夫罗特雷基金的一个研究项目，希望找到棕地再开发时需要考虑到的因素，他们对过去 5 年里在 12200 个棕地里从事项目的 100 个人进行了访谈，在此基础上，他们认定了 6 类 45 个因素：

- 场地组合因素（7）
- 法规和政策问题（8）
- 场地修复因素（11）
- 项目可持续因素（10）
- 资金问题（2）
- 其他因素，主要与终端使用者或第三方的利益相关（7）

我们很容易理解为什么这种性质的复杂问题会成为一种专业工作，特别是其中有些完全属于专门领域的问题。

资料来源：西蒙斯，2001，pp. 42 – 50。

在这一节里，我列举了两个例子，一个是关于预防犯罪的，一个是关于污染场地再开发的，两个例子无非是要说明这样一种观点，与规划问题相联系的问题，其广度和深度能够十分不同。规划师不可能在方方面面都是专家，规划师甚至不要试图向这个方向发展，因为隔行如隔山，人们各自成为各自领域的专家更有利于工作。当然，规划师必须能够做的是，与各路专家进行有效率的交流沟通，理解他们的看法对规划的意义，把他们的看法与未来要开的专门项目联系起来，与场地及其周边地区的规划背景联系起来。我把这种作用解释为综合作用。这种角色是极其重要的。在对规划问题进行公共咨询时，理解专家意见的重要性，并把他们的意见置入到适当的规划背景中，都是不可缺少的工作，从本质上讲，规划工作应该能够以有效地吸收公众意见的方式对复杂情况做出判断。这就要求规划师有能力对基本观点进行交流，不要过于简单化而歪曲了这些观点的本意，也不要过于复杂以致让意见接受者不能理解。在公共部门工作的规划师将会发现，他们常常处于这样一种情况中，需要具有的最重要的训练之一就是能够把每一件事都联系起来，形成一个尽可能完整和精确的画面，以便安排公共咨询，使决策过程建立在一个完整判断的基础上。

问题越复杂，规划师的这种综合性工作就越困难；但是，问题越复杂，做好这种综合性工作就越重要。

把概括能力和综合能力结合起来

以上我分别讨论了概括训练和综合训练。实际上，这只是一种分析，在许多情况下，规划师都是同时运用他们的概括和综合能力的。最有效的综合途径是通过"大画面"做到的，换句话说，使用动机背后的方向或目的（概括能力的基础）作为框架，每一个人的工作能够在这个框架中得到理解，并在这个框架中聚集在一起。由于个人的工作会导致全盘工作需要进行评估，或者至少会反映到全盘工作上，这样，指向目标的大方向所提供的角度将产生出要求每一个人承担进一步工作的问题，所以在实践中，这是一个循环。相类似，如果承担关键工作的人们既不理解也不能共享一个方向或追求一个目的，特别是当他们认为他们的角度已经被忽略了，就非常难以形成聚集各方工作的方向或目的。所以，在大方向和个别工作角度之间存在一个共生关系；有效综合的基础是个人工作成为组成部分的全盘工作，反之，所有的人都必须看到全盘工作适当地考虑到了个人的工作，没有忽略或试图轻视个人的工作。

我想，如果这个过程真的工作起来了，规划一定能够给项目或目标本身增加价值，给每个专业工作的角度和理解增加价值。举一个我多次经历的简单例子，如果问一个交通工程师某个计划修建的地方公路系统的意义，那么，这个交通工程师会从交通工程的角度做出回答；人们对此问题还希望得到其他的回答。当我们不仅研究交通问题的技术解决方案，还研究交通问题对一个项目的影响，对一个比较大的地区的影响，交通工程师的回答可能就需要进行评估，因为修建地方公路系统对地方环境的影响被忽视了。这个过程导致最终形成一个很不同于交通工程师回答的解决办法，这个解决办法在各种利益和目标之间实现最适当的平衡。最理想地讲，这是一个创造性的过程，它能够考验规划师解决问题的能力，考验他们是否能够处理好各种各样的和有时会发生冲突的利益。如果各方都认为规划师能够尊重各方所表达的意见，努力让各方利益都得到照顾，认可规划师正在努力为地方寻找最好的解决方案，那么，规划师才能做出最好的工作。换句话说，规划师正在同时使用他们的概括能力和综合能力，与不同专业的人士和社区利益攸关者一道工作，努力寻找适合于实际情况的最好解决方案，这种解决方案可能不同于常见的简单解决方案。最不理想地讲，这个过程能够成为多种开发利益之间一种最简单的妥协，而不考虑社区居民的观点，这种过程基本上没有概括的角度，对必须考虑的观点的综合也相当有限。这里所说的最理想和最不理想过程之间的差别，不一定有一个规划能够贡献的精确度量值（例如，政治过程可能拿地方居民的意见说事，迫使对开发规划再做考虑），这种差别说明的是以相互支持的方式使用概括和综合能力能够实现什么。

小结

　　这一章讨论了在面对发展时，规划能够展示出全局的多种方式，规划如何需要把多种多样的工作和利益结合起来，在相互协调和相互促进中，这种概括和综合能力能够最好地发挥其功能。在我从事实际工作期间，开发利益所有者和其他一些人多次告诉我，概括能力和综合能力是规划师特有的能力，他们最看重规划师的这种能力，而其他与开发相关的专业人士在这种能力方面较之于规划师要弱一些。原因是工作重点不同。所以，我要说，实践中的杰出规划师所具有的基本特征应该是，他或她是一个能够把握全局的人，无论怎样详细地讨论开发，规划师都不应该失去对全局的把握，应该努力把个别专业的工作放到全局中去看待。

　　这并不是说全局应该一成不变，对全局一成不变的理解如同其他不具有弹性的形式一样会受到损害。这一章开始时，我们讨论的最典型全局的特征是，它们倾向于具有相对一般的性质——

大部分远景能够包括若干不同的因素和多种实现期望的不同路径。正因为如此，规划师的工作就是人士全局中蕴涵的弹性，把弹性看成一种机会，但是，规划师同时能够区别出哪些因素将对全局产生不被期待的挑战，哪些因素能够不困难地包容到全局之中。一定程度上面临挑战的实际上正是真正有价值的东西，所以在这种情况下，需要调整对全局的认识，否则可能会威胁到通过很大努力才在一段时间里形成的有希望的因素，所以应该拒绝这种对全局有负面影响的认识。远景应该是提供一定程度的确定性，并在一定时期能够持续下去的事情；在做出现实选择的道路上可能存在多种途径和多种详细的决定，然而指导这些进程的大方向应保持清晰。这并非意味着与大方向不一致的任何事情都必须简单地否定掉。一致性是一个高估了的原则，实际上，很多革新都来自探索和产生出不一致，对于规划来讲当然也是如此。最初形成的远景可能已经达到了在一个特定时期内大家都同意的程度，但是由于人们知识和认识水平的局限性，形成这个远景的过程不可避免地受到限制，所以在这个远景中没有认识到后续发展所带来一些好处。更进一步讲，认识在发展，在一个时期被认为具有消极意义的因素在后续发展的新形势下看上去却非常不一样了。这样，远景或全局应该看成是帮助计划当前行动的基本工具，如果这样认识的话，规划师必须持续地监控是否出现了应该对远景进行再评估或做出调整的观念或机会。

最后，从最直接的意义上讲，承认综合工作的价值是重要的。1997 年大选得胜上台的工党政府做出的承诺之一就是需要"把事情联系起来"。把事情联系起来的意义在于，使用公共财政完成的许多工作没能有效地相互联系起来，当然，这些事情无可怀疑的直接或间接的影响着花费公共财政资金去处理的问题。这样，公众没有得到这些公共开支的全部价值。我的经验是，这种分析也适用于我所工作的许多地方。规划过程能够承担起的最值得做的工作之一就是，尽力去研究地方上希望实现的每一件事，探索这些事情之间的关系，从而发现那些地方可以增加的价值。规划师之所以能够承担这种工作，是因为规划师的角度不同于完成项目的个别服务所采用的功能性方式，规划师的角度是这些项目将要影响到的地方和在那里生活着的人们的未来。项目经理不一定能够很好地认识到这个研究功能性项目的过程，以致他们看不到这些项目对空间和人的影响，实际上，对这个地区正在做的其他事情，这些事情试图实现什么和这个项目所产生的影响等问题做出解释能够减少这类困难。一些地方政府基于这种理由已经对地区管理目标做了实验（布拉克曼，1995，p.146），但是，与此相关的困难倾向于以功能方式提供服务的部门体制。以地方为重心的规划在处理这类问题时能够做出它特有的贡献，主动的规划过程在这种情形下所提供的综合能力具有一定的价值。

自我评估的论题

1. 尽力找到你所了解的地区不同种类的"远景"。这些远景出自何方？这些远景如何得到表达？这些远景怎样与规划过程相联系？规划过程如何对此加以考虑，例如，编制一个新的开发计划？

2. 找到地方上的一个大型开发项目案例。与整个地区相关的远景以何种方式影响着这个项目？还有哪些影响关键的因素作用于这个项目的开发？与其他影响因素相比，你认为远景因素在决定项目如何进行方面的影响有多么重要？

3. 阅读一个发展规划文件。有多少内容能够说是"全局"或"远景"？有多少内容是相对详细的？你认为"全局"因素是否适当，以什么方式可以对此加以改进？你认为有多少细节是必要的，为什么？

4. 努力找到一个地理意义上的城镇，未来5年所进行的公共财政投资的项目将有可能影响到这个城镇。这个项目包括了些什么？哪些代理机构将承担它们？这些项目以什么方式相互影响和对这个地区产生影响？这个地区的规划纲要以什么方式发挥着综合性的作用？

第九章

探讨变化中的规划训练

引言

　　前面七章已经介绍了规划实践成功所需要的核心技能，这一章稍微远离一点细节，讨论一下从不同角度出发，围绕规划训练的性质和内容而展开的一些争论。我在前面几章中已经提出的规划实践技能训练是与实际需要相一致的，当然，从这里所提出的多种多样的角度看，我们很难抽象出一个对规划技能的一般看法。这样说的理由之一是，这些看法来自不同的角度和它们各自试图推崇的收益。另外一个理由是，有些关于规划实践需要技能训练的看法随着规划过程本身的变化而改变，随着并入争论的时尚而改变。例如，伊根委员会现在强调"一般训练"（这一章中将作讨论），十年以前并没有强调这一点，这里所提出的管理方式也不是有关规划实践技能训练的主导观点。这是一个有争议的领域，这一章所要做的就是向读者展示一些这类思考。

　　我们首先简要地讨论术语。这是不能回避的，有些作者小心翼翼地把他们所说的技能训练与其他相似概念加以区别，显而易见，规划领域里有关技能训练的一般用法的确没有刻意去做出什么区别，而是混合地使用了这些概念的一些意义。在这一章随后的大量篇幅里，我会把对规划技能训练认识的一系列评论分为四组：一些评论涉及一些重要作者的著作；一些评论涉及相关专业团体即"英国皇家城镇规划学会"长期以来在这个问题上不断改变的观点；一些评论与城市更新领域具有联系（特别是与街区更新具有联系，街区更新是地方尺度上的一种城市更新）；一些评论站在多专业背景上，把规划看作城市管理的一部分。毋庸赘言，我在这里介绍的有关规划技能训练的看法当然不是全部（德宁，

2004a，2004b；西蒙斯，2003），但是这些介绍应该足以说明不同的看法和它们已经发生的变化。最后，我把本书中提到的规划实践技能训练放到一个更为广阔的背景中，以此结束这一章。

一些术语问题

写作规划技能训练教程的最大困难之一是，很难把"技能或训练"这个术语与其他许多类似的概念区别开来（有时，它们的意义有重叠）。说明这个困难相对简单，但是要想克服它就不容易了。我首先说明一下这个困难，在开始研究如何写这本书的时候，我发现了 15 个概念，它们的特殊使用者认为它们是重叠的，在意义上包括了其他项，或者与训练概念同义；可能还有更多这样的概念。以字母编列，这 15 个词如下：

才干（Abilities）　能力（Capabilities）　专长（Expertise）　训练（Skills）
主见（Attitudes）　才能（Capacities）　知识（Knowledge）　技能（Techniques）
特性（Attributes）　特质（Characteristics）　方法（Methods）　标准（Values）
行为（Behaviours）　胜任（Competencies）　素质（Qualifications）

图框 9.1 使用牛津词典（1998），对以上 15 个术语做了定义。它揭示出这些定义之间在涵义上存在一些重叠，这些概念至少有办法加以区分；有兴趣的读者能够做一些词源学的探索，找到这些术语在涵义上的差异和相似。图框 9.1 中对技能训练所做的定义非常宽泛，这对于我们看待规划技能训练是很有帮助的，因为规划概念本身的涵义也非常宽泛，边缘相当模糊。当然，这种方式也有不足之处，那就是缺乏精确性；然而在我看来，提供一个宽泛的认识方式更重要。

当我们在这本书里讨论规划技能训练时，从本质上讲，我们所讨论的是规划师成其为规划师的那些知识领域和应用那些知识的方式。当我们讨论规划实践技能训练时，不仅仅讨论那些成其为规划教育目标的技能训练，还在讨论如何把那些技能训练运用

<table>
<tbody>
</tbody>
</table>

图框 9.1　一些重叠概念的定义

才干	能力或有能力；聪明、才干、思维能力
主见	有观点或有思路；反映能力
特性	描述一个人或事情的属性；有特点的品质
行为	一个人表现自己或对待其他人的方式；一个机械性的、化学性的方式、行动或工作
能力	才干、有能力、有为的状况
才能	精神上有能力、本领或才干；包括接受、行或做的能力
特质	典型的、别具一格的特征或品质
胜任	能够做到的状态（认定了的或能够做的、有实效的）
专长	专业训练、知识或判断
知识	通过实践获得的认识或熟悉；了解多种信息；对一个主题的理论和实践的理解；对相反观点的一定了解
方法	专门的程序形式，特别是任何精神领域的活动；方法论是用于一种特殊活动领域的全部方法
素质	适合于一个岗位或一种目的的人的技艺
训练	专长、实践的才干、行动能力；灵巧或机智
技能	实现某种目的的手段和方法，特别是能够熟能生巧
价值	人的原则或标准；人对生活中什么有价值或什么最重要的判断。

到规划师日常的工作实践中。我在这本书中绝没有说，本书介绍的每一种技能训练都是规划师所独有的，事实也正是如此。我在这里所要说的是，规划师所拥有的技能训练是一种技能训练的组合，是一种把所有技能训练有效运用到规划这种特殊实践中去的能力。这就是为什么第七种训练是概括和综合的训练，能够把所有其他的技能训练合并到一起，应用到我们的实际规划工作中，这本身就是有价值的和必要的训练。

对规划训练看法的变迁——不同经典作家的看法

由于什么是规划的观念已经发生了变化，而且什么是规划的观念本身还充满着矛盾（赫尔，1996），所以，对规划实践所需要的技能训练也没有形成一致的看法。这一节的目的只是简单地介绍一些经典作家在他们所处时代和背景下对规划技能训练问题的看法，而不对他们的文献进行综合的评论。

在 1947 年《城乡规划法》公布之后，L. 基布尔编写了一本经典的英国规划教科书《城乡规划原理和实践》（基布尔，1964），在 1952～1964 年，这本书再版了两次，有了三个版本。这本书的目的是提供一本有关规划实践的综合性教科书；实际上，当时认为通过一本书就可以综合地介绍那个时代的规划了。然而在今天看来，只有概论性的著作可以做到这一点，而细节则需要更为专门的书籍来说明。基布尔的确在这本书中谈到了规划师的技能训练问题（Ibid.，pp. 20 – 26），当然，充满着那个时代的争议。所以，许多内容都是围绕当时的争议展开的，规划师究竟应该是"专家"还是"通才"，这个争议与实现专业证书的途径有关（"专家"被看成是来自其他学科的人，而"通才"是那些经过综合的规划技能训练的人，他们不是从其他学科转行而来的）。所以，那些讨论最终也没有形成一个规划师技能训练一览表，而是研究了与规划相联系的许多专业和训练领域，研究了这些专业和训练如何在规划工作中加以应用，以及规划师究竟需要了解多少类知识。当时书中列举的专业领域有建筑设计和建造（包括景观建筑）、评估、社会学、统计学、工程（包括交通工程）、地质学、农业、法律、政府体制、地理学和经济学。《苏斯特报告》（1950）肯定了基布尔的这种看法，"规划师应当具有广泛的文化知识，特别包括历史和人类命运意义上有关这个世界和世界运行方式的知识"（基布尔，1964，p. 25）。

这个一览可能给人形成一个印象，规划是来自大量学科知识的大拼盘，而没有形成自身整体的东西。为了避免这种印象，基布尔对规划师的专业训练做了如下定义：

　　　　规划师训练的关键在于能够从空间上定量地决定适当的土地使用关系，创造出一种设计来实现这种关系，同时还不损害其他的需要。这就是规划训练的核心；要达到最高层次的训练水平，规划师还需要能够认识对规划特别重要的主题的相关方面，能够把这些方面的细节放到作为整体的主题中去认识（Ibid.）。

尽管基布尔对规划和称其为规划师的人的看法是宽泛的，但是，对于规划技能训练核心的看法还是有些狭窄：规划是关于土地使用的相互关系，它用规划的形式（一种设计）来表达这些关系。20世纪60年代后期发展起来的系统观的核心是，规划需要努力从整体上看待它要管理的城市系统。B. 麦克洛克林是倡导这个观点的人之一。他在畅销书《城市和区域规划：系统的方式》（麦克洛克林，1969）中提出，需要确定和认识到，规划师所需要的核心训练不是一个装着从其他地方舶来东西的大口袋（这是麦克洛克林十分厌恶的一种方式，ibid. , p. 306），规划师所需要的核心训练是，努力管理规划系统的不同层次（例如，区域或地方）上的专长。这样，麦克洛克林认为，与城镇和区域规划相关的规划师要能够做到以下方面：

（1）适当了解城市系统的性质和行为；

（2）能够区分出城市系统的因素和子系统，同时运用其他训练去了解城市系统因素和子系统的问题；

（3）给城市系统设定目的和目标；

（4）使用最适当的方法去改进城市系统的运行；

（5）持续性地对整个城市系统的运行负责（Ibid. , p. 307）。

与原先对规划师技能训练的认识相比，麦克洛克林提出来的技能训练更具有相互关联性，所以，那个时期的许多规划师都深深地被这种方式所吸引，然而，把这种对技能训练的看法变成现实却存在着非常大的问题。作为一种方式，它逐步与大规模计算机模拟联系起来，而这种计算机模拟需要巨大的数据支撑。这不仅涉及对数据量的控制，还涉及数据的质量问题。我至今还清晰地记得当时的情况，那时我在南贝德福德郡工作，为了制定战略规划，我们需要提供大量数据来做计算机模拟。当然，我们能够提供的数据并非尽善尽美，这样，如何能够信赖计算机模拟所产生的结果就成为了一个难题。第二个困难，也就是更为基本的困难是，为了做出有效的系统管理，规划师又不能控制这个系统，事实上，计算机模拟的运行是受到限制的，只能作为工具之一。这样，作为城市系统管理者的规划师，在概念上能够连续性地对整个城市系统运行承担责任，却不能被实践证明。如果这种方式能够坚持一个比较长的时期，也许能够证明这一点，但是，当时缺乏对适当财政资源供应的强有力的游说，加上这种方式不再时髦，于是规划师向后转移到了其他方向上。

由于规划的系统理论丧失掉了其重要性，规划已经显示出两个（可能相互关联的）倾向。第一个规划理论的兴起，现在我们几乎能够称其为一种规划理论产业的兴起，在世界范围内，越来越多的作者对他们认为规划应该是什么作出解释，但是，他们常常没有提供一个规划从现在转变到理想状态下的路线图（赫尔，1996，pp. 331 – 340）。实际上，把重点放在规范上也许能对第二种倾向的出现做出一种解释，第二种倾向是，撰写规划理论与规划实践本身之间的距离日趋扩大（ibid.，pp. 340，341；布鲁克斯，2002，第二章）。这只是一种粗略的概括，实际上有些规划理论的确从理解实际情况入手，寻求从实践中获得有用的经验教训，但是大部分规划理论并非如此。这可能有助于解释布鲁克斯的看法，"规划理论和规划实践形成了两个有区别的兴趣群体，每一方都有自己的成员、相互交流的论坛、交流的方式和其他内部机制"（布鲁克斯，2002，p. 5）。尼克罗森从一个学者转变成为一个从事地方实际规划工作的官员，他对此做出了这样的反应（汤姆森和赫利，1991，pp. 53 – 62）：

> 我从研究者转变成为地方政府的官员的经历，可以用来强调一个更为困难的问题。我已经注意到，我承认规划是一种合理的活动，一个"好事情"，无需再做进一步的分析。当

然，我确切地知道，有关土地使用规划的角色、结果和价值的一系列问题。作为一个学者，在我的思考中，这些问题最为重要，但是，当我从事实际规划工作时，发现了维持这个命题的客观性。事实上，作为一种实际工作的规划需求比起我对规划本身的看法更为突出一些。（inid. , p. 61）

成为规划理论作品的支配性因素之一是，把规划看成一种交流和协作的过程，信息和观点在或多或少具有连续性的过程中得到交换，规划决策通过争论过程而得出（赫利，1997）。在规划理论群体中，对这种规划观的支持日益增加也许与第二章中讨论的公众参与概念的发展相关。当然，这个因果关系纠结在一起的过程可能极端复杂（达克，2000）。汤姆森和赫利提供的证据说明，规划师日益把相互作用的工作看成是实际规划工作非常重要的组成部分，而不像早期那样把重点放在报告和规划上，换句话说，在强调过程和强调结果之间的平衡正向着过程方面偏移（汤姆森和赫利，1991，p. 195）。这种转变的实际后果是，规划训练的重点不仅仅是制定规划和执行规划这类传统的规划技能，而且也强调了寻求支持、建立起共识、聆听社会各界的声音和包容差异；即强调了汤姆森和赫利所说的"知道怎样"以及"知道什么"两个方面的训练（ibid. , p. 194）。所以，阿尔布雷克特（2002）从学者和实践者两方面探索了规划专家有关6个问题的观点：

- 决策中包括市民；
- 协商制度能够包括市民；
- 决策意义和权力关系；
- 合作和时间预算；
- 决策过程的特殊瓶颈；
- 合作战略。

正如我们在第一章中所说的那样，公众日益期待参与到规划系统中来，英国政府（实际上许多其他国家的政府也同样）期待规划实践者更为有效地与公众接触（不仅仅寻求他们的看法，还要保证他们的观点反映到了规划的结果中），这样，几乎没什么疑问，相互作用的训练成为了当代规划实践的一个部分。有些不太清楚的是，这种性质的活动如何能够与面对其他方向压力的规划制度协调起来，如许多分散和相反的观点，中央政府强调业绩和完成规划许可的数量，最近这些年来一直困扰地方政府规划服务的资源限制，政治过程依然维持其最终决策的权力。当代规划实践所面临的最大挑战是围绕对公众参与（许多规划师感觉到这种参与是公众固有的权利）的承诺而出现的。也是围绕在面对冲突压力条件下如何有效推进工作时出现的。

桑德库克对培养未来城市规划师的规划课程安排做了研究，她在《走向国际大都市》一书中，从四个关键因素的角度来看待这项任务：

- 就持续变化的社会空间发展过程而言，规划需要确定其特殊性。
- 规划项目需要与环境和设计项目衔接起来，以便更好地理解人居问题。
- 方法、训练和能力需要作为关键文献的问题来重新做出解释。
- 规划必须作为一种道德要求去实现。

可以从6个宏观过程看待第一个观点：城市化、区域和区域间经济的增长和变化、城市建设、文化差异和变化、自然环境的变化（一些人将这一点看作可持续发展的关键因素）、诚实正直和赋权。第二个观点涉及清除壁垒，以便以交叉学科的方式去探索建立可持续发展背景条件下的建筑形式，桑德库克认为这些壁垒是专业团体建立起来的，并受到他们的保护。第三个观点涉及未来规划师的需要，即用技术、分析、跨文化、生态和设计理论武装起来的规划师。最后一个观点是关于规划教育目标的认识，即规划教育的真正目标不应该是给学生提供事实、技术、方法和信息，而应当是提出围绕以可持续发展方式生活在人类社会里的基本价值问题（ibid.，pp. 225 - 230）。这种挑战性的方式表达了强调社区、环境和文化多样性规划训练的观点，而不是强调这一章剩下部分所要谈到的传统方式，它纠正了把开展政府工作作为规划师训练主要内容的误区。

对规划训练看法的变迁——一个专业团体的看法

围绕专业团体在现代社会中的功能，特别是这些专业团体如何把对其成员利益的明确关注，与其能够提供的有关专业领域怎样发展的意见和其与公共利益相关的位置等联系起来，在这些方面还有许多争议。我们在这里无法展开这个问题，当然，如果读者愿意去阅读这类文献的话，他们会发现还有大量的问题需要探索（迪尔凯姆，1957；约翰逊，1972；托斯滕达尔，1990；弗雷德森，2001）。关于如何把这些概念用于规划领域的文献很少（赫利，1979；里德，1987；托马斯和赫利，1991；埃文斯，1997；坎贝尔和马歇尔，2001），也许有关这个问题的最关键因素是，人们声称的那些规划能力是否清晰（埃文斯，1997），在可以恰当地看作是技术和政治的东西之间是否协调（里德，1987）。当然，并非只有规划一种专业在21世纪的早期面临这类挑战。就我们现在的目的而言，关键是认识到专业团体的存在，且正在各自的领域发挥着重要作用。所以，我们在这一节里研究一个专业团体，即英国皇家城镇规划学会。

作为一个专业团体，英国皇家城镇规划学会（RTPI）致力于推广规划的价值，提高成员的利益，寻求影响规划的基础教育和继续教育（成为协会正式会员的必要条件）。因此，英国皇家城镇规划学会有可能对规划训练提出自己的意见，这些意见被认为在帮助理解规划活动方面具有重要意义，但是，它也可能创造出反映在当代规划教育中的一些壁垒，桑德库克提出解除的正是这些壁垒。在这种情况下，专业团体所面临的挑战是，既要改革，同时又要提高和保护自己成员的利益，当后者限制了前者的时候，尴尬局面不言而喻。

图框 9.2　英国皇家城镇规划学会 1996 年有关规划师品质的主张

职业规划师需要具有：

（a）知识方面：

- 规划的性质、目的和方法（有关规划性质、目的和方法的争议；在哲学、科学和社会科学方面的思想传统；规划方法；规划师的作用和关系）；
- 环境和发展（自然环境层面、建筑环境层面；发展构成；对建筑环境和自然环境的评价和管理）；
- 规划实践的政治和体制背景（规划体制、英国法律、政治和政府；英国规划实践的法律、程序和组织；相关的政策领域）；
- 规划领域的专项科目。

一个有知识的规划师的关键作用是，能够重视这些知识领域的关系。

（b）能力（训练）方面：

- 确定问题；
- 研究训练和资料选择；
- 定量分析；
- 美学思维和设计思维；
- 战略和概括性思维和推论；
- 综合和在实践中应用知识；
- 全面地解决问题；
- 书面的、口头的和绘制的交流；
- 信息技术。

（c）懂得规划工作的价值和规划师的道德义务。

资料来源：英国皇家城镇规划学会，1996，第 2.2 款。

　　在这些问题上，英国皇家城镇规划学会早期所关心的是如何在英国让规划发展起来（阿什伍兹，1954）。切尼（1974，第九章）专门介绍了英国皇家城镇规划学会对于规划教育的观点，我们这里不需要回溯到这段早期历史。我们可以从英国皇家城镇规划学会 1996 年（RTPI，1996）的一个有关规划师品质的主张说起。图框 9.2 集中了这个主张的基本点。

　　1997 年夏季的一个调查报告（OC 等，1997）分析了学者和实际工作者对这些因素的看法。"国际城市和区域规划协会"的 60 位成员和"欧洲规划学院"的 44 个被调查者对此做出了反应。图框 9.3 对他们的反应做了总结。英国皇家城镇规划学会将有关能力（训练）分成两组，一是分析和研究训练，二是交流和职业训练，

1997 年的报告就是这样做出划分的。

从图框 9.3 中可以得出这样一个看法，学者和实际工作者对两组训练的看法相当接近。尽管存在一些差异，但是，两组中的前三项和最后三项都是相同的；确定和解决问题、综合和知识运用、战略思考是最重要的三项分析和研究训练，论证和协商、综合地解决问题、书面交流则是最重要的交流和专业训练。这也许可以用来作为学者和实际工作者之间的差异并非很大的一个证据。也可以看作同一专业社团对这些因素具有共同看法的一个证据。

图框 9.3　学者和实际工作者对英国皇家城镇规划学会
1996 年有关规划师训练相对重要性的看法

（1 为最高值）

1. 分析和研究训练	学者	实际工作者
确定和解决问题	1	1
综合和知识运用	2	3
战略思考	3	2
抽象思考	4	4
定性分析	5	5
定量分析	6	7
读图和读懂规划	7	6
数据收集	8	8

2. 交流和专业训练	学者	实际工作者
论证和协商	1	1
综合地解决问题	2	2
书面交流	3	3
管理和领导	4	4
口头交流	5	5
设计和绘图交流	6	6
信息技术	7	9
美学知识	8	7
时间管理	9	8

资料来源：OC 等，1997，p. 8。

我们可以把图框9.2中英国皇家城镇规划学会的观点与桑德库克的观点做个比较，由此我们可以看出，主流专业团体对规划师训练的看法与激进的理想主义者对规划师训练的看法之间存在相当大的差异。当然，他们之间也有相似之处，例如在知识领域方面，在一些必要的训练方面，在强调价值方面，都有相似之处。当然，大部分读者可能认为桑德库克的看法比起英国皇家城镇规划学会的看法更为宽广一些。

另一方面，相应时期的雇主似乎更为看重规划师当前实际使用的训练。1994～1995年"城镇规划学科网"年度报告记述了对规划雇主所作样本调查的结果，这个结果表明，规划雇主认为，规划专业毕业生最基本的训练应当是能够读图和读懂规划，随后是设计训练。样本调查中的被调查雇主认为需要有较大提高的训练领域是交流、撰写报告、有效地会见（包括时间管理和团队工作）、解决和分析问题（城镇规划学科网，1995，p.10）。更详细地研究这个调查的结果，所有雇主认为最重要的训练排序如下：

训练	百分比（%）
报告撰写	96.1
书面交流	96.1
解决问题	84.4
时间管理	81.8
团队工作	80.5
问题分析	80.5
协商能力	68.8

资料来源：丹尼尔，1996，p.8。

雇主对规划师训练的看法（以及他们对提出问题的反应）都涉及他们希望规划专业毕业生能够从事实际工作，而不是桑德库克提出的有关规划应当努力实现的远景。我们还是应该注意到，尽管业主们的观点与图框9.3所总结的实际工作者的看法有所不同，这些实际工作者主要关切的并非即时使用的训练，而是战略性的训练，其重点与学者的看法没有太大的差别。前边我们引述的尼克罗森的看法，他从学术工作转而去做实际工作，所以，重心转移到了规划系统本身的实际运转上，而不是规划系统可能如何改变上。这一看法说明了城镇规划学科网所揭示的雇主的看法。

在英国皇家城镇规划学会的指南发布之后，从未来 20 年欧洲的城市政策和规划的核心问题出发，库茨曼进一步提出了对规划训练的看法（库茨曼，1997，pp. 3，4）。他认为，规划训练应当关注以下 5 个问题：

（1）对可持续城市发展的理论化、倡导和执行；

（2）对日益分散和多极化区域的空间管理和控制；

（3）旨在保障后工业化时代正式和非正式的城市和区域政策理论发展；

（4）进一步发展多元文化社会的理论，以及移民对空间影响的社会管理；

（5）城市和文化遗产的保护。

从这个角度出发，库茨曼提出了 7 个关键能力：

（1）分析能力（从非常广泛意义上理解空间问题的因果关系）；

（2）方法论意义上的思维能力；

（3）战略设想能力；

（4）创新能力；

（5）社会交往能力；

（6）交流能力；

（7）文化素养。

这个看法与桑德库克的观念具有相似之处（事实上，也与本书对规划实践训练的看法相似），同时，这个看法再次对英国皇家城镇规划学会的观点构成了挑战。当然，这种学术性质的挑战并不是英国皇家城镇规划协会需要重新审视其规划师训练指南的唯一原因。英国皇家城镇规划学会的"规划教育委员会"在一份报告（规划教育委员会，2003）中提出了需要重新审视其指南的 9 大挑战：

● 社会变化——与本书第一章所讨论的问题极其相似。

● 向空间规划方向推进，而不是约束在意义相对狭窄的土地使用规划上。

- 英国中央政府权力向地方政府转移，以及由此而产生的多方面变化。
- 欧盟对规划日益增加的影响。
- 经济、环境和社会领域全球问题的影响。
- 需要把规划看成处于不断学习环境中的一种工作。
- 需要向潜在的学生推介，以规划作为他们受教育和选择工作的一门学科。
- 改变大学规划教育的被动局面。
- 需要类似英国皇家城镇规划学会这样的专业团体重新思考自己在变革时代的地位和作用（ibid., pp. 12 – 17）。

在这个看法背后的中心观点是，规划既是对空间和场所的批判性思考，也是行动或干预的基础（ibid., 第 4.17 款）。这个看法出自英国皇家城镇规划学会《规划新前景》（英国皇家城镇规划学会，2001）的 6 个核心观点。图框 9.4 对此做了一个总结。

英国皇家城镇规划学会"规划教育委员会"以《规划新前景》为基础所做的工作已经转变成为一个推动规划教育的政策主张（英国皇家城镇规划协会，2004），提出了 21 世纪受到新规划教育方式培养的学生应该具有的能力，包括 4 组 24 个学习成果。图框 9.5 列举了英国皇家城镇规划学会 2004 年提出的政策。

图框 9.4　英国皇家城镇规划学会的规划新前景

规划新前景的核心观念是，规划是：

- 空间的——处理场所的特殊需要和特征。
- 可持续性——围绕实现可持续发展，研究短期、中期和长期的问题。
- 综合的——在知识、目标和相关的行动上，都是综合的。
- 包容的——认同规划涉及的多样性人群。
- 价值驱动的——发现、理解和调整冲突的价值。
- 行动导向的——调整空间（管理对空间的竞争性使用）和创造有价值和有意义的场所。

资料来源：英国皇家城镇规划协会，2001。

图框9.5 英国皇家城镇规划学会2004年提出的规划训练关键要素

- **批判性思考** 规划既是艺术也是科学，而且其结果大于所有因素之和；规划期待结果，而不只是执行一组程序；要实现规划结果，需要有定性、定量、非正式和正式的过程。

- **空间** 规划涉及空间关系，对空间相互竞争的使用；规划处理部分和空间的相互影响关系。为了做到这些，对经济和基础设施如何发挥作用，对社区如何实现凝聚力和社会包容，对环境容量和生态影响，对文化标志，规划都能产生实实在在的影响。

- **场所** 规划的重心是放在决定人们经验的场所的性质、形式和标志上，无论人们是停留在那里还是经过那里。

- **行动或干预** 规划是一个谨慎思考的过程，集中关注能做什么和应该做什么，所以，规划是一个涉及伦理、价值和事实的过程。规划也是一个主动的过程（尽管有时无为是最好的选择），所以规划需要管理训练，以便保证实现所期待的结果。规划要求敏感地对待决策时间——时间如何影响决策，时间如何对不同利益攸关者产生不同的影响，决策如何以现在作为未来的代价。规划师本人需要能够做出高质量的决策，他们常常是以不完善的信息为基础的，为了帮助其他人做出最终决策，规划师要能够控制决策过程。

资料来源：英国皇家城镇规划协会，2004，第1.5款。

当然，对这个更新了的规划训练观点还有可以讨论的空间，相对桑德库克有关规划变化以适应21世纪发展目标的观念，这个更新了的规划训练观点效果如何也有可以争论的余地。显而易见，在我写作这本书时就对此提出了意见，要说这个看法如何反应规划教育委员会提出的挑战，还有些为时尚早。实际上，我也参与了这个新规划训练观点的出台，所以，不会成为一个无私的评论者。当然，毋庸置疑，由于规划所面临的挑战在很大程度上是变革的挑战，作为一个专业团体的英国皇家城镇规划协会要想在21世纪继续发挥作用，就需要面对这个新的规划训练观点。

对规划训练看法的变迁——从城市更新的角度看

英国有着许多老城镇，必须面对城市衰退这样一个重大问题，因此，它在城市更新（美国通常称之为"城市振兴"或"城市改造"）已经有了相当的进展。许多冠以"城市更新"标志的工作都是本书所说的规划工作，所以，我们在城市更新背景下再看看有关规划训练的思考是如何发展的。

英国中央政府建立了一个"街区更新办公室"（NRU），作为副首相办公室的一个专门工作班子，管理城市更新项目中最为地方化的部分。这个工作班子的任务之一就是研究相关方面（不仅仅是专业人员）需要进行的训练。为此，这个办公室在 2002 年 10 月发布了一份称之为"学习曲线"的报告（街区更新办公室，2002）。在比较详细地介绍这个报告的观点前，承认在街区层次进行城市更新的领域与规划领域相似但不完全相同是很重要的。街区更新办公室把这个关系表达为：

> 为了实现街区更新的目标，我们需要综合的训练和知识，以便改善卫生、减少犯罪、开发住宅、改善地方环境、建设比较好的学校，帮助更多的人进入就业大军（idib.，p.6）。

所以，规划是帮助改善地方品质的手段之一，地方品质既就场所而言，也就那里居民的生活质量而言。实际工作者和专业工作者都需要卓有成效地服务于这个过程，因此，"街区更新办公室"认定了三组需要的训练：分析训练、人际训练和组织训练。图框 9.6 总结了这三组训练的关键因素。

就我们在这一章开始讨论的术语而言，的确有可能说，图框 9.6 中的一些因素完全不具有严格的训练意义，实际上是这个办公室希望看到得以改善的态度或工作本身。例如，"重视多样性"是一种训练吗？也许街区更新办公室提出的最重要的因素是，它在分析训练、人际训练和组织训练之间做出了划分，相对强调了后两组训练，而只是提到第一组训练。这可能是因为，它认为不同类型的专业具有不同类型的分析训练，从而集中关注人际训练和组织训练，它们可以提高已经受过专业训练的人们的能力。这个观点的基础可能是我们前边曾经讨论过的一种观点，寻求改变街区更新的程序，以致这种变化是与人一道做的事，而不是为人做的事。

图框 9.6 街区更新办公室有关街区更新参与者的训练

关键分析训练

- 能够应用技术去分析可能性、创造机会和评估可能的解决办法。

关键人际训练

- 有效的战略领导，包括构造包容的远景，把这些远景转化成为实际的战略，建立利益攸关者的联盟，确定和部署官方的资源，担当问题解决者。
- 人员管理，要求采用传统的人力资源管理，以满足社区的特殊需要。
- 重视多样性，保证社区各个方面都得到关照。
- 与合作者一道工作，创造机会在组织和专业之间进行交流和共同应对挑战。
- 有效的交流，包括聆听、协商，保持有规律的接触和反馈。
- 解决冲突，建立共识，进行斡旋。

关键组织训练

- 项目管理，保证项目的有效执行，包括执行之前的项目评估和开发。
- 资金和预算，包括能够管理不可预测的资金来源。
- 研究、监控和评估，包括社区在评估过程中的参与。
- 风险评估和管理，在需要调整时，保证留有余地。
- 信息技术，充分利用信息技术的优越性，保证所有的社区都不被排除在这些先进技术的收益之外。
- 保证提供给贫穷地区的服务比提供给整个城市地区的平均服务水平还要高。

资料来源：街区更新办公室，2002，p. 29 – 31。

对规划训练看法的变迁——从多专业合作的角度看

在与建筑环境相关的专业之间的领域之争由来已久。努力让这些专业一起工作，进而让终端使用者获得较好的产品，也是一个老生常谈的话题。但是，人们争抢工作领域的劲头远远大于他们思考如何与其他专业一道工作去创造整体最优的劲头。最近的确已经在专业间如何合作方面有了一些进展，这一小节我们就从训练的角度看看这些进展。

"罗杰城市工作小组"在它的报告中（城市工作小组，1999）提出了城市设计在推进城市更新方面的作用。建筑和建筑环境委员会（CABE）都支持这个说法。这些年以来，若干出版物都增加了城市设计指南和规划体制的内容（DTLR 和 CABE，2000，

2001）。在承担这项工作中，建筑和建筑环境委员会指出了它所看到的关键问题，指出缺少这项训练的专业团体。建筑和建筑环境委员会所判断出来的关键问题是：

> 这个观点是简单的；在建筑环境专业内的训练水平直接影响到它所创造的建筑环境的品质。我们仅仅有一部分这样的训练来承担这项任务，这些训练目前短缺。这并非传闻或个人的观点，而是通过严肃的研究后得出来的。（CABE，2003a）

图框9.7就是建筑和建筑环境委员会认为短缺的训练。这个分析支持了街区更新办公室的看法，特别是对项目管理、建立合作的工作关系，保证社区参与和项目、资金评估等方面的重视。当然，最大的差异是，建筑和建筑环境委员会认为城市设计具有核心作用。建筑和建筑环境委员会已经提出，城市设计是城市更新中短缺的训练，这是我们面临的一大挑战（斯科特，2004），2003年对英格兰地方规划部门的调查结果支持了这个看法（CABE，2003b）。以36%的样本为基础，86%的地方规划部门感觉到它们需要进一步的设计训练，仅仅有13%的规划部门认为它们不需要这样的训练，其比例为13∶2（ibid.）。我必须说，这是一种有清晰设计的调查，它引导被调查者回答这种问题，然而，这也表明地方规划部门倾向于认为城市设计是一种特殊训练，它超越了规划师可能受到的一般设计训练水平。德宁和格拉森为地方政府协会所做的调查也支持这个看法，除开伦敦地区之外，所有类型的地方政府都从规划学科训练一览中发现了设计训练的空白比起其他一些训练要大（德宁和格拉森，2004b，表16，P.30）。

"一起比较好"项目专门研究了交叉学科教育和建筑环境领域的比较实践，在"规划网络"原先研究的基础上（规划网络，2001），确定了建筑环境专业人士应对当代城市发展问题所必须具备的一组主要训练。描述为"主要训练"的关键训练分组如下：

- 战略思考；
- 人力资源管理；

图框 9.7　建筑和建筑环境委员会对短缺训练的看法

根据建设可持续发展社区的目标，建筑和建筑环境委员会确定了它认为缺少的五组训练如下：

- 战略规划（特别是地方政府辖区范围内），控制从日常的开发规划到场地层次的简要规划等多种规划活动。
- 城市设计，从重新考虑现存的城市地区或规划性的开发，到具体的场地设计。
- 项目管理，特别是与综合使用分区相关的项目管理。建筑和建筑环境委员会认为缺少项目管理严重影响了商业开发客户处理复杂项目的期望。
- 地方发展合作组织的管理和维系，特别与社区参与设计和开发过程的管理需要相关。
- 项目评估和资金，包括与政府资金发放机构和金融机构的联系。

建筑和建筑环境委员会还确定了一种极端缺乏的训练，私人的和公共部门的决策者在实现优良工作承诺上，都缺少对决策者领导才能的训练。

资料来源：建筑和建筑环境委员会，2003。

- 合作工作；
- 财政和风险管理；
- 项目管理；
- 社区包容；
- 经济发展；
- 执行；
- 专门技术训练（如空间规划、城市设计、交通、环境保护、基础设施、住宅管理和房地产开发）。（规划网络，2004，pp. 4 –6）

这里所描述的关键训练与原先的描述一样存在一些重叠，也许在以上的训练中最重要的是强调了一般训练（也就是说，并非强调一种职业特有的训练，而是强调从事建筑环境专业的所有成员，在实现当代城市发展目标的构成中所需要的训练），以区别那些个别专业所特有的专门的或技术性的训练。伊根委员会也采用了这种方式。我们最后谈谈伊根委员会的看法。

伊根委员会强调一般训练和管理方式的意见并非前所未有，实际上，只要我们翻阅一下规划专业文献就可以发现这一点。英国皇家城镇规划学会在十多年前就已经认识到，从事实际工作的规划师如果能够在工作上获得成功的话，一定需要具有广泛的管理类型的训练。所以，了解一个工作班子，不仅要了解这个班子的一般训练，还要关注它是否包括了多个领域的专业人员，以及受教育的领域。希金斯（1995）在一份报告中提出，规划师不仅要把自己看成具有若干专门训练的专业人士，还应该把自己看成一个经理，能够有效地管理整个工作的进程和提供相关的服务，以便在当代条件下有效地工作。这不是一个新观点，但是，它的确把握住了英国皇家城镇规划学会大量成员的实践经验，而且，英国皇家规划协会原先的政策中并没有完全包括这一观点，特别是有关教育问题。这一观点对几年之后英国皇家城镇规划学会的《规划新远景》和规划教育委员的工作都产生了影响。之前我们讨论过它们的观点。

2003年副首相要求伊根委员会对建立可持续发展社区工作所需要的训练和培训进行了研究，一年以后，伊根委员会提交了它的研究报告（伊根委员会，2004）。这个委员会采取了非常广阔的视野对此进行了研究，当委员会的看法很快为外界所知之后，出现了对委员会工作的消极氛围。由于委员会强调所有建筑环境专业人士发展一系列一般训练的重要性，所以，人们认为这种看法降低了专业人士已经具有训练的重要性，威胁到这些专业，而没有把他们的专业训练看作一个包容过程的组成部分。在报告提交之前，就对这个委员会可能要说的观点表现出厌恶，这当然是很不幸的。另外一个不幸是，这个委员会所使用的语言，包括最终报告所使用的语言，被认为使用了管理咨询者的话语或商务话语，而不是为推动可持续发展社区而与利益攸关者进行交流时所使用的适当语言。所有这些意味着，在最好的情况下，这个可能非常重要的评论不过是一个无关痛痒的评论，而在最坏的情况下，它会被扔到垃圾堆里去。同时，即使不去反对这个委员会对待其任务的方式及其产生的结果，来自专业人士和专业团体的反应本身就能够明显地看到桑德库克的观点（桑德库克，1998），即专业团体的行为和态度常常成为改革的障碍，因为这类改革会触及到这些专业团体的利益。

伊根委员会的出发点是，努力给可持续发展社区实际上是什么下个定义，然后详细列举可持续发展社区的关键要素，在此基础上，找到向这个方向发展所需要发展的训练。伊根委员会的定义如下：

> 可持续发展社区满足现在和未来居民、他们的孩子和其他人多样性的需要，有利于提高生活质量，提供机会和选择。可持续发展社区以这样的方式实现这些目标，有效地使用自然资源，提高环境质量，推进社会融合和包容，增加经济财富。（伊根委员会，2004，p. 18）

然后，伊根委员会用"轮状"的图示说明了可持续发展社区的因素，如图框 9.8 所示。英国政府之后给伊根委员会提出的 7 个因素上又增加了第八个因素（"对待每一个人都是公平的"）（ODPM，2005d），可以进一步探索这些因素。

对这个委员会选择使用的语言提出批判并不困难。从这一命题出发，在研究建设可持续发展社区所需要的训练之前，伊根委员会考察了许多程序性的问题。从建设可持续发展社区的任务出发，它确定了 7 种类型的核心职业：执行者和决策者，包括规划师在内的建筑环境职业，环境职业、社会职业、经济职业、公众职业跨学科的职业（如街区更新和改造的实际工作者）（ibid.，p. 53）。依据这个看法，伊根委员会确定了一组一般训练，它们是基础性的、与适当行为相关的（在思维方式和行动方式之间做出区别），必不可少的知识。这一组一般训练如下：

- 形成包容各方意见的远景；
- 项目管理；
- 领导；
- 开创性思维/创新；
- 在追求共同目标的基础上，在团队内和团队之间，从事团队性的/合作性的工作；

- 在约束条件下实现目标；
- 进程管理和变更管理；
- 资金管理和评估；
- 利益攸关者的管理——包括能够与地方居民、居民社团和社区团体一道工作；
- 分析、决策、评估、从失误中学习；
- 交流——包括倾听社区的声音，推广解决方案；
- 解决冲突；
- 了解客户和保证可以得到反馈。（ibid.，pp. 56，57，103 - 105）

然后，伊根委员会考察了推进这些训练的方式，包括创造一个"国家可持续发展社区训练中心"来引导和推进这类训练。中央政府对此的反应可以描述为基本肯定，这种肯定是非常一般意义上的，当然，还包括对建立这样一个中心的意见（ODPM，2004f）。在中央政府做出反应的时候，一定已经知道社会对这个委员会工作和所提交报告的非常复杂的反应，也一定了解到这项工作建议所面临的挑战，人们的反应可能是尖锐的，甚至出现最终否定它的结果。这个计划究竟如何还有待未来的发展，从一定意义上讲，要看人们在多大程度上把这个信息看成有关一般训练的，而把这种一般训练与他们已经具有的专业训练对立起来。

就本书的目的而言，也许我们已经注意到了，伊根委员会所提出的许多训练我们已经在前面对规划实践训练考察中提出过，当然，它特别强调了过程管理因素。关键问题是，如果伊根委员会的报告没有管理口吻的话，在"一般训练"标题下的这些训练是否确实是独特且独立的训练，或者说，它们是否应当被看成规划实践所需训练的主流定义的一部分。从本书的目的出发，我们肯定后者，因为规划实践不仅仅涉及你正在做什么，还涉及如何、为什么和为谁在做，这是我从事实际规划工作的经验。就这一点而言，我完全承认这种性质的训练对规划师来讲并没有什么特别，

图框 9.8 伊根委员会对可持续发展社区因素的看法

资料来源：伊根委员会（2004，p.19）。

副首相办公室 2005 年 9 月 7 日在它的官方网站上确定了可持续发展社区的 8 个因素：

- 充满活力的、包容的和安全的；
- 环境负责任的；
- 衔接良好；
- 服务良好；
- 运行良好；
- 设计和建设良好；
- 富裕；
- 对待每一个人都是公平的。

除开"对待每一个人都是公平的"（这个因素旨在表达代际之间和当代意义上的公平）之外，这张图合理地反映了伊根委员会对可持续发展社区的定义，可以在伊根委员会的"轮盘"上增加第八个因素。

而它们对有效的规划实践是必须的。这样，在考察创造可持续发展社区的多种专业时，伊根委员会把两种训练（专业训练和一般训练）划分开来思考是正确的。简单地讲，在研究一个特定专业群体（这里，我们说规划专业）和它如何有效的工作时，把它需要的训练分成相互区别的两块是无益的。

小结

以上看法应该已经说明了两点。第一，过去 50 年以来，有关规划实践训练的观点已经发生了重大变化，正如第一章所说，如果不是这样，那才是令人惊讶和令人失望的。所以，这种变化告诉我们，也许在很大程度上，未来还有可能发生进一步的变化；没有什么理由相信，本书在一个时间点上提出的观点已经达到了巅峰。同时，我相信有可能澄清成功规划实践所需要的核心训练领域，这是本书所提出的 7 种规划实践训练的基础。第二，我们还没有在一组规划实践训练方面或最好地说明这些训练的方式方面达成共识，当然，在一些相关文献中，还是存在一些共同的观点。我要说的是，回顾本章所提出的四组分析，其中的概念非常相似于构成本书大部分章节的七组训练（尽管不是一定以这种方式来表达）。

在我看来，这七组训练代表了规划实践正在使用中的训练。从非常广泛的意义上讲，这些都是规划师需要持之以恒进行的，它们可能是未来依然需要的训练，当然，其他一些训练可能还会增加进来，成为训练持续变化过程的一个部分。这些训练的内容本身还会继续发展，以便相互协调起来，以适应相应的具体情况，然而，这 7 组训练本身将继续成为规划师卓有成效地工作时所需要的关键训练。并非每一个规划师都需要并驾齐驱地掌握这些技能，但是，如果缺少其中某种训练的话，他们有可能面临困难。对于一个规划团队来讲，当然需要具有所有这些训练的人才。事实上，团队工作的优越性之一就是，可以克服个别成员在某种训练方面的不足，形成优势互补的团队；这样，有效率的团队管理包括能够让整个团队处于最优训练状态。团队工作的其他优势还有，它提供了一个训练发展框架，一个问题常常转变成为一个机会。由于一个成员缺乏某种训练，而另外一个成员恰好有机会发挥他的特长，而缺乏这项训练的成员可以通过与其他成员一道工作而在能力上得到提高。

　　这个例子也可以用来说明另外一个观点，规划实践训练的获得和发展应当看成是一个持之以恒的过程。实际上，持续学习的训练本身就在我们所说的概括和综合训练中。规划教育工作就是为这个持续学习过程打下一个基础，给人们介绍需要继续发展的各种各样的训练，给他们反复灌输在完成规划职业教育之后还需要持续学习下去的观念。这就是专业教育的基本功能，因为专业教育仅仅构成了职业生涯很小的一部分，它所占用的时间十分有限，而在此之后很长的时间里，变化是不可避免的。这两个观点不难解释。如果一个人有 40 年的专业工作经历，包括 4 年的本科训练，那么，4 年本科学习仅占全部专业工作经历的 10%。如果我们仅仅集中关注这 10%，而完全忽略或低估另外 90%，那是完全没有意义的。在英国规划中，这种现象不在少数（对于其他一些国家也有相似的情况，对于一些国家以上数字还有变化，因为它们把规划教育看成是研究生层次的教育）；贯穿整个职业生涯的继续学习是英国规划职业人士所面临的最大挑战之一。第十章我还将讨论这个问题。就变化的性质和规模来讲，第一章所描述的变化还不到 40 年，换句话说，仅仅是一个人的职业生涯，事实上，就是我的职业生涯。实际工作者必须在此期间尽可能地适应这些巨大的变化。在规划中完全依靠最初专业教育所获得的资源是不现实的，实际工作中积累起来的经验不同于那些最初获得的教育资源。如果变化加速起来，正如许多作者所说（库帕，2003），对于那些刚刚走完 40 年职业生涯的人来讲，他们适应这些变化相联系的困难可能比刚刚完成 4 年专业教育的人要大许多。所以，规划实践训练的发展必须看成一个持续的过程，而且主要不是基础专业教育的工作；那些可能成为一个卓有成效的规划实际工作者的人，可能恰恰是最有效率和最有实际效果的完成实践训练任务的人。

第十章

结　论

引言

　　我认为实际的规划工作越来越困难了。第一章对大量社会变化因素的讨论也许能够说明这一点，当然，有两点对做出这个判断特别重要。第一，公众参与规划过程和对因此而产生的对结果的期望与日俱增，我没有看出这个长期倾向的发展尽头。第二，规划实践经验常常证明，我们预知未来可能带给我们什么的能力，和了解到达这个期待的时间或改变未来的能力是有限的。所以，规划常常在尽可能实现人们最初设想上历尽艰辛，当编制规划的过程变得越来越长和越来越复杂时，组合起来的各种力量已经对我们某些规划编制活动的价值提出了难以应对的问题。我在写作本书时，正好看到了英国在恢复规划引导制度的价值信念，以及与此相关的，旨在处理这些难以应对的问题的新规划制定方式；当然，梨子的滋味究竟如何，必须亲口去尝。通过比过去更为有效的公众参与来迅速产生有意义的规划还将证明这是一个真正的挑战。我说规划正在变得越来越困难这样一种见解可能通过这种挑战得到验证。

　　当然，我们说规划实践变得越来越困难，并不是说我们本身竭尽全力做好规划就不那么重要了。对我们需要实现什么才能让城镇不受到被动地损害，和在整个规划过程中把人们的思想引导到这些问题上而言，我完全相信我对规划价值的认识。我也完全相信，规划是一种以客户为基础的活动，而不是人们遥不可及的艰深过程。那种认为规划师因为从事规划工作，所以应该最了解规划的思维方式，在我从事规划实际工作期间，已经发生了变化。现在的规划观念是，规划旨在与人们一道去改善他们生活工作的场所，从而给这些场所增加价值。我希望这种倾向还会延续下去。我们所需要的是与此思维方式一致的规划方式，把战略上的确定性与战略框架内具体场地或项目上的灵活性结合起来的规划方式，在规划团队和客户之间或多或少持续不断的对话交流的规划方式。这种方式正在多个方面，如我们的体制、程序、规划资源和每一个身处其中的规划师个人的训练，向我们提出挑战。我认为所有这些对做好规划都是极其重要的，所有这些（不仅仅让我们的规划制度继续存在下去，还要让我们的规划制度能够卓有成效地工作）对规划师运用到规划过程中去的训练也是最大的挑战。是规划训练让公众更为满意，还是规划训练让公众更为满意规划过程，能够让他们多样性的观点得到表达，无论哪一种都需要经过时间的考验。当然，对于我个人来讲，更看重后者。

所以，我在这一章中打算做两件事。首先，我要再次回顾本书中已经讨论过的七组规划实践训练，当然，是全方位的。也就是说，给规划师提供一个他们可以运用到规划实践工作中去的一揽子技能训练，而不是像前面章节那样逐一列举。特别是我打算从规划师的责任这一角度出发，说明这些技能训练不仅仅要实时更新，而且还要让自己的技能训练不断得到改善，因为规划师是一种反应型的实践者（舍恩，1998）。然后，我对规划师的实践训练如何得到发展做一些思考，这些职业训练发展不仅仅是在我们的规划学院里，而且还将贯穿于我们职业生涯的始终。有趣的是，作为一个正在走向老年化的社会，我们的职业生涯更长了，结果处在工作年限之中的人们相对变少，而在他们的背后出现了越来越多的老年人，如果这些从职业生涯中退下来的老人依然具有适当的训练，不启用他们，他们的技能就浪费了。

对规划实践技能训练的回顾

我在前面的章节里主要讨论了七种规划实践技能训练，只有使用这种分析的方式，我们才能对每一组实践技能训练有一个比较深入的了解。当然，我已经多次提到这样一种观点，在现实的规划实践中，我们看不到单独使用的规划实践技能训练。所以，我要在这个认识背景下重新回顾七种规划实践技能训练。

实际上，成功的实践中的规划师，根据他们所面临实际问题的需要，以最恰当的方式去应用他们的技能训练。因为每一个人在七种规划技能训练之间的平衡都存在差异，每一个能够在规划实践中使用的特定技能训练组合都是不同的，例如，有些规划师在规划客户服务方面长于其他规划师，有些规划师在场地训练方面略胜一筹，而有些规划师在处理规划构成的组织、管理和政治层面问题上更为得心应手。当然，我认为所有成功的规划师都应当在七种训练方面至少达到一个基本水平，这样，他们不会因为在某种训练上太差而掩盖了他们的训练强项。同时，必须承认，在七种训练上均达到佼佼者的全才人物还是十分罕见的。我与规划师一道工作的多年经验可以确认这一点。这样，对于可以诚实地给自己的七种训练打分（这是找出自己需要提高的训练领域的一种好办法）的每一个读者来讲，应该会发现自己有一个不平衡的整体训练水平，不应期待在七个训练领域都给自己打非常高的分。所有这些问题能够有助于解释为什么团队工作如此重要，解释规划任务的一般状况；规划团队中某个人比起团队中另一个成员在一个领域的训练上可能要优秀一些。

大部分规划要求应用一定的技术或知识来找到解决面临问题的办法。这将根据情况变化而有所不同，我们需要认识到，有时我们需要从专家那里获得特殊的技术帮助，因为解决这些问题已经超出了个别规划师的能力，需要相关层次的专业知识。如果的确发生了这种情况，迅速找出我们究竟需要何种专业的帮助是十分重要的。公开承认这种情况比假装我们具有这种实际上并没有的能力要明智得多。同时，承认这类情形的出现给了规划师一次学习的机会也是至关重要的，因为，下次再出现这种情况，规划师就会比较好地去应对了。这种意见当然也适合于团队，因为大部分成功的规划团队不仅仅充分发挥其成员的强项，而且也充分发挥作为整体的团队力量，让团队的个别成员有机会改善自己的训练弱项。正如我们在第二章中所说，澄清技术工作的真正边界是十分重要的，当一项工作涉及经济或社会政治价值判断时，就不要把它们看成技术性的。同样重要的是，当我们在考虑技术工作时，不仅仅要考虑如何很好地从专业技术上做好工作，还要思考如何在规划过程中使用相对简单地术语去向利益攸关者们做出解释。这两点都涉及如何在更为宽泛的背景上去看待技术工作，特别是认识到这些训练领域如何相互交织在一起，如客户服务训练、规划制度和程序性训练，组织、管理和政治背景训练。

当规划过程变得越来越复杂，越来越多的人寻求参与到规划过程中来，他们认识到规划的结果会直接影响到他们的生活，所以，需要对他们简明和清晰地解释规划过程，说明如何有效地参与到这个过程中来。在我的经验中，人们常常知道他们要说什么，只是不知道如何去说和什么时间去说会产生最大的影响。在我做规划官员期间，主要不是花时间去解释项目或美好的明天（尽管需要做这些事情），而是告诉他们，参与到规划过程中来的形形色色的利益攸关者怎样能够让他们的观点产生有效的影响。从1995年我离开实际规划工作，到大学从事理论工作以来，这个方式并没有改变。我在提供规划咨询意见时，依然以回答这类问题为主。规划师常常低估了这样做的重要性，或者认为它比起其他工作来讲是如此的令人乏味。然而事实上，如果我们期待能有更多的人有效地参与到规划过程中来，如果我们打算采用客户导向的规划服务模式，那么所有这些客户和利益攸关者都需要理解如何最好地接近规划。市民们必须发展他们自己的规划知识以便达到入门水平，才能有效地接近规划，这种看法是不现实的。规划师在建设友好的规划过程和帮助规划服务客户尽可能有效地获得服务方面扮演着重要角色，而要能够发挥这种作用当然仰仗第五章讨论过的客户服务训练。如果我们的确处于大量公众参与到规划过程中来的情况下，就必须消除掉规划过程的神秘面纱，这应当是发展规划体制和程序训练背后的主要目标。

　　如果规划的确是为了给人们创造比较好的环境，那么规划活动的一个基本因素一定要涉及对场所的理解上。这些场所如何运转，日常使用者如何看待它们，如何按照日常使用者能接受的方式去改善这些场所。正如我在第四章做介绍的那样，在我写作本书的时候，"创造场所"的概念在规划界里非常流行，而且"创造场所"通常与城市设计构成相联系。对于我来讲，城市设计的确在思考如何改善我们的场所上发挥着非常重要的作用，但是，我对场所训练所做的描述不止于此。从理论上讲，我把场所训练看成一个长期与地方接触的过程，包括了解地方历史，影响这些场所的力量，对场所产生压力的力量（积极或消极的），人们使用这些场所的方式，人们如何认识这些场所，理解什么是这些场所的"特质"。我还把场所训练看成有关地方有规划的改变经历和公众对这些变化的反应。从许多方面看，对于规划师来讲，这些都是最有价值的课程。相对而言，形成一个地方的开发观念还是比较容易的，接下来，在这些观念变成整个开发规划之前，需要考虑其他的事情，绝不要在这个观念实际执行起来才发现它们的影响，发现公众对这些改变的反应。当我们还要继续在一个地方工作，与那里的公众相接触，还要面对自己观念和行动所产生的后果，并从这些后果中学习和适应它，都不是一件容易的事情。我在曼彻斯特作为高级规划师工作的 16 年就是这样，当有些对我们完成工作的反馈不像我们期待的那样好时，我们很容易把这种反馈与工作联系起来，因为这就是我们自己所做的工作，不能推卸责任，拂袖而去。这种连续的经验对专业学习是至关重要的。这也是作为反应者的规划师的另一个重要特征，甚至当一个规划师变更其工作任务、项目或地方，他还应该寻求这类反馈，包括回访，回去看看，与当地人谈谈等。有趣的是，当我们对场地做回访时，来自议员的最有价值的反馈通常不再是有关我们前去回访的个别场地，而是有关按照这种方式所做过的许多项目。对于我来讲，从各种各样的角度去了解我们过去抱着寻求改善场地目的所做的规划干预好或不好，对未来工作是绝对重要的。这种回访也是给予其他参与规划过程的利益攸关者一种信誉。如果这些利益攸关者对我们已经做过的工作的反应完全是消极的，我们怎么还能期待他们对我们的承诺给予充分地信赖呢？

在第一章和第五章中，我都强调了规划客户服务日益增长的重要性。那种认为规划对一个地方需要如何改善具有至高无上权威的看法已经不再时兴，随之而来的流行观点是，规划需要与和这个地方息息相关的人们一起来讨论如何改善这个地方。在这种观念的变化中，规划还必须承认公众参与规划过程的愿望与日俱增，参与并非只是期望得到咨询，而且还希望在规划决策中能够考虑到他们的看法，对规划决策产生实际影响。这两种一般倾向可能相互推进，我至今没有看到这种发展倾向已经停止下来的任何证据。这样，与客户相关的训练，帮助他们完全和有效地投入到规划决策过程中来的训练，发现如何满足他们需要的训练，都有着前所未有的重要意义。成功的规划实践对客户服务训练的要求只会日益增长。过去人们认为，规划是中性且没有价值取向的过程，规划师比任何人都了解公共利益在何方，这种观念的确已经寿终正寝了。如果这是事实的话，我们可以说，这些观念已经过时了。今天的规划是一种公共活动，这不仅意味着要满足公众有效参与规划过程的愿望，公众接受规划过程产生的结果，而且也意味着与那些希望参与规划的公众成员一道工作，直到获得规划结果。在这个背景下，与规划客户服务相联系的训练是绝不可少的。所以，几乎没有什么规划活动是不需要关注规划客户服务训练问题的。

在第六章中。我称之为个人训练的那一组训练也与我们上面所提到的变化一样重要。为了在我已经描述的那种环境下有效地工作，特别是在有某种需求的条件下工作，这些需求源于规划是一种公共活动的概念，规划师个人需要有自我认识，这一点比什么都重要。自我认识不仅意味着清楚地了解自己的个人训练水平如何，如口头表达，或是否能够聆听他人对地方生活经验的表达，然后从中抽象出规划的因素，还意味着清楚地了解自己个人的、专业的和打算在工作中加以坚持的价值取向。正如我们在第六章中所看到的那样，这是一个至今还存在争议的量与。还有许多工作要做，以便发展我们规划情况里有关适当价值的理解。无论争议是否存在，个人对自己从事规划工作时所带有的价值观保持清晰的认识，以及认识到这种价值观念如何影响他们的工作和行为，总是重要的。在我的经验中，与我一道工作的最成功的规划师都是那些勤于思考，花费时间和努力弄清这些事情的人们，他们不仅仅以很好的文字去表达这些过程的结果，而且还以他们的所作所为做示范。当然，由于规划师必须从他们自己的经验中去学习，还要不断吸收规划领域一般思想发展成果，所以，自我认识的过程总是有条件的。我在这里所说的并不是不顾实际情况的变化，永远采用一组固定不变的价值观念去处理问题。对我而言，以下我要讨论的反应型规划师的最重要特征之一就是，既要有指导专业实践的清晰价值取向，又勇于面对将检验自己价值取向的挑战，并在二者之间实现协调。也就是说，规划师有一个灵活的思维模式，其他训练领域产生的问题也能在其中得到说明，如我们在第七章中讨论过的"对权力说真话"，在这种情况下，规划是需要维持个人和职业诚信的。

正如我在第七章中提出的那样，如果我们从本质上把规划看作一种公共活动的话，那么规划总是要通过大规模公共管理机构，由强大政治因素支配的公共决策过程来运行。我认为，这的确与特定规划体制下的地方管理体制无关。这就不可避免地以为这三件事。首先，在一个地方规划部门中工作的规划师个人必须把自己的工作与地方当前运转的驱动力量联系起来；规划不是孤立的，我在第七章中对这种联系有过说明。第二，在这个背景下管理一个规划组织的过程将是一个资源管理过程，非常类似于许多其他的管理任务；这个过程的管理效率将深刻影响规划组织的效率。第三，重大规划决策件是政治决策，如果规划师在这个层次上能够有效地与政治家一道工作的话，那么他们就需要紧随政治决策。提供公共规划服务至少包括公司、管理和政治三个因素的相互作用。我在曼彻斯特从事规划工作期间对这样三个因素的经验是，它们都是相互作用的，很难找到它们之间的实际边界。这就意味着，如果规划师要想引导提供公共规划服务的过程，就必须在这种社会背景下的运行中卓有成效地工作。为了有效地工作，他们不仅要存在下去，而且还要在任何形式的规划组织中继续保持清醒的头脑，向着为人们创造出比较好的环境的目标努力。他们还必须认识到，规划师是一个相对特殊的官员，在这种行政机构中工作的大部分成员都具有某种专业（例如，教育、工程、社会服务），然而，规划师关注的是多种尺度上的场所。如果其他专业人士没有看出空间角度的价值，那么，规划师的工作本身就可能存在困难。然而，如果规划要成为一种有效的公共服务，那么在这种环境下做工作时，规划师需要保持勤勉，因为公共服务规划领域存在着这样一些基本特征。这就是为什么我在第七章中提出，在这种情形下，规划师可能需要成为"传播福音的官僚"，当然，一开始把这个术语用来描述规划师时，的确有消极的涵义。

在第八章中，我提出，由于许多不同种类部门的介入，它们都有可能影响到规划决策，所以，规划师需要多方面的综合训练，不仅如此，规划师还需要提出"远景"，牢牢把握住这种"远景"，即我们试图在这个地方实现什么？场所的未来不仅依靠各种力量赋予它功能，而且，这本身就是一个主动思维过程的结果，规划师提出如何才能让这里的人们生活得更好，然而其他专业的人们可能并不认可这种想法，因为他们不是这样考虑问题的。正如我在第八章中提出的那样，规划师的心中总要有一个"远景"，这个"远景"与正在运行的空间尺度无关，这是规划师所掌握的重要综合手段之一。当我们说规划师是一种专家时，规划师并不试图佯装他具有相应的知识，而是想说，专家不仅最好地理解期待实现的目标，而且还要理解实现这个远景的意义——它需要改变或通过调整专家认定的某件事而不损害设定的前景。我对若干不同空间尺度的经验是，的确存在这种问题。特别是"我们究竟要实现什么"这类总是不与空间尺度相关的重要问题。规划师的工作总是在探寻这类问题，总在研究按照这个线索而进入这个过程的多方面因素。同样还有"它有问题吗?"如果规划师打算坚持由远景确定下来的目标，那么，他就需要很好地处理来自各方的意见，考虑它们是否对远景存在什么问题。对我而言，最好使用"战略"规划的概念，而不要把它仅仅与较大空间尺度上的规划相联系。规划师的工作不同于其他专业人士，他寻找一个地方的意义，这种意义来自何方，利益攸关者所看到的是规划师把各种目标结合在一起，这种工作不可能由其他人来完成。所以，无论从什么意义上讲，概括和综合训练都是规划工作的独特之处。无论规划师在特定情况下使用任何其他的训练，概括和综合训练总是首先要掌握的。

以上几个段落回顾了本书确定的规划实践所需要的七种核心技能训练，强调了这样一种观点，在规划实践中，这些技能训练都是一起使用，而非单独使用的。我还试图提出这样一种观点，每一种技能训练都以它独特的方式在规划中发挥着重要作用，这是必不可少的。一旦规划师具有了这些技能训练（每一个规划师如何协调他所掌握的各项技能是有差异的），他们能够承担起非常大范围的工作任务。如果这样看问题，我们很难再说哪一种技能训练比其他训练更重要一些。当然，以上分析所强调的是概括和综合训练的重要性，它们是规划工作形成其特殊贡献的基础，因为它们是与其他因素结合在一起的手段。考虑地方上形形色色的经验和精神，进而形成有关地方发展远景的观念，然后牢牢把握住这个远景，以此作为承载多种发展的载体，控制住地方发展期待的方向，正是规划工作的核心。从我的经验出发，人们最看重规划工作的地方正在于此。如果这样讲的话，认识到何时是变革的时间也是重要的，因为当一个远景已经清晰地建立起来，并且已经到了朝着这个方向走下去的时候，却把这个远景悬挂了起来，这样的远景就会成为消极的，而不是积极的推进发展的工具。了解到这一点对成功的实践来讲是至关重要的，这也是作为反应型实践者的规划师的重要特征。

作为反应型实践者的规划师

从性质上讲，这本书里所讨论的技能训练不是那些能在一个时间里就教完的技能训练。最初的规划教育的确在规划技能训练中发挥了作用，以下我将对此做些讨论，但是，本书所讨论的这些技能训练的最重要因素是向实践经验终身学习的过程，包括从自己的经验教训中去学，也向别人的实践经验学习。从我和其他一些规划师的经验看，在实践经验中学习的这个过程是没有终点的，所以，我把这个过程表述为终身的。事实上，停止向实践经验学习的规划师就是那些没有工作效率的规划师。为了成为一个有效的向实践经验学习的人，规划师需要采用反应型实践者的思维角度（舍恩，1998）。

从这种观念背后的思想基础出发，舍恩认为，规划师会发现，他们采用反应型实践者的思维比起其他专业人士更困难一些，这主要是因为他们工作的复杂体制背景所致。他说：

　　　规划实践的体制是不稳定的，所以存在许多相互竞争的规划观点，他们各自对规划的角色有着不同的看法，对规划的知识结构也有不同的看法。例如，现在规划师的功能是多种多样的，设计师、规划编制者、批判者、特殊利益的鼓吹者、确立规则者、管理者、评估者和调解人。如同其他专业，每一种角色由自己特定的价值、战略、技术和相关的信息构成。但是，在规划专业中，规划专业的形象在一个不太长的时间中就展开了。规划在20世纪初成为一种专业后，通过有关规划理论和实践的不同观念，发展了几十年，以反映规划师本身所做出的变革。规划角色的发展历史可以理解为规划专业和它所处情况之间的一种全球对话（Ibid.，204，205）。

围绕规划体制上的不稳定性，使得规划师个人要不断地整理他们工作的关键原则。但是，除开这个困难之外，舍恩看到的另外一个问题是，规划师有时给他们各式各样的角色划定了有限制的框架。

> 一种职业角色对实践者的行为划定了一个框架，在这个框架中，每一个人再来发展他自己。无论他从职业分工上来确定自己的角色，还是自我确定，他的专业知识总是打上了一种体制的特征。他提出的问题、采用的战略、认为的相关事实、自己的人际关系哲学，都会影响到他对自己角色的确立。进一步讲，这种制度倾向于自我强化。一个实践者的反应依赖于他已经给自己建立起来的角色框架，以及自己发展的人际关系哲学，所以，一个实践者的反应在深度和广度上或多或少具有某种限度。(Ibid, p. 210)

这样，舍恩提出，规划师由于对其角色的认识有限，所以没有做出应该做出的反应，有些对规划领域的争议让规划师在做规划角色选择时形成了较窄的框架。他强调个人做出的观念上的选择，这是他有关规划师是反应型实践者观点的一个主要成分，这种观念上的选择不同于从通常方式中获得的相关领域的知识。观念上的选择是一种个人的选择，是个人对现实世界那些需要做出选择的因素的反应能力。当个人不可避免地感觉到他们所面临的工作环境存在一些约束，这样，每一个规划师能够且应该是一个反应型的实践者。观念上的选择就是试图超出这些约束，而不一定受到它们的约束。舍恩认为这种区别揭示出反应型实践者的行为如何不同于那些循规蹈矩而不是反应型实践者的专家。图框10.1通过两种特定情况说明了这些差异：在非反应型专家和反应型实践者之间，在满足工作需要和对工作能力的需要方面的差别，在能力和客户满意与否上的差异。图框10.1说明的差异是明显的，对于传统的专家的确还是有若干值得一提的具有积极意义的事情，而从事实际工作的规划师应该努力成为反应型的实践者。

图框 10.1　舍恩对反应型实践者的看法

　　舍恩寻求通过满意源和能力需求两个方面来说明传统专家和反应型实践者之间的差别。假定两种专业的人均为男性。

　　舍恩认为专家是这样一种人，他驻足在人们认为他是有知识的位置上（无论他自己对此确定与否），与客户保持一定的距离，以强化他专家的角色，寻求客户对他专业意见的认可。另外，反应型实践者承认，他并非只有相关的知识，他把自己的不确定性看作自己和周围人潜在的学习之源，努力尽可能地与客户联系起来，寻求通过与客户的联系而获得尊重，而不是把尊重看成一种天然的权利，他并不感觉到需要维护一个专业人员的面子。

　　类似，舍恩寻求通过这种差别对相关客户的意义来证明这两种模式之间的区别。传统的专家强调，客户把他自己交给了专家，如果他服从专家的意见，一切都会令人满意，因此静候佳音。另外，反应的实践者则是更为相互作用的，他看重客户和专业人员以联合的方式一道工作。所以，这个过程对客户和专业人员可能都在发展中。

　　从这些例子可以看出，从许多方面讲，反应型实践者的角色比起专家来讲要复杂一些。当然，这就意味着，承认反应型实践者总是处于学习过程之中的，包括对他自己而言的学习，以及创造一种氛围，让周围的人也能学习，他完全承认这样一个事实，对他使用和介绍的知识是有条件的，在这一点上不同于传统专家表达事物的方式。

　　资料来源：舍恩，1998，pp. 300，302。

　　我自己对此说法的反应是，事情没有这么简单，当然，道理总是这样的。我的经验是：

　　1. 这是有条件的；

　　2. 一个很好的学习机会。

　　之所以说是有条件的，是因为我对正在发生什么的看法只是许多看法之一，几乎可以确定的一点是，存在一种带有倾向性的看法，我能够努力让事情发生，而不是等待接收这个过程的结果。这样，试图成为一个反应型实践者的关键因素是，需要尽可能地得到多种不同角度的看法，对这些看法做出反应，也对自己的直接经验做出反应——现在称之为360度分析。我自己的实践经验本身就是一个很好的学习机会，因为自己的实践经验正在发生。我收到了来自地方居民的信件，听到了地方居民的意见，从而了解到他们对地方有什么不满意；我也得到了议员们对一些规划服务特例的抱怨，他们认为那些服务是没有用处的或不适当的。这些并非都让人感到愉快或总能愉快地接受这些意见，但是，它们毕竟是一种我需要获得的反馈。无论这种经历如何让人不愉快，个人经历总是最好的学习机会。为什么居民不喜欢他们地方正在发生的那件事，我们能对此做些什么？这是我们应该努力去调整的一个部分，也许它是我们几乎做不了什么的事情，或者是因为没有做出解释或沟通不够？为什么议员们对我们所做的事情不满意？它是我们得到消极反应的正常工作的一个部分，也许这是我们能够通过不同方式产生积极影响的事情。这类问题可能非常具有挑战性，特别是能够产生一种抵触情绪，试图保护规划服务，而不是去探究人们说的是什么，他们为什么那样说。然而，反应型的实践者必须对此保持开放，绝不躺在原来的功劳上沾沾自喜，要准备长期面临挑战，努力改变这种局面。如果规划的目标是为人们创造更好的场所，那么，对于反应型的实践者来讲，不断改进工作总是必要的；我们不应该固步自封。从自己的实践经验中去学习，从不同角度看待自己实践经验，进而创造出学习机会，当然，还包括向别人的实践经验学习。

发展规划实践训练

如果我打算对我从事规划实践工作期间的规划教育史写些什么的话，它可能有些像如下这段文字：

英国规划教育努力与不断发展的规划实践保持一致，努力对多方面的挑战做出回应，这些挑战让规划教育的传统观念出现混乱，公众不再接受规划师是最了解情况的看法不断上升。规划教育的反应是不断扩大规划课程所覆盖的内容，努力以固定一个时间段的方式雇佣教育人员，削减那些建筑教育固有的边干边学的课程。建筑教育式的方式通常采取了

模拟实际项目的形式，在绘图板上花费大量时间，替代它的
方式则是更为传统的学术课程。然而，职业规划教育的需要
依然持续增加，与规划实践工作相脱离的程度还在扩大，产
生这种情况的部分原因是大学似乎增加了与实践联系较少的
学术性课程，另一部分原因是规划实际工作本身正在面临压
力，去找到达到这个教育水平的时间。尽管如此，规划教育
还是培养了许多优秀的实际工作者，我们很难说清他们的成
功是源于他们最初的规划教育，还是因为他们在实践经验中
的不断学习，或是因为他们自己的素质，对此还会争议
下去。

毫无疑问，从许多方面讲，这都是一个巨大的变化，但是，
读者可能至少与这段历史的某些方面联系起来。从根本上讲，持
续争论的核心总是关于规划基础教育和规划职业实践之间的关系
究竟如何。对于这段历史来讲，有关规划基础教育和规划职业实
践之间关系的看法似乎是，规划教育必须做出一个成品的绝大部
分，然后，这些人们到实践中去完成剩下的部分。如果这种观念
的确居于支配性，那么，随之而来的是，当规划实践变得越来越
困难（正如我在本书中已经提出来的那样），规划教育部门要提供
一个合格的成品当然也变得更为困难；于是，就出现了持续不断
地扩大课程内容的现象。获得职业证书的规划师可能对最近发生
的事情不了解，而作为规划师又必须了解，这种担心进一步推动
了规划课程内容的扩张，过去40年的确出现了许许多多的变化。
大学毕业生到达实际规划工作岗位之后，不能完成交给他们的工
作，例如，他们能够写一篇论文，然而却不知道如何处理一个规
划申请，许多有经验的实际工作者以此对规划教育提出批评，这
无论如何都是令人难堪的。

对我来讲，这样的教育当然是失败的，因为它的核心从根本
上讲是不能自圆其说的。我的看法是，规划基础教育的工作就是
培养出一个规划师，剩下一些毛毛糙糙的地方，在实践中去打磨，

这种观点日益不堪一击了，继续坚持这种观点是没有出路的。所以，我认为专业基础教育仅仅是一个规划师事业生涯的开始，这样，专业基础教育的任务就是给踏上这条道路的人们一个好的开始，从此开始一个贯穿职业生涯的学习旅程。有些数字可以很好地说明这个看法。在接受大学规划教育之后的职业生涯可能是 40 年，这是大学本科教育的 10 倍，是规划专业研究生课程的 20 倍，是 2004～2005 年开始的规划研究生教育"快班"的 40 倍。根据这个数字，可以提出两个命题。第一个命题是，职业生涯的长度与规划基础教育的长度不能同日而语，这样，在职业生涯中的继续学习就更为重要了。第二个命题是，当规划课程变得越来越短，这一点已经在英国的研究生课程中发生了，我认为这也会出现在本科生的教育中，这就需要大学教育更为有效地使用这些事件，而不是试图在固定时间里去完成不可能完成的任务。这两个挑战不可避免地让我们重新思考规划基础教育与职业规划实践之间的关系，而不是让我们的规划学院去完成必定失败的课程计划，我们历史上对此关系的认定就是失败的。英国皇家规划协会的规划教育委员会已经对此开了一个好头，英国皇家规划协会已经在它的报告中对此加以了肯定，当然，对此建议还有许多工作需要去做。许多英国规划界的学者和大师们都同意规划教育委员会的观点，还需要在更大范围内去推广这个观点。

我们期待重新认识规划基础教育与职业规划实践之间关系的另外一个理由是，这个认识实际上与正处在这个过程中的规划师的实际经历相关。离开学校，找到第一份工作的青年规划师实际上都不是一个成品，这并非因为他们的规划学院犯了什么错误，而是因为根本就不存在制造出一个"成品"这样一件事。以我个人的经历为例，如果在我 1968 年离开纽卡斯尔大学规划学院之后就不再学习规划，那么我就丧失掉第一章所讨论的英国规划实践的所有发展变化。我能够清晰地记得当时我所面临的两个问题，这两个问题是规划教育没有解决的问题。第一个问题是，我们处在公众直接参与规划过程时代的开端，在 1968 年，我当然没有预计到这件事的发生。当时，我们为了完成规划课程的模拟项目，都是试图在几周时间内给假定的情况寻找最好的技术答案，而不是去听取公众的意见，按照这些意见形成规划师的观点，所以，我并没有对如何处理这种新情况形成什么概念。第二个问题是如何应对变化。当我对负责的地方做规划时，的确知道这个世界是不会停止下来的，然而，我并非真正理解这个过程的动态机制，也没有真正理解这样一段话，变化与其说是一个问题还不如说是一个机会。1970年，我第一次从广播里的里恩讲座中听到这段话，于是，我开始关注不稳定的现象，舍恩的著作《稳定之外》（舍恩，1971）就是讨论这类问题的，我至今还认为这是一本对规划产生深刻影响的著作，尽管他完全不是针对规划的。这个著作给我了这样一个观念，问题是过去的事情，变化是不可避免的，所以我们应该抓住变化所产生的机会，通过个人和有组织的学习，就会比较容易经历前面的变化。就本书的目的来讲，最重要的观点是，直到我完成本科学业三年之后，我才读到这本书，因为这本书直到那时才面世。我的本科规划教育实际上是值得赞扬的，他帮助我发展了一种适应变化的训练，使我成为一个持之以恒的学习者。但是，当我回顾职业生涯的早期阶段时，必须说，我所学到的东西远远超过了我在规划本科教育中学到的东西。我与许多比较年长的规划师做过心痛的谈话，他们都与我持有相同的观点，所以，以我这里提出的方式去重新认识规划基础教育和规划职业实践之间的关系，将反映这些实际经验。

重新认识规划基础教育和规划职业实践之间关系的最重要因素之一就是，规划基础教育和规划职业实践之间的重新联系；人们也许会认为"重新联系"用词不当，其实，这首先还是因为规划基础教育和规划职业实践之间从来接没有真正很紧密地联系在一起。如果我们接受这样一个观点，规划基础教育是规划职业生涯的第一阶段，应该把规划职业生涯看成一个整体，那么，对我来讲，经过规划学院教育的青年专业人士的未来雇主，应该在他们的职业生涯中发挥更为全面的作用。这倒不是说规划基础教育和规划职业实践之间没有联系，而是说二者之间存在着巨大的空隙。1995 年，当我从实际规划工作领域转到大学工作时，就做了这样一个跳跃，如果我们的目标之一是获得成功机会的话，规划基础教育和规划职业实践之间的差距需要缩小。在两者之间建立起有规律的人员交流。我要提出来的另外一个目标是，规划教育应当发展起一种真正的合作关系，与规划学院周边的地方规划行政管理部门、规划咨询机构、城市更新代理机构和社区基础组织等联合起来，让学校获得研究机会，得到实际工作方面的专家意见，而学生们的功课以当地的实际问题为基础，而不是简单地每年做一次会面。除了寒暄，这种年度会而成效甚微。当然，实现这类改变，从事实际工作的机构需要重新思考他们自己的作用，腾出时间来做这类教育性的工作，我认为这是有困难的。当然，就人力开发而言，我们需要了解规划学院正在做什么，未来的就业组织需要什么和将要做什么，规划基础教育机构和规划实际工作机构之间不能相互脱离，老死不相往来。这是现在常见的一种情况。规划学院的研究工作和成果的确有利于强化规划基础教育机构和规划实际工作部门之间的联系，但是，在充分开发这种潜力之前，还需要解决一些问题，如规划方面的学者们选择的研究课题，规划学院承担研究项目会受到研究资金多少的影响。

这个问题的另一个方面是，目前规划教育所提供的哪些因素对发展实际规划工作训练最有价值，我们需要对此有所认识。大部分学者可能提出，他们的教学内容和承诺去做的工作都是非常好的，他们常常要求学生读更多的书，那样教学效果就会更好。但是，许多这类阅读资料都是以论题为基础的，这也就是大部分规划课程是如何设置起来的。我所要提出的是，这类知识并非是规划实践训练最需要的东西，当然不否认它们都是具有自身价值的。我也不认为对一个实际问题传统的模拟方式就可以完成实践训练，当然也不否认这种方式如果设计适当还是很有效果的。我看到最多的联系实际工作训练的两种方法是案例研究和咨询项目。

通常以非常具体的问题为中心使用案例研究，这是很重要的。学生写下特定条件下发生了什么，这类案例研究的价值有限，当然做案例研究时所做的调查的确是一种很有效果的向实践学习的方式。当学生们开始思考事情为什么发生，案例开始成为一种活生生的东西，特别是学生们有机会与关键人物进行交谈，听他们说什么，做过什么和为什么那样做。从我的经验看，学生这样做案例研究是有问题的，因为实际工作者可能没有时间与学生谈论这些事情。当然，令人惊讶的是，的确有许多人准备与学生讨论这类问题。我想这又回到我前面提到过的问题，那就是需要在规划学院和实际规划工作部门之间就规划教育工作建立起一种真正的合作关系。为什么会出现这类问题的理由可以归纳为：优先考虑要做的事。那些找不出时间来致力于规划教育的实际工作者并非不愿意这样做，而是因为控制他们工作的先后次序把这类规划教育工作置于较低的位置上。当然，如果这类活动以非常没有组织的方式来进行的话，会出现一些不必要的问题。设想20个学生突然跑到规划办公室要求与某个人进行交谈，这不会是一种有效的方式，可能会产生一个不利的反应。但是，如果以有组织的方式系统地安排这些活动，如与实际工作部门建立合作关系，那么就会让实际工作者的时间更有效地得到使用，以案例研究方式所提供的经验也会成为鲜活的东西。案例研究应该通常以这样一些值得思考的问题结束：如何以不同的方式去做这件事？这个案例中是否有任何问题能够以更为有效的方式得到解决？在这个规划过程中什么人得利什么人有损失？应该注意到，参与这个案例分析教学的实际工作者本身也能从这些问题中获得收益，这种交流过程能够是双向的，而不只是单向的。

咨询项目如果处理得当也会产生很多的教育成果。学生在咨询项目中以小团队的成员身份出现，处理现实中客户提出的实际问题。自1995年11月我转到大学工作以来，一直从事这项工作，如果能够做好三个关键测试，我确信，通过这项活动学生们一定会有巨大收获。第一个测试是找到作为这项咨询工作基础的问题，就客户协商的问题编制一个执行纲要。不应当因为时间有限以草草了事的方式去编制这样的纲要，而应该是可以让客户兴趣盎然地投入人力物力和时间的纲要。第二个测试是，学生应该在整个项目进行过程中直接管理与客户的工作关系，而不应该让一个规划部门的工作人员在客户和学生之间担当辅导员之类的中间角色。学校老师的工作是给咨询团队提供意见和指导他们的咨询，而不是客户和学生咨询团队之间的协调人，去做一些完善性质的工作。第三个测试是，客户应该参加整个工作结束时的评估工作，客户对这个过程和产品的满意程度直接反映到给学生的分数上。在现实中，成功的咨询工作能够让客户满意，当然也是学生进行咨询训练的目标之一。我对此的经验是，非常满意的客户会给学生很高的分数，而学校老师在给出 70 分以上的成绩时还是有所顾忌的。不满意的客户倾向于给学生一个较低的分数，直接解释不满意的原因。这样，我相信，让客户完全参与整个学生咨询项目评估过程的利大于弊，实际上，对学生咨询项目的评估是作为学习使用的完整咨询项目的一个部分。

　　这两点教育经验直接说明了以上我所提出的观点，需要更直接地把规划教育作为实际规划工作的组成部分。参与者直接参与到案例研究过程中，让案例研究成为活生生的经历，这是任何其他方式都做不到的。让客户全面参与整个咨询项目，包括给学生评分，使咨询项目的过程更为贴近现实，除开没有给学生偿付工资外，其他经历都与现实一样。这只是这种方式能够给实际规划工作带来好处的一个例子。另外一个好处是这种经历给学生也提供了做出反应的机会。当然，如果他们的确是反应型的实践者，那么他们总是能够发现这种机会的。学生直接通过案例研究和咨询项目参与到规划实践工作中来，也等于在规划教育和规划实际工作之间架起了桥梁，好处均是双向的。所有这些都要求有一定的组织时间，我不希望低估这一点。当然，为了创造出发展规划实践训练的机会，这种努力是值得的。

结束语

　　规划实践的属性总处在变化之中。当然，对我而言，这本书中讨论的规划实践技能训练似乎既是经久不衰的（这就是为什么我把它们确定为七种核心技能训练），也是可以随处使用的（我在这本书中谈到它们时，主要还是就英国规划实践而言的，它们也是我个人的经验，实际上，加上必要的修正，它们能够用于世界上不同的情形和地区的规划实践中）。我没有找到任何理由来说，反应型的规划实践者不能在他们的整个职业生涯中继续提高本书所说的这七种技能训练。同样，我也没有找到任何理由来说，一个训练有素的实践者，不能很快熟悉世界其他地方的情况（除开那些存在语言困难的地方），然后有效地解决那里的规划问题。甚至在这里，围绕规划问题也存在多种方式。所有这些是要得出这样一个结论，作为规划师个人素质的一个部分，规划师有责任接受这样一些要求，要是反应型的，把训练看成贯穿自己整个职业生涯中需要不断改善的东西，无论情况具有多么大的压力，围绕规划真正是什么——为人们创造更好的环境，来确定规划的基本原则和价值观念。

参考文献

Abercrombie, P., 1945, *Greater London Plan 1944*, HMSO, London.

Adams, D., 1994, *Urban Planning and the Development Process*, UCL Press, London.

Addison and Associates and Arup, 2004, *Evaluation of Planning Delivery Grant 2003/04*, Office of the Deputy Prime Minister, London.

Addison and Associates and Arup, 2005, *Evaluation of Planning Delivery Grant 2004/05*, Office of the Deputy Prime Minister, London.

Albrechts, L., 2002, 'The *Planning Community Reflects on Enhancing Public Involvement. Views from Academics and Reflective Practitioners*', *Planning Theory and Practice*, Vol. 3, No. 3, pp. 331–47.

Allinson, J., 1996, *Appeals and Inquiries* and, *Alternative Approaches to Resolution* in Greed, C., *Implementing Town planning*, Longman, Harlow, pp. 88–109.

Allmendinger, P., Prior, A. and Raemaekers A., 2000, *Introduction to Planning Practice*, Wiley, Chichester.

Altshuler, A. A., 1965, *The City Planning Process: A Political Analysis*, Cornell University Press, Ithaca, NY.

Ambrose, P., 1994, *Urban Process and Power*, Routledge, London.

Argenti, J., 1968, *Corporate Planning: A Practical Guide*, George Allen & Unwin, London.

Arnstein, S. R., 1969, *The Ladder of Citizen Participation, Journal of the Institute of American Planner*, 35(4), 216–24.

Arup Economics and Planning and the Bailey Consultancy, 2002, *Resourcing of Local Planning Authorities*, Department of Transport, Local Government and the Regions, London.

Ashworth, W., 1954, *The Genesis of Modern British Town Planning*, Routledge & Kegan Paul, London.

Association of Greater Manchester Authorities, 1993, *Greater Manchester Economic Strategy and Operational Programme*, AGMA, Manchester.

Atkinson, D., 1995, *Cities of Pride: Rebuilding Community, Refocusing Government*, Cassell, London.

Bailey, N., 1995, *Partnership Agencies in British Urban Policy*, UCL Press, London.

Bailey, N., 2003, *Local Strategic Partnerships in England: The Continuing Search for Collaborative Advantage, Leadership and Strategy in Urban Governance*, Planning Theory and Practice, Vol. 4, No. 4, pp. 443–57.

Bartelmus, P., 1994, *Environment, Growth and Development: The Concepts and Strategies of Sustainability*, Routledge, London.

Beatley, T., 1994, *Ethical Land Use: Principles of Policy and Planning*, Johns Hopkins University Press, Baltimore, MD.

Bedfordshire Community Safety Working Group, 2005, *The Draft Bedfordshire Community Safety Design Guide*, Llewellyn Davies, London.

Bennett, L., 1997, *Neighbourhood Politics: Chicago and Sheffield*, Garland, New York.

Benveniste, G., 1989, *Mastering the Politics of Planning*, Jossey-Bass, San Francisco.

Blackhall, J. C., 1998, *Planning Law and Practice*, Cavendish, London.

Blackman, T., 1995, *Urban Policy in Practice*, Routledge, London.

Blowers, A., 1993, *Planning for a Sustainable Environment*, Earthscan, London.

Booher, D. and Innes, J., 2005, *Living in the House of Our Predecessors : the Demand for New Institutions for Public Participation*, Planning Theory and Practice, Vol. 6, No. 3, pp. 431–5.

Booth, C., 1996, *Gender and Public Consultation: Case Studies of Leicester, Sheffield and Birmingham*, Planning Practice and Research, Vol. 11, No. 1, pp. 9–18.

Booth, P., 1996, *Controlling Development: Certainty and Discretion in Europe, the USA and Hong Kong*, UCL Press, London.

Bracken, I., 1981, *Urban Planning Methods: Research and Policy Analysis*, Methuen, London.

Briggs, A., 1982, *Victorian Cities*, Pelican Books, London.

Bromley, R. D. F. and Thomas, L. J., 1993, *Retail Change: Contemporary Issues*, UCL Press, London.

Brooks, M. P., 2002, *Planning Theory for Practitioners*, American Planning Association, Chicago.

Bruton, M. J. and Nicholson, D., 1987, *Local Planning in Practice*, Hutchinson, London.

Bryan, H., 1996, *Planning Applications and Appeals*, Butterworth-Heinemann, Oxford.

Burley, K., 2005, *Probity and Professional Conduct in Planning : A Personal Perspective*, Planning Theory and Practice, Vol. 6, No. 4, pp. 526–35.

Burns, W., 1967, *Newcastle: A Study in Replanning at Newcastle-Upon-Tyne*, Leonard Hill, London.

Burrows, R., Ellison, N. and Woods, B., 2005, *Neighbourhoods on the Net: The Nature and Impact of Internet-based Neighbourhood Information Systems*, Policy Press, Bristol.

Burwood, S. and Roberts, P., 2002, *Learning from Experience: The BURA Guide to Achieving Effective and Lasting Regeneration*, British Urban Regeneration Association, London.

CABE, 2003a, *Building Sustainable Communities: Developing the Skills We Need*, Commission for Architecture and the Built Environment, London.

CABE, 2003b, *Survey Results: Review of Local Authority Planning Departments*, Commission for Architecture and the Built Environment, London.

CAG Consultants and Oxford Brookes University, 2004, *The Planning Response to Climate Change: Advice on Better Practice*, Office of the Deputy Prime Minister, London.

Campbell, H., 2003, *Is There More to Place Than Design?*, Planning Theory and Practice, Vol. 4, No. 2, pp. 205, 206.

Campbell, H. and Marshall, R., 2002, *Values and Professional Identities in Planning Practice* in Allmendinger, P. and Tewdwr-Jones, M. (eds), *Planning Futures: New Directions for Planning Theory*, Routledge, London.

Campbell, S. and Fainstein, S., 1996, *Readings in Planning Theory*, Blackwell, Cambridge, MA.

Carmona, M., Carmona, S. and Gallent, N., 2001, *Working Together: A Guide for Planners and Housing Providers*, Thomas Telford, Tonbridge.

Castells, M., 1989, *The Informational City*, Blackwell, Oxford.

Chapin, F. S., 1970, *Urban Land Use Planning*, University of Illinois Press, Urbana.

Cherry, G., 1974, *The Evolution of British Town Planning*, Leonard Hill, Heath & Reach.

Cherry, G., 1988, *Cities and Plans*, Edward Arnold, London.

Cherry, G., 1996, *Town Planning in Britain Since 1900*, Blackwell, Oxford.

Claydon, J., 1996, *Negotiations in Planning* in Greed, C., *Implementing town Planning*, Longman, Harlow, pp. 110–120.

Coleman, A., 1990, *Utopia on Trial*, Hilary Shipman, London.

Committee on Standards in Public Life (the Nolan Committee), 1997, *Third Report: Local Government*, HMSO, London.

Cooper, R. N. and Layard, R., 2003, *What the Future Holds*, MIT Press, Cambridge, MA.

Coppock, J. T. and Sewell, W. R. D., 1977, *Public Participation in Planning*, Wiley, Chichester.

Countryside Agency, English Heritage, English Nature, Environment Agency, 2005, *Environmental Quality in Spatial Planning*, no publisher or place of publication named.

Daniels, I., 1996, *Discipline Network in Town Planning: Report of Survey*, Discipline Network in Town Planning, London.

Darke, R., 2000, *Public Participation, Equal Opportunities, Planning Policies and Decisions* in Allmendinger, P., Prior, A. and Raemakers, J. (eds), *Introduction to Planning Practice*, Wiley, Chichester, pp. 385–412.

Davidoff, P., 1965, *Advocacy and Pluralism in Planning*, Journal of the American Institute of Planners, Vol. 31, No. 4, pp. 331–8.

Davies, J. G., 1972, *The Evangelistic Bureaucrat*, Tavistock, London.

Deas, I., Peck, J., Tickell, A., Ward, K. and Bradford, M., 1999, *Rescripting Urban Regeneration, the Mancunian Way* in Imrie, R. and Thomas, H., *British Urban Policy*, Sage, London, pp. 206–30.

Department of the Environment, 1977, *Policy for the Inner Cities*, Cmnd. 6845, HMSO, London.

Department of the Environment, 1992a, *Development Plans: A Good Practice Guide*, HMSO, London.

Department of the Environment, 1992b, *Planning Policy Guidance: General Policy and Principles* (PPG 1), HMSO, London.

Department of the Environment, 1993, *Enquiry into the Planning System in North Cornwall District by Audrey Lees*, HMSO, London.

Department of the Environment, 1994a, *Quality in Town and Country: A Discussion Document*, Department of the Environment, London.

Department of the Environment, 1994b, *Planning Out Crime*, Circular 5/94, HMSO, London.

Department of the Environment, 1997, *Planning Policy Guidance 1: General Policy and Principles*, Department of the Environment, London.

Department of the Environment, Transport and the Regions, 1998a, *Modernising Planning: A Policy Statement by the Minister for the Regions, Regeneration and Planning*, DETR, London.

Department of the Environment, Transport and the Regions, 1998b, *Training in Planning for Councillors*, DETR, London.

Department of the Environment, Transport and the Regions, 2000, *Our Towns and Cities: The Future: Delivering an Urban Renaissance*, CM 4911, HMSO, London.

DETR, 2001, *PPG13: Transport*, Department of the Environment, Transport and the Regions, London.

DETR and CABE, 2001, *The Value of Urban Design*, Thomas Telford, Tonbridge.

Discipline Network in Town Planning, 1996, *Annual Report 1994–95*, University of Westminster Press, London.

DTLR, 2001, *Planning: Delivering a Fundamental Change*, Department for Transport, Local Government and the Regions, London.

DTLR and CABE, 2000, *By Design: Urban Design in the Planning System: Towards Better Practice*, HMSO, London.

DTLR and CABE, 2001, *By Design: Better Places to Live: A Companion Guide to PPG3*, Thomas Telford, Tonbridge.

Duncan, S. and Goodwin, M., 1988, *The Local State and Uneven Development*, Polity Press, Cambridge.

Durkheim, E., 1957, *Professional Ethics and Civic Morals*, Routledge & Kegan Paul, London.

Durning, B. and Glasson, J., 2004a, *Skills Base in the Planning System: A Literature Review*, LGA Research Report 9/04, Local Government Association, London.

Durning, B. and Glasson, J., 2004b, *Skills Base in the Planning System: Survey Results*, LGA Research Report 21/04, Local Government Association, London.

Egan Committee, 2004, *Skills for Sustainable Communities*, Office of the Deputy Prime Minister, London.

Entec UK Ltd, 2003, 'The *Relationships between Community Strategies and Local Development Frameworks*', Office of the Deputy Prime Minister, London.

Evans, B. and Rydin, Y., 1997, *Planning, Professionalism and Sustainability*, in Blowers, A. and Evans, B. (eds), *Town Planning into the 21st Century*, Routledge, London, pp. 55–69.

Fernandez Arufe, J. E. and Diamond, D., 1998, *Spatial Aspects of Innovation Policies: Theory and Application*, Progress in Planning, Vol. 49, Part 3.4, Pergamon/Elsevier Science, Exeter.

Field, B. and MacGregor, B., 1992, *Forecasting Techniques for Urban and Regional Planning*, UCL Press, London.

Fincham, R. and Rhodes, P., 2005, *Principles of Organizational Behaviour.* Oxford University Press.

Fowler, E. P., 1992, *Building Cities that Work*, McGill-Queen's University Press, Montreal.

Freidson, E., 2001, *Professionalism: The Third Logic*, Polity Press, Cambridge.

Friend, J. K. and Jessop, W. N., 1969, *Local Government and Strategic Choice*, Tavistock, London.

Friend, J. K. and Hickling, A., 1997, *Planning Under Pressure*, Butterworth-Heinemann, Oxford.

Fyfe, N. R., 1998, *Images of the Street*, Routledge, London.

Garner, J. F., 1995, *Planning Law in Western Europe*, North-Holland, Amsterdam.

Garvin, A., 2002, *The American City: What Works, What Doesn't*, McGraw-Hill, New York.

Geddes, P., 1968 (first published in 1915), *Cities in Evolution*, Ernest Benn, London.

Gillard, M. and Tomkinson, N., 1980, *Nothing to Declare*, John Calder, London.

Gilpin, A., 1995, *Environmental Impact Assessment: Cutting Edge for the Twenty-First Century*, Cambridge University Press, Cambridge.

Glasson, J., Therivel, R. and Chadwick, A., 1994, *Introduction to Environmental Impact Assessment*, UCL Press, London.

Goodman, R., 1972, *After the Planners*, Pelican Books, Harmondsworth.

Graham, S. and Marvin, M., 1996, *Telecommunications and the City*, Routledge, London.

Grant, L., 1995, *Arena!* Cornerhouse Publications, Manchester.

Grant, L., 1996, *Built to Music: The Making of the Bridgewater Hall.* Manchester City Council, Manchester.

Greed, C., 1994, *Women and Planning*, Routledge, London.

Greed, C., 1996, *Implementing Town Planning*, Longman, Harlow.

Griffiths, R., 2004, *Knowledge Production and the Research-Teaching Nexus : the Case of the Built Environment Disciplines*, Studies in Higher Education, Vol. 29, No. 6, pp. 709–26.

Gunder, M. and Hillier, J., 2004, *Conforming to the Expectations of the Profession: A Lacanian Perspective on Planning Practice, Norms and Values*, Planning Theory and Practice, Vol. 5, No. 2, pp. 217–35.

Guy, C., 1994, *The Retail Development Process: Location, Property and Planning*, Routledge, London.

Hall, D., Hebbert, M. and Lusser, H., 1993, *The Planning Background*, in Blowers, A. (ed.), *Planning for a Sustainable Environment*, Earthscan, London.

Hall, P., 1996, *Cities of Tomorrow* (updated edn), Blackwell, Oxford.

Hall, P., Thomas, R., Gracey, H. and Drewett, R., 1973, *The Containment of Urban England* (2 vols), George Allen & Unwin, London.

Halman, G., 2004, *Dire Delays that Jeopardise the Reformed Systems*, Planning, 29th October 2004, p. 11.

Hambleton, R., 1995, *Cross-National Urban Policy Transfer – Insights from the USA* in Hambleton, R. and Thomas, H., *Urban Policy Evaluation:Challenge and Change*, Paul Chapman, London, pp. 224–38.

Hambleton, R. and Thomas, H., 1995, *Urban Policy Evaluation: Challenge and Change*, Paul Chapman, London.

Hampton, W. A., 1977, *Research into Public Participation on Structure Planning* in Coppock, J.T., and Sewell, W.R.D., *Public Participation in planning*, Wiley, Chichester, pp. 27–42.

Harris, N. and Hooper, A., 2004, *Rediscovering the 'Spatial' in Public Policy and Planning: An Examination of the Spatial Content of Sectoral Policy Documents*, Planning Theory and Practice, Vol. 5, No. 2, pp. 147–69.

Hastings, A. and McArthur, A., 1995, *A Comparative Assessment of Government Approaches to partnership with the Local Community* in Hambleton, R. and Thomas, H., *Urban Policy Evaluation:Challenge and Change*, Paul Chapman, London, pp. 175–93.

Haughton, G. and Hunter, C., 1994, *Sustainable Cities*, Jessica Kingsley Publishers and the Regional Studies Association, London.

Hayter, R., 1997, *The Dynamics of Industrial Location*, Wiley, Chichester.

Healey, P., 1992, *A Planner's Day: Knowledge and Action in Communicative Perspective*, Journal of the American Planning Association, Vol. 58, No. 1, pp. 9–20.

Healey, P., 1997, *Collaborative Planning: Shaping Places in Fragmented Societies*, Macmillan, Basingstoke.

Healey, P. and Underwood, J., 1979, *Professional Ideals and Planning Practice*, Progress in Planning, Vol. 9, Part 2, Pergamon, Oxford.

Heap, D., 1991, *An Outline of Planning Law*, Sweet and Maxwell, London.

Hendler, S., 2005, *Towards a Feminist Code of Planning Ethics*, Planning Theory and Practice, Vol. 6, No. 1, pp. 53–69.

Herbert, D. T. and Smith, D. M., 1989, *Social Problems and the City*, Oxford University Press.

Higgins, M., Prior, A., Boyack, S., Howard, T. and Krywko, J., 1995, *Planners as Managers: Shifting the Gaze*, Royal Town Planning Institute, London.

Hill, D., 1994, *Citizens and Cities: Urban Policy in the 1990's*, Harvester Wheatsheaf, Hemel Hempstead.

Hillier, J., 2002, *Shadows of Power: An Allegory of Prudence in Land-Use Planning*, Routledge, London.

Hogwood, B. W. and Gunn, L. A., 1984, *Policy Analysis for the Real World*, Oxford University Press.

Hospers, G-J., 2003, *Jane Jacobs: Visionary of the Vital City*, Planning Theory and Practice, Vol. 4, No. 2, pp. 207–12.

Huczynski, A. and Buchanan, P., 2001, *Organizational Behaviour: An Introductory Text*, Financial Times Prentice Hall, Harlow.

Hull Cityvision, 2002, *Hull Community Strategy*, Hull Cityvision, Hull.

Imrie, R., 1996, *Disability and the City: International Perspectives*, Paul Chapman, London.

Imrie, R. and Hall, P., 2001, *Inclusive Designs: Designing and Developing Accessible Environments*, Spon, London.

Imrie, R. and Thomas, H., 1999, *British Urban Policy: An Evaluation of the Urban Development Corporations*, Sage, London.

Innes, J. E. and Booher, D. E., 2004, *Reframing Public Participation: Strategies for the 21st Century*, Planning Theory and Practice, Vol. 5, No. 4, pp. 419–36.

Jacobs, J., 1964, *The Death and Life of Great American Cities: The Failure of Town Planning*, Penguin, Harmondsworth.

Jenks, M., Burton, E. and Williams, K. (eds), 1996, *The Compact City: A Sustainable Urban Form?*, Spon, London.

Johnson, T. J., 1972, *Professions and Power*, Macmillan, London.

Judge, D., Stoker, G. and Wolman, H., 1995, *Theories of Urban Politics*, Sage, London.

Katz, R. L., 1987, 'The Skills of an Effective Administrator', *Harvard Business Review*, September–October, pp. 90–102.

Kaufman, J. L. and Jacobs, H.M., 1996, *A Public Planning Perspective on Strategic Planning* in Campbell, S. and Fainstein, S., *Readings in Planning Theory*, Blackwell, Cambridge, MA, pp. 323–43.

Keeble, L., 1964, *Principles and Practice of Town and Country Planning*, Estates Gazette, London.

Keene, D., 1993, 'Plans, Policies, Presumptions: How the Law is Approaching the Plan-Led System', *Proceedings of the Town and Country Planning Summer School 1993*, Royal Town Planning Institute, London, pp. 25–8.

Kitchen, T., 1972, 'The Generation and Coarse Evaluation of Alternatives in Regional Planning: A Case Study of the Work of the Roskill Commission', *Journal of the Royal Town Planning Institute*, Vol. 58, No. 1, pp. 8–12.

Kitchen, T., 1990, 'A Client-Based View of the Planning Service', *Planning Outlook*, Vol. 33, No. 1, pp. 65–76. Also in Thomas and Healey, 1991 (see below).

Kitchen, T., 1991, *A Client-Based View of the Planning Service*, in Thomas, H, and Healey, P., *Dilemmas of Planning Practice*, Avebury, Aldershot, pp. 115–42.

Kitchen, T., 1996, *A Future for Strategic Planning Policy – a Manchester Perspective* in Tewdwr-Jones, M., *British Planning Policy in Transition*, UCL Press, London, pp. 124–36.

Kitchen, T., 1997, *People, Politics, Policies and Plans*, Paul Chapman, London.

Kitchen, T., 1999, 'The Structure and Organisation of the Planning Service in English Local Government', *Planning Practice and Research*, Vol. 14, No. 3, pp. 313–27.

Kitchen, T., 2001, 'Planning in Response to Terrorism: The Case of Manchester, England', Journal of Architectural and Planning Research', Vol. 18, No. 4, pp. 325–40.

Kitchen, T., 2002, 'The Balance between Certainty, Speed, Public Involvement and the Achievement of Sustainable Development in the Planning System: The Impact of the Planning Green Paper', in Kitchen, T. (ed.), *Certainty, Quality, Consistency and the Planning Green Paper: Can Planning Deliver the Goods?*, Yorkshire Conference Series Partners, Sheffield, pp. 21–34.

Kitchen, T., 2002, 'Crime Prevention and the British Planning System: New Responsibilities and Older Challenges', *Planning Theory and Practice*, Vol. 3, No. 2, pp. 155–72.

Kitchen, T., 2004, 'Modernising the British Planning System', in Syms, P., *Previously Developed Land: Industrial Activities and Contamination*, Blackwell, Oxford, pp. 105–23.

Kitchen, T., 2005, 'New Urbanism and CPTED in the British Planning System: Some Critical Reflections', *Journal of Architectural and Planning Research*, Vol. 22, No. 4, pp. 342–57.

Kitchen, T. and Whitney, D., 2001, 'The Utility of Development Plans in Urban Regeneration: Three City Challenge Case Studies', *Town Planning Review*, Vol. 72, No. 1, pp. 1–24.

Kitchen, T. and Whitney, D., 2004, 'Achieving More Effective Public Engagement with the English Planning System', *Planning Practice and Research*, Vol. 19, No. 4, pp. 393–412.

Koetter, K., 2005a, *Wakefield: A Strategic Framework for the District*, Wakefield City Council.

Koetter, K., 2005b, *Wakefield: Developing the Vision*, Wakefield City Council.

Koetter, K., 2005c, *Five Towns: Strategic Development Framework*, Wakefield City Council.

Krumholz, N. and Forester, J., 1990, *Making Equity Planning Work*, Temple University Press, Philadelphia, PA.

Kunzmann, K. R., 1997, 'The Future of Planning Education in Europe', *Aesop News*, Summer 1997, pp. 3–6.

Land Use Consultants and Business Efficiency, 2002, *Information Communications Technology in Planning*, Department for Transport, Local Government and the Regions, London.

Larkham, P. J., 1996, *Conservation and the City*, Routledge, London.

Laurini, R., 2001, *Information Systems for Urban Planning: A Hypermedia Collaborative Approach*, Taylor & Francis, London.

Layard, A., Davoudi, S. and Batty, S. (eds), 2001, *Planning for a Sustainable Future*, Spon, London.

Leach, S., Stewart, J. and Walsh, K., 1994, *The Changing Organisation and Management of Local Government*, Macmillan, Basingstoke.

LeGates, R. T. and Stout, F., 2003, *The City Reader*, 3rd edn, Routledge, London.

Lichfield, N., 1996, *Community Impact Evaluation*, UCL Press, London.

Local Government Association, 2002, *Probity in Planning*, Local Government Association, London.

Local Government Association, 2004, *Delivering Delegation*, Office of the Deputy Prime Minister, London.

Local Government Association, 2005, *Member Engagement in Planning Matters*, Local Government Association, London.

Low, N., 1991, *Planning, Politics and the State: Political Foundations of Planning Thought*, Unwin Hyman, London.

Manchester City Council, 1995a, *The Manchester Plan: The Unitary Development Plan for the City of Manchester*, Manchester City Council Planning Department.

Manchester City Council, 1995b, *Manchester: 50 Years of Change*, HMSO, London.

Manchester City Council, Salford City Council, Trafford Metropolitan Borough Council, Trafford Park Development Corporation, Central Manchester Development Corporation, 1994, *City Pride: A Focus for the Future*, Manchester City Council.

Mandelker, D., 1972, *A Rationale for the Zoning Process*, in Stewart, M., *The City: Problems of Planning*, Penguin, Harmondsworth, pp. 267–75.

Marcuse, P. and van Kempen, R., 2000, *Globalizing Cities: A New Spatial Order?*, Blackwell, Oxford.

McCarthy, P., Prism Research and Harrison, T., 1995, *Attitudes to Town and Country Planning*, HMSO, London.

McCarthy, R., 2004, Presentation to the Local Government Association and National Planning Forum Annual Conference, 3 March 2004, Office of the Deputy Prime Minister, London.

McLoughlin, J. B., 1969, *Urban and Regional Planning: A Systems Approach*, Faber & Faber, London.

McNulty, T., 2003, *Putting Planning First: Culture Change for the Planning Profession*, Office of the Deputy Prime Minister, London.

Meyerson, M. and Banfield, E. C., 1955, *Politics, Planning and the Public Interest*, Free Press, New York.

Ministry of Housing and Local Government, 1970, *Development Plans: A Manual on Form and Content*, HMSO, London.

Moorhead, G. and Griffin, R. W., 1995, *Organisational Behaviour*, 4th edn, Houghton Mifflin, Boston, MA.

Morgan, P. and Nott, S., 1995, *Development Control: Law, Policy and Practice*, Butterworths, London.

Mumford, C., 1966, *The City in History*, Pelican Books, London.

National Economic Development Office, 1970, *Urban Models in Shopping Studies*, NEDO, London.

Neighbourhood Renewal Unit, 2002, *The Learning Curve: Developing Skills and Knowledge for Neighbourhood Renewal*, Office of the Deputy Prime Minister, London.

Newman, O., 1973, *Defensible Space*, Macmillan, New York.

Newman, P. and Thornley, A., 1996, *Urban Planning in Europe*, Routledge, London.

Nicholas, R., 1945, *City of Manchester Plan, 1945*, Jarrold, Norwich.

Nicholson, D., 1991, *Planners' Skills and Planning Practice* in Thomas, H. and Healey, P., *Dilemmas of Planning Practice*, Avebury, Aldershot, pp.53–62.

Oc, T., Carmona, M. and Tiesdell, S., 1997, *Needs of the Profession into the Next Millennium: Views of Educators and Practitioners*, Aesop News, Summer 1997, pp. 7–10.

ODPM, 2002, *Sustainable Communities: Delivering Through Planning*, Office of the Deputy Prime Minister, London.

ODPM, 2003a, *Guidance on Best Value Performance Indicators for 2003/04*, Office of the Deputy Prime Minister, London.

ODPM, 2003b, *Planning Delivery Grant 2004/05*, letter to all regional planning bodies and local planning authorities in England dated 9 April 2003.

ODPM, 2003c, *Planning and Access for Disabled People: A Good Practice Guide*, HMSO, London.

ODPM, 2004a, *Planning Policy Statement 12: Local Development Frameworks*, HMSO, London.

ODPM, 2004b, *Consultation Paper on Planning Policy Statement 1: Creating Sustainable Communities*, Office of the Deputy Prime Minister, London.

ODPM, 2004c, *Community Involvement in Planning: The Government's Objectives*, HMSO, London.

ODPM, 2004d, *E-Planning Programme Blueprint*, Office of the Deputy Prime Minister, London.

ODPM, 2004e, *Creating Local Development Frameworks: A Companion Guide to PPS12*, HMSO, London.

ODPM, 2004f, *Government Response to the Egan Review: Skills for Sustainable Communities*, Office of the Deputy Prime Minister, London.

ODPM, 2004g, *Planning Policy Statement 23: Planning and Pollution Control*, Office of the Deputy Prime Minister, London.

ODPM, 2005a, *Planning Policy Statement 1: Delivering Sustainable Development*, HMSO, London.

ODPM, 2005b, *Sustainability Appraisal of Regional Spatial Strategies and Local Development Frameworks: Interim Advice Note on Frequently Asked Questions*, HMSO, London.

ODPM, 2005c, *Planning Policy Statement 6: Planning for Town Centres*, HMSO, London.

ODPM, 2005d, *Sustainable Communities: People, Places and Prosperity*, Cm 6425, HMSO, London.

ODPM and the Home Office, 2004, *Safer Places: The Planning System and Crime Prevention*, HMSO, London.

Parfect, M. and Power, G., 1997, *Planning for Urban Quality: Urban Design in Towns and Cities*, Routledge, London.

Peck, J. and Tickell, A., 1994, *Too Many Partners... The Future For Regeneration Partnerships*, Local Economy, Vol. 9, No. 3, pp. 251–65.

Planning Advisory Group, 1965, *The Future of Development Plans*, HMSO, London.

Planning Education Commission, 2003, *RTPI Education Commission: Final Report*, Royal Town Planning Institute, London.

Planning Officers Society, 2002, *A Guide to Best Value and Planning: Second Edition: Summary*, Planning Officers Society, London.

Planning Officers Society, 2003, *Moving Towards Excellence in Planning: First Edition*, Planning Officers Society, London.

Planning Network, 2001, *Defining the Educational and Training Needs for the New Urban Agenda*, University of Westminster, London.

Planning Network, 2004, *Higher Education, Professionalism and Skills in the Built Environment: The Impact of the New Urban Agenda on Teaching and Learning*, University of Westminster, London.

Policy Action Team 16, 2000, *National Strategy for Neighbourhood Renewal: Report of Policy Action Team 16: Learning Lessons*, Cabinet Office, London.

Porteous, J. D., 1996, *Environmental Aesthetics: Ideas, Politics and Planning*, Routledge, London.

Poyner, B., 1983, *Design Against Crime: Beyond Defensible Space*, Butterworths, London.

Prior, A., 2000, *Ethics and Town Planning* in Allmendinger, P., Prior, A. and Raemakers, J., *Introduction to Planning Practice*, Wiley, Chichester, pp. 413–22.

Punter, J., 1990, *Design Control in Bristol, 1940–1990: The Impact of Planning on the Design of Office Development in the City Centre*, Redcliffe, Bristol.

Punter, J. and Carmona, M., 1997, *The Design Dimension of Planning: Theory, Content and Best Practice for Design Policies*, Spon, London.

Ratcliffe, J. and Stubbs, M., 1996, *Urban Planning and Real Estate Development*, UCL Press, London.

Reade, E., 1987, *British Town and Country Planning*, Open University Press, Milton Keynes.

Reeves, D., 2005, *Planning for Diversity: Policy and Planning in a World of Difference*, Routledge, London.

Roberts, P. and Sykes, H. (eds), 2000, *Urban Regeneration: A Handbook*, Sage, London.

Rogers, R. and Power, A., 2000, *Cities for a Small Country*, Faber & Faber, London.

Ross, S., 1991, 'Planning and the Public Interest', *Proceedings of the Town and Country Planning Summer School 1991*, Royal Town Planning Institute, London, pp. 55–7.

Royal Commission on Environmental Pollution, 1995, *Transport and the Environment*, Oxford University Press.

Royal Town Planning Institute and Planning Aid for London, 2005, *Planning Aid: Engaging Communities in Planning*, RTPI, London.

Royal Town Planning Institute, 1996, *The Education of Planners: Policy Statement and General Guidance for Academic Institutions Offering Initial Professional Education in Planning*, London.

Royal Town Planning Institute, 2001, *A New Vision for Planning*, London.

Royal Town Planning Institute, 2004, *Policy Statement on Initial Planning Education*, London.

Rydin, Y., 2003, *Urban and Environmental Planning in the UK*, Palgrave Macmillan, Basingstoke.

Sagalyn, L. B., 2001, *Times Square Roulette: Remaking the City Icon*, MIT Press, Cambridge, MA.

Sandercock, L., 1998, *Towards Cosmopolis*, Wiley, Chichester.

Sandercock, L., 2003, *Out of the Closet: The Importance of Stories and Storytelling in Planning Practice*, Planning Theory and Practice, Vol. 4, No. 1, pp. 11–28.

Satterthwaite, D., 1999, *The Earthscan Reader in Sustainable Cities*, Earthscan, London.

Savitch, H. V., 1988, *Post-Industrial Cities: Politics and Planning in New York, Paris and London*, Princeton University Press.

Schneider, R. H. and Kitchen, T., 2002, *Planning For Crime Prevention: A Transatlantic Perspective*, Routledge, London.

Schon, D. A., 1971, *Beyond the Stable State*, Temple Smith, London.

Schon, D. A., 1998, *The Reflective Practitioner: How Professionals Think in Action*, Ashgate, Aldershot.

Schoon, N., 2001, *The Chosen City*, Spon, London.

Scott, L., 2004, *Fine Design Needs Skills, Not Luck*, Regeneration and Renewal, 16 April 2004, p. 8.

Seneviratne, M., 1994, *Ombudsmen in the Public Sector*, Open University Press, Buckingham.

Sewell, J., 1993, *The Shape of the City: Toronto Struggles with Modern Planning*, University of Toronto Press, Toronto.

Shaw, D. and Sykes, O., 2005, *Addressing Connectivity in Spatial Planning: The Case of the English Regions*, Planning Theory and Practice, Vol. 6, No. 1, pp. 11–33.

Sheffield First Partnership, 2003, *Sheffield City Strategy 2002–05*, Sheffield.

Shelter Community Action Team, Undated, *Public Inquiries: Action Guide*, SCAT, London.

Sies, M. C. and Silver, C., 1996, *Planning the Twentieth Century American City*, Johns Hopkins University Press, Baltimore, MD.

Simmie, J., 1974, *Citizens in Conflict*, Hutchinson Educational, London.

Simmie, J., 1997, *Innovation, Networks and Learning Regions?*, Regional Studies Association and Jessica Kingsley Publishers, London.

Skeffington, A., 1969, *People and Planning* (The Report of the Committee on Public Participation in Planning), HMSO, London.

Social Exclusion Unit, 2001, *A New Commitment to Neighbourhood Renewal: National Strategy Action Plan*, Cabinet Office, London.

Stein, J. M., 1995, *Classic Readings in Urban Planning*, McGraw-Hill, New York.

Stewart, M., 1972, *The City: Problems of Planning*, Penguin, Harmondsworth.

Sykes, R., 2003, *Planning Reform: A Survey of Local Authorities*, Research Briefing 1.03, Local Government Association, London.

Syms, P., 2001, *Releasing Brownfields*, Joseph Rowntree Foundation, York.

Syms, P., 2002, *Land, Development and Design*, Blackwell, Oxford.

Syms, P., 2004, *Previously Developed Land: Industrial Activities and Contamination*, Blackwell, Oxford.

Taylor, N., 1994, *Environmental Issues and the Public Interest*, in Thomas, H., *Values and Planning*, Avebury, Aldershot, pp. 87–115.

Taylor, R. B., 2002, 'Crime Prevention through Environmental Design (CPTED): Yes, No, Maybe, Unknowable and All of the Above', in Bechtel, R. B. (ed.), *Handbook of Environmental Psychology*, Wiley, New York, pp. 413–26.

Technology Foresight Panel on Retail and Distribution, 1995, *Progress Through Partnership*, HMSO, London.

Teitz, M., 1996, 'How Stands American Planning?', *Town and Country Planning*, Vol. 65, No. 64, p. 193.

Tetlow, R., 1996, *York Gate: Context* and *York Gate: Process* is Greed, C., *Implementing Town Planning*, Longman, Harlow, pp. 139–63.

Tewdwr-Jones, M., 1996, *British Planning Policy in Transition*, UCL Press, London.

Tewdwr-Jones, M., 2002, *The Planning Polity*, Routledge, London.

Thomas, H., 1994, *Values and Planning*, Avebury, Aldershot.

Thomas, H. and Healey, P. (eds), 1991, *Dilemmas of Planning Practice: Ethics, Legitimacy and the Validation of Knowledge*, Avebury, Aldershot.

Thomas, K., 1997, *Development Control: Principles and Practice*, UCL Press, London.

Thornley, A., 1991, *Urban Planning Under Thatcherism*, Routledge, London.

Timmins, N., 1996, *The Five Giants: A Biography of the Welfare State*, Fontana, London.

Torstendahl, R. and Burrage, M. (eds), 1990, *The Formation of Professions: Knowledge, State and Strategy*, Sage, London.

Urban Task Force, 1999, *Towards an Urban Renaissance*, Spon, London.

URBED, 1994, *Vital and Viable Town Centres: Meeting the Challenge*, HMSO, London.

Vickers, G., 1965, *The Art of Judgment: A Study of Policy-Making*, Chapman & Hall, London.

Wagner, F. W., Joder, T. E. and Mumphrey, A. J., 1995, *Urban Revitalization: Policies and Programs*, Sage Publications, Thousand Oaks, CA.

Wakeford, R., 1990, *American Development Control*, HMSO, London.

Warburton, D. (ed.), 1998, *Community and Sustainable Development*, Earthscan, London.

Wathern, P. (ed.), 1992, *Environmental Impact Assessment: Theory and Practice*, Routledge, London.

Wen-Shyan, L., Williams, W. P. and Bark, A. W., 1995, 'An Evaluation of the Implementation of Environmental Assessment by UK Local Authorities', *Project Appraisal*, Vol. 10, No. 2, pp. 91–102.

Wells P., Dowson L. and Percy-Smith, J., 2005, *Process Evaluation of Plan Rationalisation: Formative Evaluation of Community Strategies – Consultation Findings and Evaluation Framework*, Office of the Deputy Prime Minister, London.

Weston, J. and Darke, R., 2004, 'Reflections on 10 Years of Councillor Training', *Planning Practice and Research*, Vol. 19, No. 4, pp. 427–33.

Wildavsky, A., 1979, *Speaking Truth to Power: The Art and Craft of Policy Analysis*, Little, Brown, Boston.

Williams, R. H., 1984, *Planning in Europe: Urban and Regional Planning in the EEC*, Allen & Unwin, London.

Willams, R. H., 1996, *European Union Spatial Policy and Planning*, Paul Chapman, London.

Woltjer, J., 2005, 'The Multidimensional Nature of Public Participation in Planning: Comment on Innes and Booher', *Planning Theory and Practice*, Vol. 6, No. 2, pp. 273–76.

Wood, C., 1992, *EIA in Plan-Making* in Wathern, P. (ed.), *Environmental Impact Assessment:Theory and Practice*, Routledge, London, pp. 98–114.

World Commission on Environment and Development (the 'Brundtland Commission'), 1987, *Our Common Future*, Oxford University Press.